数据科学方法及应用系列

试验设计辅导与实验手册

唐安民　戴登鸾　袁子豪　编

科学出版社

北　京

内 容 简 介

　　本书的内容和任务主要是阐述各种试验设计方法的统计思想、试验设计的构造方法、基于 MATLAB 的数据分析及对结果的解释. 全书系统介绍包括单因子试验、多因子试验、析因试验部分实施与正交表、不完全区组设计等常用的试验设计方法, 辅以大量例题和习题讲解, 并提供这些方法实现的 MATLAB 代码. 全书侧重于这些常用方法的应用, 同时为了兼顾统计学专业对理论的要求, 对这些方法也给出了相对通俗易懂的解释. 书末还提供全书数据与程序代码, 便于读者学习.

　　本书可作为统计学及与统计学相关交叉学科的高年级本科生和研究生的实验教材和参考书.

图书在版编目 (CIP) 数据

试验设计辅导与实验手册/唐安民, 戴登鸾, 袁子豪编. —北京:科学出版社, 2024.6
数据科学方法及应用系列
ISBN 978-7-03-078136-9

Ⅰ. ①试… Ⅱ. ①唐… ②戴… ③袁… Ⅲ. ①试验设计–教学参考资料 Ⅳ. ①O212.6

中国国家版本馆 CIP 数据核字 (2024) 第 037316 号

责任编辑: 姚莉丽 李　萍 / 责任校对: 杨聪敏
责任印制: 师艳茹 / 封面设计: 陈　敬

科 学 出 版 社 出版
北京东黄城根北街 16 号
邮政编码: 100717
http://www.sciencep.com
三河市骏杰印刷有限公司印刷
科学出版社发行　各地新华书店经销
＊
2024 年 6 月第 一 版　　开本: 720×1000　1/16
2024 年 6 月第一次印刷　　印张: 14 1/4
字数: 287 000
定价: 58.00 元
(如有印装质量问题, 我社负责调换)

丛书序

随着现代科学技术的快速发展, 人们收集数据的能力愈来愈强, 数据分析与处理愈加受到生命科学、经济学、保险学、材料科学、流行病学、天文学等学科和相关行业的关注. 特别是, 随着大数据时代的到来, 传统的统计推断理论和方法, 如非独立同分布数据、结构化和非结构化及半结构化数据以及分布式数据等, 面临前所未有的挑战. 因此, 许多新的统计推断理论、方法和算法应运而生. 同时, 计算机及其数据分析处理软件在这些学科中的应用扮演着越来越重要的角色, 它们提供了更加灵活多样的图示、数据可视化和数据分析方法, 使得传统教科书中有些原本重要的内容变得无足轻重. 本系列教材旨在将最新发展的统计推断方法和算法、数据分析处理技能及其实现软件融入其中, 实现教学相长, 提高学生分析处理数据的能力.

当前高等教育对本科实践教学提出的高要求促使我们思考: 如何让学生从实际问题出发、从数据出发并借助统计工具和数值计算算法揭示、挖掘隐藏在数据内部的规律? 如何通过 "建模" 思想、实验教学等途径有效地帮助学生理解、掌握某一特定领域的知识、理论、算法及其改进? 为满足应用统计学、经济统计学、数据科学与大数据技术、大数据管理与应用等专业教育教学发展的需要, 在科学出版社的大力支持下, 云南大学相关课程教师经过多年的教学实践、探索和创新, 编写出版一套面向高等院校本科生、以实验教学为主的系列教材. 本套丛书涵盖应用统计学、经济统计学、数据科学与大数据技术等专业课程, 以当前多种主流软件 (如 EViews、R、MATLAB、SPSS、C++、Python 等) 为实验平台, 培养学生的动手能力和实验技能以及运用所学知识解决某一特定领域实际问题的能力.

本系列教材的宗旨是: 突显教学内容的先进性、时代性, 适应大数据时代教育教学特点和时代发展的新要求; 注重教材的实用性、科学性、趣味性、思政元素、案例分析, 便于教学和自学. 编写的原则是: (1) 以实验为主, 具有较强的实用价值; (2) 强调从实际问题出发展开理论分析, 例题和案例选取尽可能贴近学生、贴近生活、贴近国情; (3) 重统计建模、统计算法、"数据" 以及某一特定领域知识, 弱数学理论推导; (4) 力求弥合统计理论、数值计算、编程和专业领域之间的空隙. 此外, 各教材在材料组织和行文脉络上又各具特色.

　　本系列教材适用于应用统计学、经济统计学、数据科学与大数据技术、信息与计算科学、大数据管理与应用等专业的本科生, 也适用于经济、金融、保险、管理类等相关专业的本科生以及实际工作部门的相关技术人员.

　　我们相信, 本系列教材的出版, 对推动大数据时代实用型教材建设, 是一件有益的事情. 同时, 也希望它的出版对我国大数据时代相关学科建设和发展起到一种促进作用, 促进大家多关心大数据时代实用型教材建设, 写出更多高水平的、符合时代发展需求和我国国情的大数据分析处理的教材来.

2021 年 4 月 29 日于云南昆明

前　言

　　试验设计是统计学的一个重要组成部分和分支学课程, 也是侧重于统计方法应用的一门核心课程. 自 20 世纪 30 年代英国著名统计学家费希尔的书 *The Design of Experiments* 出版以来, 统计学者和相关实践工作者拓展了其理论和应用, 其发展大致经历了四个阶段, 即早期的单因子和多因子方差分析、传统的正交试验法、近代的调优设计法, 以及现代的计算机试验设计.

　　本书将党的二十大精神有机融入教材, 通过理论与实践相结合, 推动教材铸魂育人, 引导学生做到学思用贯通. 本书是在作者为云南大学统计系统计学专业本科生和硕士研究生讲授试验设计实验课的讲义的基础上, 经多次教学使用修订, 并结合诸多实际数据分析, 吸收了云南大学数学与统计学院统计系师生的建议, 经必要增删修改而完成. 本书第 1 章介绍单因子模型设定、方差分析、参数估计、多重比较等; 第 2 章拓展单因子模型到两因子模型, 并简单介绍多因子模型, 提出多因子模型的拉丁方设计; 第 3 章介绍正交试验设计方法; 第 4 章讨论不完全区组设计; 本书用到的一些 MATLAB 入门级的概述以及多元统计中一些概念和定理不加证明地放在附录 A 和附录 B 中. 本书在 MATLAB 自带方差分析函数基础上, 补充了一些自编函数, 从而使得诸多模型方差分析、模型的参数估计、多重比较、正交试验设计容易实现. 本书提供相关数据与程序代码, 读者可以扫描书后二维码获取学习.

　　本书得到了云南省基础研究计划项目 (202401AS070152)、2023 年云南大学课程思政示范课程项目、云南大学研究生创新人才培养项目: 研究生课程教材建设质量提升计划 (CZ22622202) 资助, 在编写过程中, 得到了国内同行专家的支持和鼓励, 在此一并表示衷心的感谢!

　　因作者水平所限, 本书难免有不足之处, 恳请不吝赐教, 以便及时改正. 来信请发至: tam1973as@ynu.edu.cn.

唐安民

2023 年 8 月

前　言

目 录

CONTENTS ▶ ▶ ▶

第1章   单因子试验

　　单因子试验是最常见和最简单的一种试验, 由于其设计主要采用随机化技术, 故也称为完全随机化设计. 其数据分析涉及模型设定、方差分析、参数估计、多重比较、随机误差的正态性检验和方差齐性检验. 根据因子水平选取方法不同, 可分为固定效应模型和随机效应模型; 根据因子诸水平下重复次数是否相等, 可分为等重复单因子试验和不等重复单因子试验. 单因子试验在实际生活中是经常碰到的, 它不仅简单, 而且典型, 还涉及试验设计中许多基本概念与基本方法, 是后面学习多因子试验的基础.

　　记单个因子为 A, 其 a 个不同的水平, 记为 $A_1, A_2, \cdots, A_a$, 试验的目的在于检验因子 A 的 a 个水平对响应变量的影响是否存在显著的差异. 为了尽可能消除其他未考虑到的因素对试验的影响, 应尽可能确保在其他因子水平没有变化的条件下, 所有试验应按随机顺序进行, 这种试验设计的方法称为完全随机化设计. 并且, 每个试验的观察值不可避免地存在着随机误差, 只有通过重复试验才能获得误差的估计.

1.1   单因子试验统计模型

单因子试验的数据可以用表 1.1 来展示.

表 1.1　单因子试验的数据

水平	观察值				和	平均值
A_1	y_{11}	y_{12}	$\cdots$	y_{1n_1}	$y_1. = \sum_{j=1}^{n_1} y_{1j}$	$\bar{y}_1. = \dfrac{1}{n_1} y_1.$
A_2	y_{21}	y_{22}	$\cdots$	y_{2n_2}	$y_2. = \sum_{j=1}^{n_2} y_{2j}$	$\bar{y}_2. = \dfrac{1}{n_2} y_2.$
$\vdots$					$\vdots$	$\vdots$
A_a	y_{a1}	y_{a2}	$\cdots$	y_{an_a}	$y_a. = \sum_{j=1}^{n_a} y_{aj}$	$\bar{y}_a. = \dfrac{1}{n_a} y_a.$

表 1.1 中 y_{ij} 表示因子 A 的第 $i(i = 1, 2, \cdots, a)$ 个水平中第 $j(j = 1, 2, \cdots, n_i)$ 次重复试验的观察值, n_i 为第 i 个水平的重复试验次数, 用 $n = \sum_{i=1}^{a} n_i$ 表示试验总次数, $y_{i\cdot}$ 表示第 i 个水平的观察值的和, $\bar{y}_{i\cdot}$ 表示第 i 个水平的观察值的平均 (简称: 水平均值). 因变量 y_{ij} 受系统设定和随机误差扰动的影响, 通常有如下结构:

$$y_{ij} = \mu_i + \varepsilon_{ij}, \tag{1.1}$$

其中随机误差项 $\varepsilon_{ij} \overset{\text{i.i.d.}}{\sim} N(0, \sigma^2)$, 即满足三个假定: 独立性 (随机性)、正态性和方差齐性. 由模型 (1.1) 可知

$$y_{ij} \overset{\text{ind.}}{\sim} N(\mu_i, \sigma^2),$$

这个式子说明相互独立的 n 个观察值涉及 a 个正态总体, 来自于同一水平的观察值都服从于同一个正态分布. 为使模型 (1.1) 更易解释, 引入一般平均

$$\mu = \frac{1}{n} \sum_{i=1}^{a} n_i \mu_i,$$

显然, 一般平均 μ 为诸水平总体均值 μ_i 的加权平均. 记第 i 个水平效应

$$\tau_i = \mu_i - \mu,$$

它表示第 i 个水平相应的总体均值比一般平均 μ 大 (或小) 多少, 易证明 $\sum_{i=1}^{a} n_i \tau_i = 0$. 由以上记号, 模型 (1.1) 可以改写成

$$\begin{cases} y_{ij} = \mu + \tau_i + \varepsilon_{ij}, \\ \varepsilon_{ij} \overset{\text{i.i.d.}}{\sim} N(0, \sigma^2), \\ \text{约束条件: } \sum_{i=1}^{a} n_i \tau_i = 0. \end{cases} \tag{1.2}$$

模型 (1.2) 说明因变量的观察值 y_{ij} 可以分解为一般平均 (由包括因子 A 等影响大的因子决定)、第 i 个水平的效应 (由因子 A 的水平变动引起) 和随机误差 (影响小的那些因子的随机影响) 三者之和. 显然, 模型 (1.2) 是一般线性模型的特殊情形.

1.2 方 差 分 析

方差分析的目的是比较因子 A 的 a 个水平正态总体均值是否相等. 当因子 A 水平数 a 等于 2 时, 要比较这两个水平对响应变量的影响是否存在显著的差异, 就是方差相等的两个正态总体的均值是否相等的假设检验问题, 通常要控制犯第一类错误概

率 α. 而当因子 A 水平数 a 较大时, 一个很自然的想法就是对这 a 个水平的正态总体均值两两作假设检验, 但这样做会导致最终犯第一类错误的概率为 $1 - (1 - \alpha)^{C_a^2}$, 这个概率会随水平数 a 的增加而快速增加, 从而大大增加犯第一类错误的概率. 因而, 为了控制犯第一类错误的概率, 应该直接一次检验如下的假设:

$$\begin{cases} H_0 : \tau_1 = \tau_2 = \cdots = \tau_a = 0, \\ H_1 : \tau_1, \tau_2, \cdots, \tau_a \ \text{不全为} \ 0, \end{cases} \tag{1.3}$$

提出了假设后, 接下来要构造适当的检验统计量. 为此, 通常将偏差平方和作如下分解:

$$SS_T = SS_A + SS_e. \tag{1.4}$$

这里总偏差平方和

$$SS_T = \sum_{i=1}^{a} \sum_{j=1}^{n_i} (y_{ij} - \bar{y}_{..})^2, \tag{1.5}$$

其中所有观察值的平均 $\bar{y}_{..} = \frac{1}{n} y_{..}$, 所有观察值的总和 $y_{..} = \sum_{i=1}^{a} \sum_{j=1}^{n_i} y_{ij}$. 参考教材 [1] 和 [2], 可得 SS_T 的二次型表达式

$$SS_T = \boldsymbol{Y}' \left(\boldsymbol{I}_n - \frac{1}{n} \boldsymbol{J}_n \right) \boldsymbol{Y} \triangleq \boldsymbol{Y}' \boldsymbol{P} \boldsymbol{Y}, \tag{1.6}$$

这里的 $\boldsymbol{Y}$ 表示由所有观察值所构成的列向量, 具体地

$$\boldsymbol{Y} = (y_{11}, \cdots, y_{1n_1}, \cdots, y_{a1}, \cdots, y_{an_a})',$$

$\boldsymbol{I}_n$ 是 n 阶单位阵, $\boldsymbol{J}_n$ 是元素全为 1 的 n 阶方阵, $\boldsymbol{J}_n = \boldsymbol{1}_n \boldsymbol{1}_n'$, $\boldsymbol{1}_n$ 为 n 维元素全为 1 的列向量. 下面证明 $\boldsymbol{P}$ 是对称的幂等矩阵.

证明 易证明 $\boldsymbol{P}$ 是对称矩阵, 并有

$$\boldsymbol{P}^2 = \left(\boldsymbol{I}_n - \frac{1}{n} \boldsymbol{J}_n \right)^2 = \boldsymbol{I}_n - \frac{2}{n} \boldsymbol{J}_n + \frac{1}{n^2} \boldsymbol{1}_n (\boldsymbol{1}_n' \boldsymbol{1}_n) \boldsymbol{1}_n' = \boldsymbol{I}_n - \frac{1}{n} \boldsymbol{J}_n = \boldsymbol{P}.$$

$\square$

从而由附录关于正态变量的二次型定理 (定理 B.1), 可以证明

$$\frac{SS_T}{\sigma^2} \sim \chi^2 \left(n - 1, \frac{1}{\sigma^2} \sum_{i=1}^{a} n_i \tau_i^2 \right), \tag{1.7}$$

这里的 $\chi^2(r, s)$ 表示自由度为 r、位置参数为 s 的卡方分布, 当位置参数为 0 时通常省略该参数. 在 (1.3) 式中原假设成立时可得

$$\frac{SS_T}{\sigma^2} \overset{H_0}{\sim} \chi^2 (n-1). \tag{1.8}$$

因子 A 的平方和

$$SS_A = \sum_{i=1}^{a} \sum_{j=1}^{n_i} (\bar{y}_{i\cdot} - \bar{y}_{\cdot\cdot})^2 = \sum_{i=1}^{a} n_i (\bar{y}_{i\cdot} - \bar{y}_{\cdot\cdot})^2 = \sum_{i=1}^{a} n_i (\tau_i + \bar{\varepsilon}_{i\cdot} - \bar{\varepsilon}_{\cdot\cdot})^2, \tag{1.9}$$

其中第 i 个水平的误差平均

$$\bar{\varepsilon}_{i\cdot} = \frac{1}{n_i} \sum_{j=1}^{n_i} \varepsilon_{ij},$$

所有误差的平均

$$\bar{\varepsilon}_{\cdot\cdot} = \frac{1}{n} \sum_{i=1}^{a} \sum_{j=1}^{n_i} \varepsilon_{ij}.$$

式 (1.9) 与误差和水平变动效应有关, 但当原假设不成立时, 主要受因子 A 的水平变动的影响, 所以这个平方和称为因子 A 的平方和. 参考教材 [1] 和 [2], 可得 SS_A 的二次型表达式

$$SS_A = \boldsymbol{Y}' \left(\boldsymbol{C} - \frac{1}{n} \boldsymbol{J}_n \right) \boldsymbol{Y} \triangleq \boldsymbol{Y}' \boldsymbol{P}_1 \boldsymbol{Y}, \tag{1.10}$$

这里的分块对角矩阵 $\boldsymbol{C} = \mathrm{diag} \left(\frac{1}{n_1} \boldsymbol{J}_{n_1}, \cdots, \frac{1}{n_a} \boldsymbol{J}_{n_a} \right)$. 类似于上述证明, 容易证明上述二次型矩阵 $\boldsymbol{P}_1$ 是对称的幂等矩阵, 从而由附录关于正态变量的二次型定理 (定理 B.1), 可以证明

$$\frac{SS_A}{\sigma^2} \sim \chi^2 \left(a-1, \frac{1}{\sigma^2} \sum_{i=1}^{a} n_i \tau_i^2 \right), \tag{1.11}$$

由卡方分布的性质, 易得 $E(SS_A) = \sum_{i=1}^{a} n_i \tau_i^2 + (a-1)\sigma^2$. 在 (1.3) 式中原假设成立时可得

$$\frac{SS_A}{\sigma^2} \overset{H_0}{\sim} \chi^2 (a-1). \tag{1.12}$$

误差平方和

$$SS_e = \sum_{i=1}^{a} \sum_{j=1}^{n_i} (y_{ij} - \bar{y}_{i\cdot})^2 = \sum_{i=1}^{a} \sum_{j=1}^{n_i} (\varepsilon_{ij} - \bar{\varepsilon}_{i\cdot})^2. \tag{1.13}$$

显然上式只与误差有关, 所以这个平方和称为误差平方和. 由式 (1.4), (1.6) 和 (1.10) 可得 SS_e 的二次型表达式

$$SS_e = \boldsymbol{Y}' (\boldsymbol{I}_n - \boldsymbol{C}) \boldsymbol{Y} \triangleq \boldsymbol{Y}' \boldsymbol{P}_2 \boldsymbol{Y},$$

由附录的关于正态变量的二次型定理 (定理 B.1) 和科克伦 (Cochran) 定理 (定理 B.3) 可证明

$$\frac{SS_e}{\sigma^2} \sim \chi^2(n-a), \quad 且 \ SS_A \ 与 \ SS_e \ 相互独立. \tag{1.14}$$

同样由卡方分布的性质可以得 $E(SS_e) = (n-a)\sigma^2$. 由数理统计的结论[①]更容易理解式 (1.14) 如下: $\sum_{j=1}^{n_i}(y_{ij} - \bar{y}_{i\cdot})^2$ 为第 i 个水平 (第 i 个正态总体) 的样本离差平方和, 所以 $\dfrac{\sum_{j=1}^{n_i}(y_{ij} - \bar{y}_{i\cdot})^2}{\sigma^2} \sim \chi^2(n_i - 1)$, 观察值之间相互独立, 由卡方分布的可加性得 $\dfrac{SS_e}{\sigma^2} = \dfrac{\sum_{i=1}^{a}\sum_{j=1}^{n_i}(y_{ij} - \bar{y}_{i\cdot})^2}{\sigma^2} \sim \chi^2(n-a)$. 记因子 A 的均方和与误差均方和分别为

$$MS_A = \frac{SS_A}{a-1} \quad 与 \quad MS_e = \frac{SS_e}{n-a}. \tag{1.15}$$

在原假设 H_0 成立时, 由式 (1.12) 和式 (1.14), 可得因子 A 的均方和 MS_A 及误差均方和 MS_e 均为 σ^2 的无偏估计. 因而在原假设 H_0 成立时, $\dfrac{MS_A}{MS_e}$ 应以较大概率取值在 1 的附近, 而原假设 H_0 不成立时, $\dfrac{MS_A}{MS_e}$ 应以较大概率取值大于 1, 比 1 大得越多, 说明诸水平差异越显著. 受此启发, 构造下述检验统计量 (1.16), 并基于式 (1.12) 与 (1.14) 可证明其分布如下:

$$F = \frac{MS_A}{MS_e} = \frac{SS_A/(a-1)}{SS_e/(n-a)} \overset{H_0}{\sim} F(a-1, n-a). \tag{1.16}$$

当显著性水平为 α 时, 可以得拒绝域为 $F > F_\alpha(a-1, n-a)$, 其中 $F_\alpha(a-1, n-a)$ 为 F 分布的上 α 分位点, 拒绝原假设 H_0, 意味着因子 A 的诸水平间有显著差异, 即因子 A 显著.

检验步骤全过程可以总结在如下的方差分析表 (表 1.2) 中.

表 1.2 方差分析表

来源	平方和	自由度	均方和	F 值
因子 A	SS_A	$f_A = a - 1$	$MS_A = \dfrac{SS_A}{f_A}$	$F_A = \dfrac{MS_A}{MS_e}$
误差	SS_e	$f_e = n - a$	$MS_e = \dfrac{SS_e}{f_e}$	
总	SS_T	$f_T = n - 1$	$MS_T = \dfrac{SS_T}{f_T}$	

① 来自一正态总体的样本偏差平方和与总体方差的比值服从卡方分布, 自由度为样本量减 1.

MATLAB 软件中提供了单因子方差分析函数 anova1 (one-way analysis of variance), 其调用格式如下.

(1) p = anova1(y).

这个命令只适用于等重复单因子试验模型的方差分析, 这里输入的 y 是 m 行 a 列因变量观察值矩阵, 每一列代表一个水平的观察值, 输出的 p 是 p 值[①], 当 p 值小于显著性水平 α, 就拒绝原假设. 在输出 p 值的同时, 还默认输出方差分析图表和 y 的每一列 (每一水平) 的数据的箱线图. 从箱线图可直观比较诸水平观察值的差异, 但诸水平对因变量的影响是否显著还得由方差分析结果来判断.

(2) p = anova1(y,group).

这个命令适用于更一般的单因子试验模型的方差分析, 如果这里输入的 y 是 n 维数值向量, group 是水平编号索引向量, 可以是数值向量、字符、字符串数组或元胞数组, group 中每一个元素规定了 y 中相应观察值对应的水平.

(3) p = anova1(y,group,displayopt).

这里的输入 displayopt 是显示选项. 命令 p = anova1(y,group,'on') 显示选项缺省状态 p = anova1(y,group) 在输出 p 值的同时, 还会输出方差分析图表 y 的每一列 (每一水平) 的数据的箱线图. 命令 p = anova1(y,group,'off'), 关闭图形显示, 只输出 p 值.

(4) [p,table] = anova1(y,group,displayopt).

在命令 (3) 的基础上, 会以元胞数组形式输出方差分析表 table.

(5) [p,table,stats] = anova1(y,group,displayopt).

在命令 (4) 的基础上, 会以结构数组形式输出 stats, 在对单因子试验模型 (1.2) 的参数估计和多重比较中可能会用到.

1.3　参 数 估 计

1.3.1　点估计

本节给出单因子试验模型 (1.2) 的参数估计, 包括点估计与区间估计. 由 1.2 节的方差分析知, 无论原假设 H_0 成立与否, MS_e 都是随机误差项方差 σ^2 的无偏估计, 因此通常取 σ^2 的点估计如下:

$$\hat{\sigma}^2 = MS_e, \tag{1.17}$$

采用最小二乘法可给出模型 (1.2) 中其他参数的点估计.

---

① p 值 (p value) 就是当原假设为真时, 比所得到的样本观察结果更极端的结果出现的概率.

依照最小二乘思想, 就是求一般均值的估计 $\hat{\mu}$ 和诸水平效应的估计 $\hat{\tau}_i$, $i = 1, 2, \cdots, a$, 使得残差平方和函数

$$L(\hat{\mu}, \hat{\tau}_1, \hat{\tau}_2, \cdots, \hat{\tau}_a) = \sum_{i=1}^{a} \sum_{j=1}^{n_i} (y_{ij} - \hat{\mu} - \hat{\tau}_i)^2$$

达到最小值. 其最小值应满足

$$\begin{cases} \dfrac{\partial L}{\partial \hat{\mu}} = 0, \\ \dfrac{\partial L}{\partial \hat{\tau}_i} = 0, \quad i = 1, 2, \cdots, a, \end{cases}$$

计算并整理上式即得最小二乘正规方程组如下:

$$\begin{cases} n\hat{\mu} + \displaystyle\sum_{i=1}^{a} n_i \hat{\tau}_i = y_{..}, \\ n_1 \hat{\mu} + \quad n_1 \hat{\tau}_1 = y_{1.}, \\ n_2 \hat{\mu} + \quad n_2 \hat{\tau}_2 = y_{2.}, \\ \qquad \cdots\cdots \\ n_a \hat{\mu} + \quad n_a \hat{\tau}_a = y_{a.}. \end{cases} \tag{1.18}$$

初看这个方程组里有 $a + 1$ 个方程, $a + 1$ 个未知参数, 好像未知参数有唯一解, 但注意到后 a 个方程的和恰好是第一个方程, 所以这个方程组的解是不唯一的, 好在模型 (1.2) 还有约束条件 $\sum_{i=1}^{a} n_i \tau_i = 0$, 结合这个约束条件到方程组 (1.18) 里, 可得待估参数 μ 和 τ_i 的最佳线性无偏估计如下:

$$\hat{\mu} = \bar{y}_{..}, \qquad \hat{\tau}_i = \bar{y}_{i.} - \bar{y}_{..}, \qquad i = 1, 2, \cdots, a. \tag{1.19}$$

这个结论很直观, 用所有观察值的平均去估计一般平均, 用第 i 个水平的样本均值与所有观察值的平均的差估计第 i 个水平效应. 并且, 可以证明 $\hat{\mu}$ 是 μ 的最佳线性无偏估计, $\hat{\tau}_i$ 是 τ_i 的最佳线性无偏估计.

正规方程组 (1.18) 有如下规律: ①每一个方程可以用来求解一个待估参数; ②任一个方程的右边是模型 (1.2) 中与这个方程要估计的参数有关联的观察值的和; ③任一个方程左边是全部待估参数的线性组合, 各参数的系数等于与此参数有关联的右边的观察值的个数.

1.3.2 区间估计

点估计只给出了待估参数的一个具体的数值, 但其精度如何, 点估计本身不能回答, 而区间估计是度量点估计精度的最直观的方法. 从未知参数的无偏估计

量推出枢轴量, 从而得到区间估计是常用的方法, 由 1.3.1 节得到的点估计都是相应未知参数的无偏估计. 下面通过一些具体的例子来说明区间估计的构造.

(1) 一般均值 μ 及诸水平总体均值 μ_i 的区间估计.

μ_i 的无偏估计是 $\bar{y}_{i\cdot}$, 注意到: $\bar{y}_{i\cdot} = \frac{1}{n_i}\sum_{j=1}^{n_i} y_{ij}$ 是服从正态分布的随机变量的线性组合, 所以它也服从正态分布, 它的期望 $E(\bar{y}_{i\cdot}) = \mu_i$, 方差 $D(\bar{y}_{i\cdot}) = \frac{\sigma^2}{n_i}$, 所以有 $\bar{y}_{i\cdot} \sim N\left(\mu, \frac{\sigma^2}{n_i}\right)$, 标准化可得 $\frac{\bar{y}_{i\cdot} - \mu_i}{\sqrt{\frac{\sigma^2}{n_i}}} \sim N(0,1)$, 由于这里的 σ^2 也未知, 用它的无偏估计 MS_e 代入, 可得关于 μ_i 的枢轴量及其分布

$$\frac{\bar{y}_{i\cdot} - \mu_i}{\sqrt{\frac{MS_e}{n_i}}} \sim t(n-a).$$

证明 已证明 $\frac{\bar{y}_i - \mu_i}{\sqrt{\frac{\sigma^2}{n_i}}} \sim N(0,1)$ 和 $\frac{SS_e}{\sigma^2} \sim \chi^2(n-a)$.

$$\bar{y}_{i\cdot} = \frac{1}{n_i}\left(\mathbf{0}'_{n_1}, \cdots, \mathbf{0}'_{n_{i-1}}, \mathbf{1}'_{n_i}, \mathbf{0}'_{n_{i+1}}, \cdots, \mathbf{0}'_{n_a}\right)\boldsymbol{Y} \triangleq \boldsymbol{B}_i\boldsymbol{Y},$$

用分块矩阵相乘理论可得

$$\begin{aligned}
\boldsymbol{B}_i\boldsymbol{P}_2 &= \boldsymbol{B}_i(\boldsymbol{I}_n - \boldsymbol{C})\\
&= \boldsymbol{B}_i - \boldsymbol{B}_i\mathrm{diag}\left(\frac{1}{n_1}\boldsymbol{J}_{n_1}, \cdots, \frac{1}{n_a}\boldsymbol{J}_{n_a}\right)\\
&= \boldsymbol{B}_i - \frac{1}{n_i}\left(\mathbf{0}'_{n_1}, \cdots, \mathbf{0}'_{n_{i-1}}, \frac{1}{n_i}\mathbf{1}'_{n_i}\boldsymbol{J}_{n_i}, \mathbf{0}_{n_{i+1}}, \cdots, \mathbf{0}_{n_a}\right)\\
&= \boldsymbol{B}_i - \frac{1}{n_i}\left(\mathbf{0}'_{n_1}, \cdots, \mathbf{0}'_{n_{i-1}}, \mathbf{1}'_{n_i}, \mathbf{0}_{n_{i+1}}, \cdots, \mathbf{0}_{n_a}\right)\\
&= \mathbf{0}_{1\times n},
\end{aligned}$$

从而, 由附录的定理 B.4 可得 $\bar{y}_{i\cdot}$ 与 SS_e 相互独立. 由 t 分布的定义可得

$$\frac{\bar{y}_{i\cdot} - \mu_i}{\sqrt{\frac{MS_e}{n_i}}} = \frac{\dfrac{\bar{y}_i - \mu_i}{\sqrt{\frac{\sigma^2}{n_i}}}}{\sqrt{\dfrac{\frac{SS_e}{\sigma^2}}{n-a}}} \sim t(n-a). \qquad \square$$

从而可得 μ_i 的 $1-\alpha$ 的置信区间:

$$\left[\bar{y}_{i\cdot} - t_{\frac{\alpha}{2}}(n-a)\sqrt{\frac{MS_e}{n_i}},\ \bar{y}_{i\cdot} + t_{\frac{\alpha}{2}}(n-a)\sqrt{\frac{MS_e}{n_i}}\right], \tag{1.20}$$

其中 $t_{\frac{\alpha}{2}}(n-a)$ 为分布 $t(n-a)$ 的上 $\frac{\alpha}{2}$ 分位点. 同理, 可得 μ 的 $1-\alpha$ 的置信区间:

$$\left[\bar{y}_{\cdot\cdot} - t_{\frac{\alpha}{2}}(n-a)\sqrt{\frac{MS_e}{n}},\ \bar{y}_{\cdot\cdot} + t_{\frac{\alpha}{2}}(n-a)\sqrt{\frac{MS_e}{n}}\right]. \tag{1.21}$$

(2) 水平效应 τ_i 的区间估计.

τ_i 的无偏估计是 $\bar{y}_{i\cdot} - \bar{y}_{\cdot\cdot}$, 注意到: $\bar{y}_{i\cdot} = \frac{1}{n_i}y_{i\cdot} = \frac{1}{n_i}\sum_{j=1}^{n_i}y_{ij}$, $\bar{y}_{\cdot\cdot} = \frac{1}{n}\sum_{i=1}^{a}y_{i\cdot}$, 这两个统计量都是服从正态分布的随机变量的线性组合, 所以 $\bar{y}_{i\cdot} - \bar{y}_{\cdot\cdot}$ 也服从正态分布, 它的期望 $E(\bar{y}_{i\cdot} - \bar{y}_{\cdot\cdot}) = \tau_i$, 方差

$$D(\bar{y}_{i\cdot} - \bar{y}_{\cdot\cdot}) = D(\bar{y}_{i\cdot}) + D(\bar{y}_{\cdot\cdot}) - 2\mathrm{cov}(\bar{y}_{i\cdot}, \bar{y}_{\cdot\cdot})$$

$$= \frac{1}{n_i}\sigma^2 + \frac{1}{n}\sigma^2 - 2\frac{1}{n_i}\frac{1}{n}\mathrm{cov}\left(y_{i\cdot}, y_{i\cdot} + \sum_{k\neq i}^{a}y_{k\cdot}\right)$$

$$= \frac{1}{n_i}\sigma^2 + \frac{1}{n}\sigma^2 - 2\frac{1}{n_i}\frac{1}{n}\mathrm{cov}(y_{i\cdot}, y_{i\cdot})$$

$$= \left(\frac{1}{n_i} - \frac{1}{n}\right)\sigma^2,$$

所以有 $\bar{y}_{i\cdot} - \bar{y}_{\cdot\cdot} \sim N\left(\tau_i, \left(\frac{1}{n_i} - \frac{1}{n}\right)\sigma^2\right)$, 标准化可得 $\dfrac{\bar{y}_{i\cdot} - \bar{y}_{\cdot\cdot} - \tau_i}{\sqrt{\left(\frac{1}{n_i} - \frac{1}{n}\right)\sigma^2}} \sim N(0,1)$,

由于这里的 σ^2 也未知, 用它的无偏估计 MS_e 代入, 证明方法同上, 可得 μ 的枢轴量的分布

$$\frac{\bar{y}_{i\cdot} - \bar{y}_{\cdot\cdot} - \tau_i}{\sqrt{\left(\frac{1}{n_i} - \frac{1}{n}\right)MS_e}} \sim t(n-a),$$

从而可得 τ_i 的 $1-\alpha$ 的置信区间:

$$\left[\bar{y}_{i\cdot} - \bar{y}_{\cdot\cdot} - t_{\frac{\alpha}{2}}(n-a)\sqrt{\left(\frac{1}{n_i} - \frac{1}{n}\right)MS_e},\ \bar{y}_{i\cdot} - \bar{y}_{\cdot\cdot} + t_{\frac{\alpha}{2}}(n-a)\sqrt{\left(\frac{1}{n_i} - \frac{1}{n}\right)MS_e}\right].$$

$$\tag{1.22}$$

(3) 水平效应 $\tau_i - \tau_j$(或 $\mu_i - \mu_j$) 的区间估计.

当 $i \neq j$, $\bar{y}_{i\cdot}$ 和 $\bar{y}_{j\cdot}$ 相互独立, 同上可推得 $\tau_i - \tau_j$ 的无偏估计 $\bar{y}_{i\cdot} - \bar{y}_{j\cdot} \sim$ $N\left(\tau_i - \tau_j, \left(\dfrac{1}{n_i} + \dfrac{1}{n_j}\right)\sigma^2\right)$, 标准化可得 $\dfrac{\bar{y}_{i\cdot} - \bar{y}_{j\cdot} - (\tau_i - \tau_j)}{\sqrt{\left(\dfrac{1}{n_i} + \dfrac{1}{n_j}\right)\sigma^2}} \sim N(0,1)$, 由于这

里的 σ^2 也未知, 用它的无偏估计 MS_e 代入, 类似地, 也可证明 μ 的枢轴量的分布

$$\frac{\bar{y}_{i\cdot} - \bar{y}_{j\cdot} - (\tau_i - \tau_j)}{\sqrt{\left(\dfrac{1}{n_i} + \dfrac{1}{n_j}\right)MS_e}} \sim t(n-a),$$

从而可得 $\tau_i - \tau_j$ 的 $1 - \alpha$ 的置信区间:

$$\left[\bar{y}_{i\cdot} - \bar{y}_{j\cdot} - t_{\frac{\alpha}{2}}(n-a)\sqrt{\left(\frac{1}{n_i} + \frac{1}{n_j}\right)MS_e},\ \bar{y}_{i\cdot} - \bar{y}_{j\cdot} + t_{\frac{\alpha}{2}}(n-a)\sqrt{\left(\frac{1}{n_i} + \frac{1}{n_j}\right)MS_e}\right].$$

$$(1.23)$$

同样地, $\tau_1, \tau_2, \cdots, \tau_a$ 的线性组合或 $\mu_1, \mu_2, \cdots, \mu_a$ 的线性组合的置信区间可类似推出.

(4) 随机误差项的方差 σ^2 的区间估计.

由式 (1.17) 知 MS_e 是 σ^2 的无偏估计, 并由式 (1.14), 可得关于 σ^2 的枢轴量及其分布

$$\frac{MS_e}{\sigma^2} \sim \chi^2(n-a),$$

从而可得 σ^2 的 $1 - \alpha$ 的置信区间:

$$\left[\frac{MS_e}{\chi^2_{\frac{\alpha}{2}}(n-a)},\ \frac{MS_e}{\chi^2_{1-\frac{\alpha}{2}}(n-a)}\right], \tag{1.24}$$

其中 $\chi^2_{\frac{\alpha}{2}}(n-a)$ 为卡方分布 $\chi^2(n-a)$ 的上 $\dfrac{\alpha}{2}$ 分位数.

上述参数点估计和区间估计的实现, 可以参考 1.6 节的 One_way_par_est 函数.

1.4 多重比较方法

方差分析只给出因子的诸水平是否存在显著差异, 如存在差异, 我们也感兴趣哪些水平之间存在显著差异, 这就是多重比较[①]要回答的问题. 本节先给出一般

---

① 在多个水平场合, 同时比较其中任意两个水平均值间有无显著差异.

性的概念——对比, 然后给出适用于等重复的邓肯 (Duncan) 多重比较法 [3] 和图基 (Tukey) 多重比较法 [4], 以及适用于一般情况的谢菲 (Scheffé) 多重比较法 [5].

1.4.1 对比

因子的诸效应或水平总体均值的带约束的线性组合称为对比, 具体地

$$c = \sum_{i=1}^{a} c_i \tau_i, \quad \text{其中} \sum_{i=1}^{a} c_i = 0. \tag{1.25}$$

式 (1.25) 可等价表示为

$$c = \sum_{i=1}^{a} c_i \mu_i, \quad \text{其中} \sum_{i=1}^{a} c_i = 0. \tag{1.26}$$

由式 (1.19) 可得, 对比 (1.26) 的一无偏估计 $\hat{c} = \sum_{i=1}^{a} c_i \bar{y}_{i\cdot}$, 其是正态分布随机变量的线性组合, 经简单推导可得 $\hat{c} \sim N\left(\sum_{i=1}^{a} c_i \mu_i, \sum_{i=1}^{a} \frac{c_i^2}{n_i} \sigma^2\right)$. 通常地, 我们希望检验假设

$$H_0: \sum_{i=1}^{a} c_i \mu_i = 0.$$

当这个原假设 H_0 成立时, 对服从正态分布的统计量 $\hat{c}$ 标准化可得: $\frac{\hat{c}}{\sqrt{\sum_{i=1}^{a} \frac{c_i^2}{n_i} \sigma^2}} \sim N(0,1)$, 这里的 σ^2 未知, 用它的无偏估计 MS_e 代入, 由附录的科克伦定理 (定理 B.3) 可证明 $\hat{c}$ 与 MS_e 相互独立, 经简单推导可得

$$\frac{\hat{c}}{\sqrt{\sum_{i=1}^{a} \frac{c_i^2}{n_i} MS_e}} \overset{H_0}{\sim} t(f_e) \quad \text{或} \quad \frac{SS_c}{MS_e} \overset{H_0}{\sim} F(1, f_e), \tag{1.27}$$

这时对比的平方和 SS_c 定义为 $SS_c = \frac{\hat{c}^2}{\sum_{i=1}^{a} \frac{c_i^2}{n_i}}$, 误差平方和的自由度 $f_e = n - a$.

所以, H_0 的显著性水平为 α 的拒绝域是

$$F = \frac{SS_c}{MS_e} > F_\alpha(1, n - a). \tag{1.28}$$

一个对比的假设检验可以推广到多个正交对比[①]的同时假设检验, 由于对比的系数向量是 $a - 1$ 维[②]空间的向量, 所以至多构造 $a - 1$ 个正交对比. 对比的选

---

① 正交对比: 多个对比的系数向量相互正交.

② 带一个约束条件的 a 维向量空间.

定是由试验目的决定的, 应该在试验之前确定, 而不能在试验完成之后, 分析了数据, 再提这些对比.

1.4.2　邓肯多重比较法

正交对比的构造很需要技巧, 并且在 a 个水平的单因子试验模型中, 最多只能构造 $a-1$ 个正交对比, 但在许多的实际问题中, 我们需要检验更多的比较, 比如下面的 C_a^2 个同时假设检验:

$$H_0^{ij} : \mu_i = \mu_j, i = 2, \cdots, a, j = 1, \cdots, i-1. \tag{1.29}$$

对于这个多重检验问题, 在 1.2 节讨论了, 如果对这 C_a^2 个假设中每一个假设用通常的 t 分布来检验, 会大大增加整个检验犯第一类错误的概率. 邓肯于 1955 年提出邓肯多重极差检验法[3] 可解决等重复试验下多重检验问题. 邓肯多重极差检验法基本的统计思想: 第 i 个水平与第 j 个水平的样本均值的差是 p $(p = 2, 3, \cdots, a)$ 级极差 R_p①, 如果这个极差值比这个极差的分布的临界值 R_p^* 要大, 那么就拒绝原假设 H_0^{ij}(在给定显著性水平 α 下), 即认为因子的第 i 个水平与第 j 个水平对因变量的影响有显著性差异. 这里的 p 级极差临界值

$$R_p^* = r_\alpha(p, f_e) S_{\bar{y}_{i\cdot}}, \tag{1.30}$$

其中误差平方和的自由度 $f_e = n - a$, 诸水平均值误差标准差 $S_{\bar{y}_{i\cdot}} = \sqrt{\dfrac{MS_e}{m}}$, 邓肯显著性极差系数 $r_\alpha(p, f_e)$ 是 t 化极差统计量 $r(p, f_e)$ 的上 α 分位点, $r(p, f_e) = \dfrac{R_p}{\sqrt{X}}$, $X \sim \chi^2(f_e)$, R_p 与 X 相互独立. 尽管计算 t 化极差统计量 $r(p, f_e)$ 的精确分布很困难, 但在式 (1.29) 中所有原假设成立时, t 化极差统计量分布与未知参数无关, 因而可以通过随机模拟的方法得到极差的样本, 具体地: 首先从标准正态分布中独立产生 p 个随机数, 得到这 p 个数的极差, 再除以自由度为 f_e 的卡方分布的随机数可得统计量 $r(p, f_e)$ 的一随机数, 重复这样过程足够多次, 可得统计量 $r(p, f_e)$ 的一组样本. 由这组样本上 α 分位点可估计 $r_\alpha(p, f_e)$, 从而由式 (1.30) 可得 p 级极差的临界值.

1.4.3　图基多重比较法

图基多重比较法[4], 又称 T 多重比较法, 与邓肯多重比较法一样, 也是用来解决等重复试验下多重检验问题, 但两者所用到的统计思想和方法有所差异. 图基

---

① p 级极差: 将所有 a 个水平均值从小到大排序, 如果某两个水平的样本均值之间还有其他 $p-2$ 个水平的样本均值, 那么这两个水平的样本均值的差就构成了 p 级极差.

多重比较法的基本统计思想: 给定显著性水平 α, 要找到一个统一的临界值 c, 使得 $P(\bigcup_{j<i}\{|\bar{y}_{i\cdot} - \bar{y}_{j\cdot}| > c\}) = \alpha$, 即当假设 (1.29) 中的 C_a^2 个假设都成立, 而犯第一类错误的概率等于显著性水平 α. 满足条件的临界值

$$c = q_\alpha(a, f_e) S_{\bar{y}_{i\cdot}}, \tag{1.31}$$

其中 $q_\alpha(a, f_e)$ 是 t 化极差统计量 $q(a, f_e)$ 上 α 分位点, 诸水平均值误差标准差 $S_{\bar{y}_{i\cdot}} = \sqrt{\dfrac{MS_e}{m}}$, a 是因子水平数, 误差平方和自由度 $f_e = n - a$. 尽管计算 t 化极差统计量 $q(a, f_e)$ 精确分布很困难, 但在式 (1.29) 中所有假设都成立时, 此统计量分布与未知参数无关, 因而也可以通过随机模拟的方法得到它的样本, 具体地: 首先从自由度为 f_e 的 t 分布独立产生 a 个随机数, 得到的这 a 个数的极差就为统计量 $q(a, f_e)$ 的一随机数, 重复这样过程足够多次, 可得统计量 $q(a, f_e)$ 的一组样本. 由这组样本的上 α 分位点可估计 $q_\alpha(a, f_e)$, 从而由式 (1.31) 可得临界值 c, 如果两个水平的均值差的绝对值小于 c, 就认为这两个水平对因变量的影响没有显著性差异.

1.4.4 谢菲多重比较法

邓肯多重比较法和图基多重比较法都只适用于等重复试验下的多重检验问题, 而谢菲 [5] 于 1953 年提出的多重比较法 (简称 S 法), 适用于更一般的情形. 其统计思想类似于图基多重比较法, 但临界值的计算与所取的两个水平重复试验次数有关, 具体地, 给定显著性水平 α, 当 $|\bar{y}_{i\cdot} - \bar{y}_{j\cdot}| > c_{ij}$ 时, 拒绝式 (1.29) 中原假设 H_0^{ij}, 这里的临界值

$$c_{ij} = \sqrt{(a-1)F_\alpha(a-1, f_e)\left(\frac{1}{n_i} + \frac{1}{n_j}\right) MS_e}, \tag{1.32}$$

其中 a 是因子的水平数, 误差平方和自由度 $f_e = n - a$, n_i 和 n_j 分别是第 i 个水平和第 j 个水平试验重复次数, MS_e 为误差均方和.

1.4.5 基于 MATLAB 的多重比较

MATLAB 软件中提供了多重比较函数 multcompare (multiple comparison), 其调用格式如下.

(1) c = multcompare(stats).

这个命令输入的 stats 是方差分析输出的结构数组, 没有指定多重比较方法, 默认是图基多重比较法, 输出的 c 是 C_a^2 行 6 列矩阵, 任何一行是第 $i(i = 1, \cdots, a)$ 个水平与第 j $(j = i + 1, \cdots, a)$ 个水平的均值比较, 这一行前两个元素是两个水

平的编号 i 和 j, 第 4 个元素是这两个水平的均值差 $\mu_i - \mu_j$ 的估计 $\bar{y}_i - \bar{y}_j$, 第 3 个元素与第 6 个元素构成均值差 $\mu_i - \mu_j$ 的 $1 - \alpha$ 置信区间 (α 默认是 95%), 最后一个元素是 p 值, 表示在原假设 (均值差为 0) 成立时, 这两个水平的均值差显著地不包含 0 的概率. 除了输出 c, 还伴随显示了一个图形, 给出每个水平均值的置信区间及估计值 (圆圈符号), 如果两个水平均值的置信区间不重叠, 则两个水平均值显著不同, 否则两水平均值没有显著不同, 并可以使用鼠标选择任何组水平, 图形将突出显示与它明显不同的任何水平.

(2) c = multcompare(stats,param1,val1,param2,val2,...).

这个命令适用于更一般的多重比较, param1, param2, ⋯ 是字符型参数名, 包括 'alpha','display','ctype','dimension' 和 'Estimate', 而 val1, val2, ⋯ 是这些参数的取值. 显著性水平参数 'alpha' 可取 0 和 1 之间的任何数; 参数 'display' 取值为 'on'(打开 "图形" 窗口, 也是默认设置) 和 'off'(关闭 "图形" 窗口); 参数 'ctype' 取值 'hsd' 或 'tukey-kramer' 表示图基多重比较 (缺省默认设置), 取值 'scheffe' 表示谢菲多重比较, 还有其他取值表示其他多重比较, 可参考该函数帮助文件; 参数 'dimension' 取值为向量, 取 1(缺省默认设置) 表示取第一个因子水平 (忽略其他因子) 做多重比较, 在三因子方差分析模型中, 取 [1 3] 表示在第一个因子与第三因子的试验组合下做多重比较.

(3) [c,m] = multcompare(...).

相较于 (1) 和 (2), 这里多出一个输出选项 m, m 是一个 a 行 2 列的矩阵, 第一列表示诸水平均值, 第二列表示诸水平标准差.

(4) [p,m,h] = multcompare(...).

在命令 (3) 的基础上, 多输出一个水平均值图形的句柄 h.

MATLAB 自带的 multcompare 能做图基多重比较和谢菲多重比较等一系列的多重比较, 但不能做常用且较稳健的邓肯多重比较, 因而我们自编了 Duncan_com 函数实现邓肯多重比较, 具体细节可参考 1.6 节自编 Duncan_com 函数.

1.5　随机效应模型

实际问题中, 因子水平数可能有许多甚至无穷多, 并且对水平挑选的先验信息缺乏, 而只能用随机的方法选择其中的 a 个水平做试验. 由于试验中的 a 个水平是随机确定的, 因此对试验结果所作的统计推断是针对因子的全部水平, 不妨假定数据结构同表 1.1 的数据结构, 等重复 (为描述方便, 假定每个水平下都重复

试验 m 次) 随机效应试验模型是

$$
\begin{cases}
y_{ij} = \mu + \tau_i + \varepsilon_{ij}, & i = 1, \cdots, a, \quad j = 1, \cdots, m, \\
\varepsilon_{ij} \overset{\text{i.i.d.}}{\sim} N(0, \sigma^2), \\
\tau_i \overset{\text{i.i.d.}}{\sim} N(0, \sigma_\tau^2), \\
\text{诸 } \varepsilon_{ij} \text{ 和诸 } \tau_i \text{ 相互独立.}
\end{cases}
\tag{1.33}
$$

不同于固定效应模型 (1.2) 中诸水平效应是未知的参数, 随机效应模型 (1.33) 中诸水平效应是随机变量, 由模型 (1.33) 易得

$$
E(y_{ij}) = \mu, \qquad D(y_{ij}) = \sigma^2 + \sigma_\tau^2,
$$

这个式子说明任一观察值的方差都可以分解为误差方差分量 σ^2 和随机效应方差分量 σ_τ^2 的和, 所以随机效应模型也称方差分量模型, 在单因子随机效应模型里所有的观察值都服从同一正态分布 $N(\mu, \sigma^2 + \sigma_\tau^2)$. 但需注意的是: 在固定模型 (1.2) 里, 诸观察值相互独立, 而在随机效应模型 (1.33) 里, 不同水平的观察值是相互独立 (组间独立) 的, 但同一水平的观察值是相关的 (组内相关), 这是因为

$$
\text{cov}(y_{i_1 j_1}, y_{i_2 j_2}) = 0, \qquad i_1 \neq i_2,
$$
$$
\text{cov}(y_{ij_1}, y_{ij_2}) = \sigma_\tau^2, \qquad j_1 \neq j_2.
$$

在随机效应模型中, 诸水平效应是随机的, 在方差分析时, 设定式 (1.3) 中的假设是不合适的, 这是因为 a 个连续型随机变量相等的概率几乎为零, 因而在随机效应模型中通常提出以下的假设

$$
\begin{aligned}
H_0 &: \sigma_\tau^2 = 0, \\
H_1 &: \sigma_\tau^2 \neq 0.
\end{aligned}
\tag{1.34}
$$

当原假设 H_0 成立时, $\tau_i \overset{\text{i.i.d.}}{\sim} N(0,0)$, 表示诸水平效应会以概率 1 取到 0, 由于因子水平是随机取出的, 所以因子的全部水平对因变量的影响都是不显著的.

给定假设后, 从偏差平方和分解式出发来构造检验统计量. 由于偏差平方和分解式与模型假定无关, 因而式 (1.4) 在随机效应模型中也成立, 并可证明

$$
\begin{aligned}
E(SS_e) &= a(m-1)\sigma^2, & \frac{SS_e}{\sigma^2} &\sim \chi^2(a(m-1)), \\
E(SS_A) &= m(a-1)\sigma_\tau^2 + (a-1)\sigma^2, & \frac{SS_A}{\sigma^2} &\overset{H_0}{\sim} \chi^2(a-1).
\end{aligned}
\tag{1.35}
$$

由 (1.35)，误差均方和 $MS_e = \dfrac{SS_e}{f_e}$ 是 σ^2 的无偏估计，并在式 (1.34) 中原假设 H_0 成立时，因子均方和 $MS_A = \dfrac{SS_A}{f_A}$ 是 σ^2 的无偏估计，其中误差自由度 $f_e = a(m-1)$，误差自由度 $f_A = a-1$. 类似于 1.2 节的讨论，可构造检验统计量

$$F = \frac{MS_A}{MS_e} = \frac{SS_A/f_A}{SS_e/f_e} \overset{H_0}{\sim} F(f_A, f_e). \tag{1.36}$$

所以，在给定显著性水平 α 下，可得检验式 (1.34) 中原假设 H_0 的拒绝区域

$$F > F_\alpha(f_A, f_e).$$

由此可见，随机效应的方差分析与固定效应的方差分析过程完全一样. 在原假设不成立时，也可以得到方差分量 σ^2 和 σ_τ^2 的无偏估计分别为 $\hat{\sigma}^2 = MS_e$ 和 $\hat{\sigma}_\tau^2 = \dfrac{MS_A - MS_e}{m}$，并且还可证明这些统计量是最佳二次无偏估计.

1.6　单因子试验模型自编函数

MATLAB 的多重比较没有邓肯多重比较, 编写能完成单因子邓肯多重比较的代码如下:

邓肯多重比较代码

```
function f = Duncan_com(stats,table,alpha)
%   邓肯多重比较;
%   输入方差分析的结果对应常用统计量stats;
%   邓肯显著性极差系数表table;
%   输入显著性水平alpha;
%   输出邓肯多重比较的结果;
[means,index] = sort(stats.means);
gn = stats.gnames(index,1);
table = xlsread(table,num2str(alpha));
%读取邓肯多重比较的显著性极差的系数表'Duncan.xlsx';
%这里的显著性水平alpha只能取0.01或0.05;
f=stats.df;%误差自由度;
s=stats.s/sqrt(stats.n(1));%诸水平均值的误差标准差;
disp('邓肯多重比较的结果如下: ');
for i=1:length(means)
    for j=i+1:length(means)
```

```
            p=j-i+1;
            r_p_f=table(table(:,1)==f,table(1,:)==p);%显著性极差系数;
            R=r_p_f*s;%p级极差临界值;
            if means(j)-means(i)>R
                ch=sprintf('>显著极差临界值%g，有显著差异；',R);
            else
                ch=sprintf('<显著极差临界值%g，无显著差异；',R);
            end
            if iscell(gn)%如果是元胞数组;
                output_args=[gn{i,1} '水平对' gn{j,1}...
                    sprintf('水平的%d级极差',p)...
                    num2str(roundn(means(j)-means(i),-4)) ch];
                disp(output_args);
            else%不是元胞数组，索引不一样;
                output_args=[gn(i,1) '水平对' gn(j,1)...
                    sprintf('水平的%d级极差',p)...
                    num2str(roundn(means(j)-means(i),-4)) ch];
                disp(output_args);
            end
        end
    end
end
end
```

为了方便, 整理方差分析表为 LaTex 代码, 从而编译为撰写论文常用的 PDF 文档, 生成方差分析表 LaTex 代码函数.

生成方差分析表 LaTex 代码函数

```
function f = Anova_LaTex2(A,title,label)
%转换MATLAB中方差分析表为LaTex表格的代码;
%A是方差分析表，title为表的标题，label为表的索引标签;
[r,c] = size(A);nc = zeros(1, c);
nc(:) = 99;
% 存放字符c，数字99转换成字符是c，表示每列中内容居中;
% 生成第一句LaTex表格开头代码;
out = [sprintf('\\begin{table}[htbp]\n\t\\centering')...
        sprintf('\n\t\\caption{%s}\\vspace{3mm}',title)...
        sprintf('\n\t\\renewcommand\\arraystretch{1.0}')...
        sprintf('\n\t\\footnotesize\\zihao{5}\\doublerulesep 1pt')...
        sprintf('\n\t\\begin{tabular}{%s}\n\t\\toprule', char(nc))];
% 二重循环，用作生成整个矩阵的LaTex语句;
```

```
for i = 1 : r
    temp=[];
    %如果p值小于等于0.001, 就显示<=0.001**;
    %不然,如果p值小于等于0.01, 就显示p值**;
    %不然,如果p值小于等于0.05, 就显示p值*;
    %不然,如果p值小于等于0.1, 就显示p值圈*;
    if A{i, c}<=0.001
        A{i, c}='$<$0.001**';
    elseif A{i, c}<=0.01
        A{i, c}=sprintf('%g**',roundn(A{i, c},-4));
    elseif A{i, c}<=0.05
        A{i, c}=sprintf('%g*',roundn(A{i, c},-4));
    elseif A{i, c}<=0.1
        A{i, c}=sprintf('%g\circledast',roundn(A{i, c},-4));
    end
    for j = 1 : c
        if A{i, j}<0.001
                A{i, j}='$<$0.001';
        end
        if ~isstr(A{i, j})
            A{i, j}=roundn(A{i, j},-4);
            A{i, j}=num2str(A{i, j});
        end
        temp = [temp A{i, j} '&'];
    end
    temp = temp(1 : end - 1);% 丢掉最后的'&'号;
    temp = [temp '\\'];% 行末加上'\\'号;
    out = [out sprintf('\n\t') temp]; % 换行;
end
% 加上最后一句结束代码;
str='\n\t\\bottomrule\n\t\\end{tabular}\n\\label{%s}\n\\end{table}';
out = [out sprintf(str,label)];
f = out;
f=strrep(f,'Source','来源');f=strrep(f,'SS','平方和');
f=strrep(f,'df','自由度');  f=strrep(f,'MS','均方和');
f=strrep(f,'F','F值');       f=strrep(f,'Prob>F','p');
f=strrep(f,'Total','总和'); f=strrep(f,'Error','误差');
f=strrep(f,'Interaction','交互作用');
f=strrep(f,'Groups','因子');f=strrep(f,'p值\\','p值\\\hline');
f=strrep(f,'Rows','行因子');f=strrep(f,'Columns','列因子');
```

```
disp(f);
```

为了更直观显示, 将 MATLAB 的方差分析中一些英文术语替换成相应的中文术语, 并保存为 Excel 格式, 以方便在常用的办公软件中编辑, 编写了以下的保存 MATLAB 的方差分析表为 Excel 表的 MATLAB 函数.

保存方差分析表为 Excel 格式的函数 Anova2Excel

```
%保存MATLAB的方差分析表为Excel表;
function f = Anova2Excel(A,title)
%A为MATLAB的方差分析表, title为要保存为Excel表格标题, 避免相互覆盖;
[m,n]=size(A);%表A有m行n列;
%=====================替换A中的英文行名或列名为中文=================
for i=1:n
    f=A{1,i};
    if strcmp(f, 'Source')
        A{1,i}='来源';
    elseif strcmp(f, 'SS')
        A{1,i}='平方和';
    elseif strcmp(f, 'df')
        A{1,i}='自由度';
    elseif strcmp(f, 'MS')
        A{1,i}='均方和';
    elseif strcmp(f, 'F')
        A{1,i}='F值';
    elseif strcmp(f, 'Prob>F')
        A{1,i}='p值';
    end
end
for i=1:m
    f=A{i,1};
    if strcmp(f, 'Total')
        A{i,1}='总和';
    elseif strcmp(f, 'Error')
        A{i,1}='误差';
    elseif strcmp(f, 'Interaction')
        A{i,1}='交互作用';
    elseif strcmp(f, 'Groups')
        A{i,1}='因子';
    elseif strcmp(f, 'Rows')
        A{i,1}='行因子';
```

```
elseif strcmp(f, 'Columns')
    A{i,1}='列因子';
    end
end
xlswrite(title,A);%保存为Excel表格;
```

为了方便快捷输出模型 (1.2) 中均值参数 μ、诸水平效应 $\tau_i(i=1,\cdots,a)$ 及方差的点估计和它们的区间估计, 编写了下面的代码.

单因子模型的参数估计代码

```
function par_est = One_way_par_est(stats,alpha)
%========================== 参数点估计 ==========================
y_bar = sum(stats.means.*stats.n)/sum(stats.n);%所有观察值的均值;
par_est=sprintf('一般平均的估计值:  %g; \n\t',y_bar);
n = sum(stats.n);%样本量;
a = length(stats.n);%水平数;
for i = 1:a
    par_est = [par_est sprintf('第%d个水平效应估计值:%g; \n\t',...
                                i,stats.means(i)-y_bar)];
end
par_est = [par_est sprintf('误差项方差的估计值: %0.5g.',stats.s^2)];
disp(par_est);
%========================== 区间估计 ==========================
par_intval = ...
    sprintf('诸水平均值置信水平%g%%的置信区间:\n\t',100*(1-alpha));
for i = 1:a
    y_i_bar = stats.means(i);n_i = stats.n(i);
    intval_r = tinv(1-alpha/2,n-a)*stats.s/sqrt(n_i);
    L = roundn(y_i_bar-intval_r,-4);
    U = roundn(y_i_bar+intval_r,-4);
    par_intval = [par_intval...
            sprintf('第%d个水平均值的置信区间:[%g,%g]; \n\t',i,L,U)];
end
disp(par_intval);
par_intval =...
    sprintf('两水平效应的差置信水平%g%%的置信区间:\n\t',...
        100* (1-alpha));
for i = 1:a
    y_i_bar = stats.means(i);n_i = stats.n(i);
    for j=1:a
        if j~=i
```

```
        y_j_bar = stats.means(j);n_j = stats.n(j);
        intval_r = tinv(1-alpha/2,n-a)*stats.s*sqrt(1/n_i+1/n_j);
        L = roundn(y_i_bar-y_j_bar-intval_r,-4);
        U = roundn(y_i_bar-y_j_bar+intval_r,-4);
        par_intval = [par_intval...
        sprintf('第%d个与第%d个水平效应的差的置信区间:[%g,%g];...
          \n\t',... i,j,L,U)];
        end
    end
end
disp(par_intval);
par_intval = ...
    sprintf('诸水平效应的置信水平%g%%的置信区间:\n\t',100*(1-alpha));
for i = 1:a
    y_i_bar = stats.means(i);n_i = stats.n(i);
    intval_r = tinv(1-alpha/2,n-a)*stats.s*sqrt(1/n_i-1/n);
    L = roundn(y_i_bar-y_bar-intval_r,-4);
    U = roundn(y_i_bar-y_bar+intval_r,-4);
    par_intval = ...
    [par_intval sprintf('第%d个水平效应的置信区间:[%g,%g];\n\t',...
        i,L,U)];
end
disp(par_intval);
```

为了做诸水平均值的对比假设检验, 编写了下面的代码.

对比假设检验函数

```
function f = Orth_Constrast(stats,alpha,C)
%此代码用来实现单因子诸水平的正交对比检验;
% stats单因子方差分析输出结果;
% alpha显著性水平;
% C正交对比矩阵(每一行代表一对比);
n=sum(stats.n);%数据的总个数;
a=length(stats.n);%因子水平数;
MSE=stats.s^2;%均方和;
n_i=stats.n;%每个水平的数据个数;
[m,f]=size(C);%m个对比;
for i=1:m
    while sum(C(i,:))~=0;
        error(['你定义的第',num2str(i),'个对比系数和不为0'])
    end
```

```
if i>=2
    while sum(C(1:i-1,:)*C(i,:)'~=zeros(i-1,1))~=0;
    error(['第',num2str(i),'个对比与前面定义的某个对比不正交'])
        %注意：两个对比正交，那么这两个对比系数向量的内积为0;
    end
end
SSC=dot(C(i,:),stats.means)^2/sum(C(i,:).^2./n_i);
%计算对比的平方和;
F=SSC/MSE;%F值;
disp(['第',num2str(i),'个对比的平方和SSC和检验统计量F的值...
    分别为'num2str(SSC),'和',num2str(F),', '])
if F>finv(1-alpha,1,n-a)
    disp(['第',num2str(i),'个对比是显著的; ']);
else
    disp(['第',num2str(i),'个对比是不显著的; ']);
end
end
```

1.7   例   题

例子 1.1   一种儿童糖果的新产品有 4 种不同的包装. 为考察儿童对这 4 种包装的喜爱程度, 将甲、丁式包装各 2 批, 乙、丙式包装各 3 批, 共 10 批, 随机分给 10 家食品店各一批试销, 观察其销售量. 这 10 家食品店所处地段的繁华程度、商店的规模、糖果广告橱窗的布置都相仿. 在这个试验问题里, 考察的指标 (数据) 是销售量, 因子 A 是包装方式, 其水平 A_1, A_2, A_3, A_4 分别是甲、乙、丙、丁 4 种包装. 水平 A_1 与 A_4 各重复 2 次试验, 水平 A_2 与 A_3 各重复 3 次试验. 全部 10 个试验按随机顺序进行, 观察值如表 1.3 所示.

表 1.3   糖果销售量

包装方式	销售量 y_{ij}		
甲	12	18	
乙	14	12	13
丙	19	17	21
丁	24	30	

解   显然, 这是不等重复单因子试验, 因变量按水平拉直为一列向量, 为了区分哪一个观察值来自哪一个水平, 必须有一个分组索引变量, 在这里因变量和索引变量在 MATLAB 命令行窗口中可分别按如下方式输入并保存:

```
>> Example_1_1 = [12 18 14 12 13 19 17 21 24 30];%因变量;
```

```
>> Example_group_1_1 = {'甲','甲','乙','乙','乙','丙',...
                        '丙','丙','丁','丁'};
```
%元胞数组, 元胞为相应的水平字符;
```
>> save Example_1_1;save Example_group_1_1
```

在 MATLAB 命令行窗口运行以下代码:

```
>> load Example_1_1;load Example_group_1_1;%下载数据;
>> [~,table,stats] = anova1(Example_1_1, Example_group_1_1,'off');
   %方差分析;
>> Anova_LaTex2(table,'方差分析表','anova_table_1_4');
   %生成方差分析表LaTex代码;
>> Anova2Excel(table,'方差分析表');%保存方差分析表为Excel格式;
```

在命令行窗口可得方差分析表的 LaTex 代码, 在 LaTex 中运行这些代码, 可得如下的方差分析表 (表 1.4), 从表中可得 p 值 = 0.0071 小于显著性水平 0.05, 因而给定显著性水平 0.05, 这 4 种包装方式对糖果的销售量有显著的影响.

表 1.4　方差分析表

来源	平方和	自由度	均方和	F 值	p 值
因子	258	3	86	11.2174	0.0071**[①]
误差	46	6	7.6667		
总	304	9			

运行这些代码还会保存 MATLAB 中的方差分析表为常用的 Excel 格式. 在命令行窗口还展示单因子方差分析模型 (1.2) 的参数估计, 其中点估计如下.

```
>> par_est = One_way_par_est(stats,0.05);%参数估计;
```
一般平均的估计值:18;
第1个水平效应估计值:-3;
第2个水平效应估计值:-5;
第3个水平效应估计值:1;
第4个水平效应估计值:9;
误差项方差的估计值: 7.6667.

诸水平均值置信水平95%的置信区间:
第1个水平均值的置信区间:[10.2092,19.7908];
第2个水平均值的置信区间:[9.0883,16.9117];
第3个水平均值的置信区间:[15.0883,22.9117];
第4个水平均值的置信区间:[22.2092,31.7908];

---

① 本书表中上标 "**" 表示在显著性水平 0.01 下显著, "*" 表示在显著性水平 0.05 下显著.

两水平效应的差置信水平95%的置信区间:
第1个与第2个水平效应的差的置信区间:[-4.1849, 8.1849];
第1个与第3个水平效应的差的置信区间:[-10.1849, 2.1849];
第1个与第4个水平效应的差的置信区间:[-18.7752,-5.2248];
第2个与第1个水平效应的差的置信区间:[-8.1849, 4.1849];
第2个与第3个水平效应的差的置信区间:[-11.5319,-0.4681];
第2个与第4个水平效应的差的置信区间:[-20.1849,-7.8151];
第3个与第1个水平效应的差的置信区间:[-2.1849,10.1849];
第3个与第2个水平效应的差的置信区间:[0.4681,11.5319];
第3个与第4个水平效应的差的置信区间:[-14.1849,-1.8151];
第4个与第1个水平效应的差的置信区间:[5.2248,18.7752];
第4个与第2个水平效应的差的置信区间:[7.8151,20.1849];
第4个与第3个水平效应的差的置信区间:[1.8151,14.1849];

诸水平效应的差置信水平95%的置信区间:
第1个水平效应的置信区间:[-7.2850, 1.2850];
第2个水平效应的置信区间:[-8.2727,-1.7273];
第3个水平效应的置信区间:[-2.2727, 4.2727];
第4个水平效应的置信区间:[4.7150,13.2850];

　　　方差分析说明不同的包装方式对儿童糖果的销售有显著影响, 进一步要比较哪些包装方式对儿童糖果销售影响有显著差异, 由于是不等重复试验, 因而用谢菲多重比较, 其结果如下: 甲乙两种包装 (1 水平与 2 水平) 与丁种包装 (4 水平) 对儿童糖果的销售有显著影响. 这个结论从图 1.1 也可直观看出, 这个图中以 4 水平为参照水平 (蓝色标注), 1 水平均值置信区间、2 水平均值置信区间与 4 水平均值置信区间没有重叠部分, 与参照水平有显著差异的水平用红色标注, 否则用灰色标注.

```
>> C_Scheffe = multcompare(stats,'alpha',0.05,'ctype','scheffe');
%谢菲多重比较;
>> display(C_Scheffe);%展示谢菲多重比较结果;
C_Scheffe =

    1.0000    2.0000    -7.5487     2.0000    11.5487    0.8869
    1.0000    3.0000   -13.5487    -4.0000     5.5487    0.5219
    1.0000    4.0000   -22.4600   -12.0000    -1.5400    0.0281*
    2.0000    3.0000   -14.5406    -6.0000     2.5406    0.1719
    2.0000    4.0000   -23.5487   -14.0000    -4.4513    0.0090**
    3.0000    4.0000   -17.5487    -8.0000     1.5487    0.0974
```

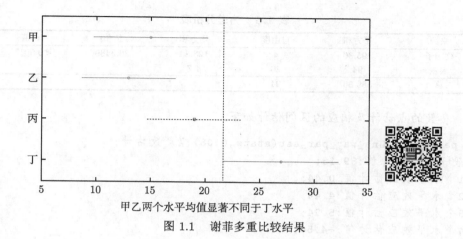

甲乙两个水平均值显著不同于丁水平

图 1.1 谢菲多重比较结果

例子 1.2 某化工产品的产量是衡量效益的重要指标. 为了考察反应温度 (单位: ℃) (因子 A) 对该化工产品产量 (单位: kg) y 的影响, 选取因子 A 的 5 个水平为 A_1: 60℃, A_2: 65℃, A_3: 70℃, A_4: 75℃, A_5: 80℃, 每个水平上重复试验 5 次, 试验结果如表 1.5 所示.

表 1.5 化工产品的产量

反应温度/℃	观察值 y_{ij}				
60	90	87	92	91	88
65	97	91	93	95	92
70	96	92	93	96	95
75	84	82	86	83	88
80	84	81	85	86	82

解 在 5 个水平下重复试验 5 次, 即等重复单因子试验模型 (1.2), 且 $a = 5$, $n_1 = \cdots = n_5 = m = 5$, 对于等重复试验的方差分析, 因变量可以矩阵输入, 每一列对应于一个水平, 分组变量不输入, 特别提醒在 MATLAB 中, 列具有优先级别, 当然, 也可按例子 1.1 输入. 在 MATLAB 命令行窗口运行下列代码, 可得方差分析表 (表 1.6)、模型 (1.2) 中参数估计、图基多重比较及邓肯多重比较.

```
>> load Example_1_2;
>> [~,table,stats] = anova1(Example_1_2, [],'off');
%方差分析;
>> Anova_LaTex2(table,'方差分析表','anova_table_1_2');
%生成方差分析表LaTex代码;
>> Anova2Excel(table,'方差分析表1_2');%保存方差分析表为Excel格式;
```

表 1.6　方差分析表

来源	平方和	自由度	均方和	F 值	p 值
列因子	495.36	4	123.84	26.3489	<0.001**
误差	94	20	4.7		
总	589.36	24			

参数的点估计及相应的区间估计如下.

```
>> par_est = One_way_par_est(stats,0.05);%参数估计;
一般平均的估计值:89.16;
第1个水平效应估计值:0.44;
第2个水平效应估计值:4.44;
第3个水平效应估计值:5.24;
第4个水平效应估计值:-4.56;
第5个水平效应估计值:-5.56;
误差项方差的估计值: 4.7.

诸水平均值置信水平95%的置信区间:
第1个水平均值的置信区间:[87.5776,91.6224];
第2个水平均值的置信区间:[91.5776,95.6224];
第3个水平均值的置信区间:[92.3776,96.4224];
第4个水平均值的置信区间:[82.5776,86.6224];
第5个水平均值的置信区间:[81.5776,85.6224];

两水平效应的差置信水平95%的置信区间:
第1个与第2个水平效应的差的置信区间:[-6.8601,-1.1399];
第1个与第3个水平效应的差的置信区间:[-7.6601,-1.9399];
第1个与第4个水平效应的差的置信区间:[ 2.1399, 7.8601];
第1个与第5个水平效应的差的置信区间:[ 3.1399, 8.8601];
第2个与第1个水平效应的差的置信区间:[ 1.1399, 6.8601];
第2个与第3个水平效应的差的置信区间:[-3.6601, 2.0601];
第2个与第4个水平效应的差的置信区间:[ 6.1399,11.8601];
第2个与第5个水平效应的差的置信区间:[ 7.1399,12.8601];
第3个与第1个水平效应的差的置信区间:[ 1.9399, 7.6601];
第3个与第2个水平效应的差的置信区间:[-2.0601, 3.6601];
第3个与第4个水平效应的差的置信区间:[ 6.9399,12.6601];
第3个与第5个水平效应的差的置信区间:[ 7.9399,13.6601];
第4个与第1个水平效应的差的置信区间:[-7.8601,-2.1399];
第4个与第2个水平效应的差的置信区间:[-11.8601,-6.1399];
第4个与第3个水平效应的差的置信区间:[-12.6601,-6.9399];
第4个与第5个水平效应的差的置信区间:[-1.8601, 3.8601];
第5个与第1个水平效应的差的置信区间:[-8.8601,-3.1399];
```

第5个与第2个水平效应的差的置信区间：[-12.8601,-7.1399]；
第5个与第3个水平效应的差的置信区间：[-13.6601,-7.9399]；
第5个与第4个水平效应的差的置信区间：[-3.8601, 1.8601]；

诸水平效应的差置信水平95%的置信区间：
第1个水平效应的置信区间：[-1.3689, 2.2489]；
第2个水平效应的置信区间：[2.6311, 6.2489]；
第3个水平效应的置信区间：[3.4311, 7.0489]；
第4个水平效应的置信区间：[-6.3689,-2.7511]；
第5个水平效应的置信区间：[-7.3689,-3.7511]；

　　图基多重比较结果如下：除了 4 水平与 5 水平之间、2 水平与 3 水平之间、
1 水平与 2 水平之间无显著差异外, 其他水平间都有显著差异, 这些结果从图基多
重比较图 (图 1.2) 看出, 在上子图中, 以 2 为参照水平, 1 水平与 3 水平与它没有
显著差异, 在下子图中, 以 4 水平为参照水平, 5 水平与它没有显著差异.

```
>> C_Tukey = multcompare(stats,'alpha',0.05);

C_Tukey =

    1.0000    2.0000   -8.1029   -4.0000    0.1029    0.0582
    1.0000    3.0000   -8.9029   -4.8000   -0.6971    0.0170**
    1.0000    4.0000    0.8971    5.0000    9.1029    0.0124**
    1.0000    5.0000    1.8971    6.0000   10.1029    0.0024**
    2.0000    3.0000   -4.9029   -0.8000    3.3029    0.9760
    2.0000    4.0000    4.8971    9.0000   13.1029    0.0000**
    2.0000    5.0000    5.8971   10.0000   14.1029    0.0000**
    3.0000    4.0000    5.6971    9.8000   13.9029    0.0000**
    3.0000    5.0000    6.6971   10.8000   14.9029    0.0000**
    4.0000    5.0000   -3.1029    1.0000    5.1029    0.9471
```

　　邓肯多重比较结果如下：与图基多重比较结果比较, 存在一些差异, 除了 1 水
平与 2 水平也存在显著差异, 其余结论是一致的.

```
>> C_Duncan = Duncan_com(stats,'Duncan.xlsx',0.05);
    %展示邓肯多重比较结果.
```
邓肯多重比较的结果如下：
5水平对4水平的2级极差1 < 显著极差临界值2.86013，无显著差异；
5水平对1水平的3级极差6 > 显著极差临界值3.00556，有显著差异；
5水平对2水平的4级极差10 > 显著极差临界值3.08312，有显著差异；
5水平对3水平的5级极差10.8 > 显著极差临界值3.15099，有显著差异；
4水平对1水平的2级极差5 > 显著极差临界值2.86013，有显著差异；

4水平对2水平的3级极差9 > 显著极差临界值3.00556, 有显著差异;
4水平对3水平的4级极差9.8 > 显著极差临界值3.08312, 有显著差异;
1水平对2水平的2级极差4 > 显著极差临界值2.86013, 有显著差异;
1水平对3水平的3级极差4.8 > 显著极差临界值3.00556, 有显著差异;
2水平对3水平的2级极差0.8 < 显著极差临界值2.86013, 无显著差异;

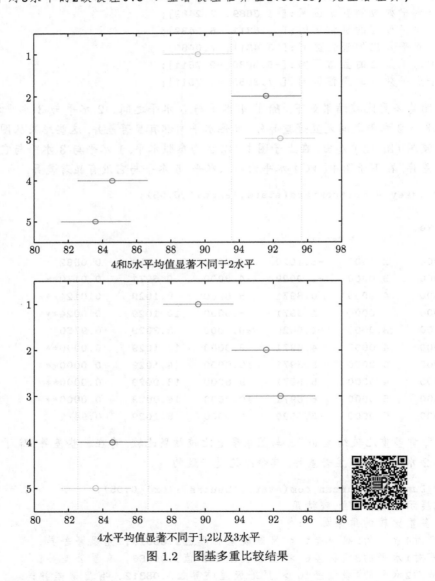

4和5水平均值显著不同于2水平

4水平均值显著不同于1,2以及3水平

图 1.2 图基多重比较结果

例子 1.3 续例子 1.2, 诸水平均值的一组比较及其相应的正交对比如表 1.7 所示.

表 1.7

假设	对比
$H_0: \mu_2 = \mu_4$	$c^{(1)} = \mu_2 - \mu_4$
$H_0: \mu_2 + \mu_4 = \mu_3 + \mu_5$	$c^{(2)} = \mu_2 - \mu_3 + \mu_4 - \mu_5$
$H_0: \mu_3 = \mu_5$	$c^{(3)} = \mu_3 - \mu_5$
$H_0: 4\mu_1 = \mu_2 + \mu_3 + \mu_4 + \mu_5$	$c^{(4)} = 4\mu_1 - \mu_2 - \mu_3 - \mu_4 - \mu_5$

解 上述对比用矩阵可表示如下:

$$\begin{bmatrix} 0 & 1 & 0 & -1 & 0 \\ 0 & 1 & -1 & 1 & -1 \\ 0 & 0 & 1 & 0 & -1 \\ 4 & -1 & -1 & -1 & -1 \end{bmatrix},$$

其中每一行代表一对比系数向量, 显然这个矩阵的行向量的和为 0, 向量之间相互正交. 为了做上述正交对比, 在 MATLAB 的命令行窗口输入以下代码:

```
>> [~,table,stats] = anova1(Example_1_2, [],'off');
%方差分析;
>> C %正交对比矩阵;


C =

0    1    0    -1    0
0    1    -1   1     -1
0    0    1    0     -1
4    -1   -1   -1    -1

>> f = Orth_Constrast(stats,0.05,C);%正交对比假设检验;
```

可得, 正交对比假设检验的结果如下:

第 1 个对比的平方和 SSC 和检验统计量 F 的值分别为 202.5 和 43.0851,
第 1 个对比是显著的;
第 2 个对比的平方和 SSC 和检验统计量 F 的值分别为 0.05 和 0.010638,
第 2 个对比是不显著的;
第 3 个对比的平方和 SSC 和检验统计量 F 的值分别为 291.6 和 62.0426,
第 3 个对比是显著的;
第 4 个对比的平方和 SSC 和检验统计量 F 的值分别为 1.21 和 0.25745,
第 4 个对比是不显著的;

1.8   习题及解答

设下列习题中的数据均符合相应方差分析的线性统计模型的假定.

练习 1.1   试验 6 种农药对杀虫效果的影响, 所得数据如表 1.8 所示.

表 1.8   6 种农药杀虫量

农药编号	杀虫量			
I	87.4	85.0	82.0	
II	90.5	88.5	87.3	94.3
III	56.2	62.4		
IV	55.0	48.2		
V	92.0	99.2	95.3	91.5
VI	75.2	72.3	81.3	

(1) 写出试验的统计模型.

(2) 在 $\alpha = 0.05$ 时, 不同农药的杀虫效果有显著差异吗?

(3) 估计模型中的诸参数.

(4) 求出 V 号农药的平均杀虫量的 95% 置信区间.

(5) 用谢菲多重比较法比较诸农药的平均杀虫量.

(6) 用巴特利特 (Bartlett) 检验法对第 (1) 问的统计模型中关于方差齐性的假定作检验 ($\alpha = 0.05$).

解   显然, 这是一个不等重复单因子试验, 因变量按水平拉直为一列向量, 为了区分哪一个观察值来自哪一个水平, 必须有一个分组索引变量, 在这里因变量和索引变量分别为

```
>> Exercise_1_1 = [87.4,85.0,82.0,90.5,88.5,87.3,94.3,56.2,62.4,...
55.0,48.2,92.0,99.2,95.3,91.5,75.2,72.3,81.3];%因变量;
>> Exercise_group_1_1 = {'I','I','I','II','II','II','II','III',...
'III','IV','IV', 'V','V','V','V','VI','VI','VI'};
%元胞数组, 元胞为相应的水平字符;
>> save Exercise_1_1 Exercise_group_1_1
```

在 MATLAB 命令行窗口运行以下代码:

```
>> load Exercise_1_1;load Exercise_group_1_1;%下载数据;
>> [~,table,stats] = anova1(Exercise_1_1, Exercise_group_1_1,'off');
%方差分析;
>> Anova_LaTex2(table,'方差分析表','exercise_anova_table_1_1');
%生成方差分析表LaTex代码;
>> Anova2Excel(table,'方差分析表1_1');%保存方差分析表为Excel格式;
>> par_est = One_way_par_est(stats,0.05);%参数估计;
>> C_Scheffe = multcompare(stats,'alpha',0.05,'ctype','scheffe');
```

```
%谢菲多重比较;
>> display(C_Scheffe);%展示谢菲多重比较结果;
>> [p,stats2] = vartestn(Exercise_1_1.',Exercise_group_1_1.');
%多分组的巴特利特方差齐性检验.
```

(1) 由表 1.8 中数据可知, $a = 6, n_1 = 3, n_2 = 4, n_3 = 2, n_4 = 2, n_5 = 4,$ $n_6 = 3, n = \sum_{i=1}^{a} n_i = 18$, 则本试验满足统计模型:

$$\begin{cases} y_{ij} = \mu + \tau_i + \epsilon_{ij}, \quad i = 1, \cdots, a, \quad j = 1, \cdots, n_i, \\ \text{诸 } \epsilon_{ij} \overset{\text{i.i.d.}}{\sim} N(0, \sigma^2), \\ \text{约束条件: } \sum_{i=1}^{a} \tau_i = 0. \end{cases}$$

(2) 在命令行窗口可得方差分析表的 LaTex 代码, 在 LaTex 中运行这些代码, 可得如下的方差分析表 (表 1.9), 从表中可得 p 值小于显著性水平 0.05, 因而给定显著性水平 0.05, 这 5 种农药对杀虫量有显著的影响.

表 1.9 方差分析表

来源	平方和	自由度	均方和	F 值	p 值
因子	3833.4033	5	766.6807	55.6383	<0.001**
误差	165.3567	12	13.7797		
总	3998.76	17			

(3) 在命令行窗口还展示单因子方差分析模型的参数估计, 其中点估计如下.

一般平均的估计值: 80.2;
第1个水平效应估计值:4.6;
第2个水平效应估计值:9.95;
第3个水平效应估计值:-20.9;
第4个水平效应估计值:-28.6;
第5个水平效应估计值:14.3;
第6个水平效应估计值:-3.93333;
误差项方差的估计值:13.78.

(4) 区间估计如下.

诸水平均值置信水平95%的置信区间:
第1个水平均值的置信区间:[80.1304,89.4696];
第2个水平均值的置信区间:[86.106,94.194];
第3个水平均值的置信区间:[53.5809,65.0191];
第4个水平均值的置信区间:[45.8809,57.3191];
第5个水平均值的置信区间:[90.456,98.544];
第6个水平均值的置信区间:[71.5971,80.9363];

两水平效应的差置信水平95%的置信区间:
第1个与第2个水平效应的差的置信区间:[-11.5273,0.8273];
第1个与第3个水平效应的差的置信区间:[18.1167,32.8833];
第1个与第4个水平效应的差的置信区间:[25.8167,40.5833];
第1个与第5个水平效应的差的置信区间:[-15.8773,-3.5227];
第1个与第6个水平效应的差的置信区间:[1.9295,15.1371];
第2个与第1个水平效应的差的置信区间:[-0.8273,11.5273];
第2个与第3个水平效应的差的置信区间:[23.8456,37.8544];
第2个与第4个水平效应的差的置信区间:[31.5456,45.5544];
第2个与第5个水平效应的差的置信区间:[-10.0691,1.3691];
第2个与第6个水平效应的差的置信区间:[7.706,20.0606];
第3个与第1个水平效应的差的置信区间:[-32.8833,-18.1167];
第3个与第2个水平效应的差的置信区间:[-37.8544,-23.8456];
第3个与第4个水平效应的差的置信区间:[-0.388,15.788];
第3个与第5个水平效应的差的置信区间:[-42.2044,-28.1956];
第3个与第6个水平效应的差的置信区间:[-24.3499,-9.5834];
第4个与第1个水平效应的差的置信区间:[-40.5833,-25.8167];
第4个与第2个水平效应的差的置信区间:[-45.5544,-31.5456];
第4个与第3个水平效应的差的置信区间:[-15.788,0.388];
第4个与第5个水平效应的差的置信区间:[-49.9044,-35.8956];
第4个与第6个水平效应的差的置信区间:[-32.0499,-17.2834];
第5个与第1个水平效应的差的置信区间:[3.5227,15.8773];
第5个与第2个水平效应的差的置信区间:[-1.3691,10.0691];
第5个与第3个水平效应的差的置信区间:[28.1956,42.2044];
第5个与第4个水平效应的差的置信区间:[35.8956,49.9044];
第5个与第6个水平效应的差的置信区间:[12.056,24.4106];
第6个与第1个水平效应的差的置信区间:[-15.1371,-1.9295];
第6个与第2个水平效应的差的置信区间:[-20.0606,-7.706];
第6个与第3个水平效应的差的置信区间:[9.5834,24.3499];
第6个与第4个水平效应的差的置信区间:[17.2834,32.0499];
第6个与第5个水平效应的差的置信区间:[-24.4106,-12.056];

诸水平效应的置信水平95%的置信区间:
第1个水平效应的置信区间:[0.3373,8.8627];
第2个水平效应的置信区间:[6.3835,13.5165];
第3个水平效应的置信区间:[-26.292,-15.508];
第4个水平效应的置信区间:[-33.992,-23.208];
第5个水平效应的置信区间:[10.7335,17.8665];
第6个水平效应的置信区间:[-8.1961,0.3294];

(5) 谢菲多重比较结果如下: Ⅰ号农药与Ⅱ号、Ⅴ号、Ⅵ号农药 (1 水平与 2 水平、5 水平、6 水平), Ⅱ号农药与Ⅴ号农药 (2 水平与 5 水平) 以及Ⅲ号农药与Ⅳ号农药 (3 水平与 4 水平) 对杀虫量没有显著差异, 这个结论从图 1.3 也可直观看出, 这个图中以 4 水平为参照水平, 1 水平均值置信区间、2 水平均值置信区间与 4 水平均值置信区间没有重叠部分.

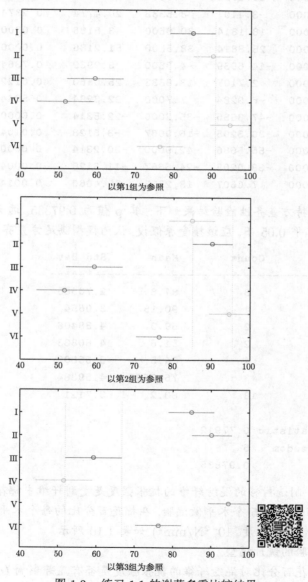

图 1.3　练习 1.1 的谢菲多重比较结果

C_Scheffe =

1.0000	2.0000	-16.5226	-5.3500	5.8226	0.6260
1.0000	3.0000	12.1461	25.5000	38.8539	0.0003
1.0000	4.0000	19.8461	33.2000	46.5539	0.0000
1.0000	5.0000	-20.8726	-9.7000	1.4726	0.1056
1.0000	6.0000	-3.4107	8.5333	20.4774	0.2374
2.0000	3.0000	18.1814	30.8500	43.5186	0.0000
2.0000	4.0000	25.8814	38.5500	51.2186	0.0000
2.0000	5.0000	-14.6939	-4.3500	5.9939	0.7364
2.0000	6.0000	2.7107	13.8833	25.0560	0.0122
3.0000	4.0000	-6.9284	7.7000	22.3284	0.5344
3.0000	5.0000	-47.8686	-35.2000	-22.5314	0.0000
3.0000	6.0000	-30.3205	-16.9667	-3.6128	0.0104
4.0000	5.0000	-55.5686	-42.9000	-30.2314	0.0000
4.0000	6.0000	-38.0205	-24.6667	-11.3128	0.0004
5.0000	6.0000	7.0607	18.2333	29.4060	0.0014

(6) 巴特利特方差齐性检验结果如下: 其 p 值为 0.97835, 远大于 0.05, 因而在给定显著性水平 0.05 下, 应该接受原假设, 认为模型满足方差齐性假设.

Group	Count	Mean	Std Dev
I	3	84.8	2.70555
II	4	90.15	3.0654
III	2	59.3	4.38406
IV	2	51.6	4.80833
V	4	94.5	3.55809
VI	3	76.2667	4.59384
Pooled	18	80.2	3.7121

Bartlett's statistic 0.77912
Degrees of freedom   5
p-value   0.97835

练习 1.2 制造衬衫的混纺纤维的抗张强度是受到纤维中棉花百分比的影响的. 现取棉花百分比的 5 个水平做试验, 在棉花百分比的每个水平上重复 5 次试验. 获得的数据 (抗张强度, 10^{-2}N/mm^2) 如表 1.10 所示.

(1) 写出试验的统计模型.

(2) 检验棉花百分比对混纺纤维的抗张强度是否有显著影响 ($\alpha = 0.05$).

(3) 估计模型中的诸参数.

(4) 求出棉花百分比为 30% 时混纺纤维的抗张强度的 95% 置信区间.

(5) 对诸棉花百分比的混纺纤维的抗张强度平均值用邓肯方法做多重比较.

表 1.10   不同棉花含量的混纺纤维的抗张强度

棉花百分比	抗张强度				
15%	7	7	15	11	9
20%	12	17	12	18	18
25%	14	18	18	19	19
30%	19	25	22	19	23
35%	7	10	11	15	11

解   在 5 个水平下重复试验 5 次, 即等重复单因子试验模型, 且 $a = 5, m = n_1 = \cdots = n_5 = m = 5$, 对于等重复试验的方差分析, 因变量可以矩阵输入, 每一列对应于一个水平, 分组变量不输入, 特别提醒在 MATLAB 中, 列具有优先级别. 在 MATLAB 命令行窗口运行下列代码, 可得方差分析表、模型中参数估计及邓肯多重比较结果.

```
>> load Exercise_1_2;
>> [~,table,stats] = anova1(Exercise_1_2, [],'off');
%方差分析;
>> Anova_LaTex2(table,'方差分析表','exercise_anova_table_1_2');
%生成方差分析表LaTex代码;
>> Anova2Excel(table,'方差分析表1_2');%保存方差分析表为Excel格式;
>> par_est = One_way_par_est(stats,0.05);%参数估计;
>> C_Duncan = Duncan_com(stats,'Duncan.xlsx',0.05);
%展示邓肯多重比较结果.
```

(1) 由表 1.10 中数据可知, $a = 5, m = 5, n = am = 25$, 则本试验满足统计模型:

$$\begin{cases} y_{ij} = \mu + \tau_i + \epsilon_{ij}, & i = 1, \cdots, a, \quad j = 1, \cdots, m, \\ \text{诸 } \epsilon_{ij} \overset{\text{i.i.d.}}{\sim} N(0, \sigma^2), \\ \text{约束条件: } \displaystyle\sum_{i=1}^{a} \tau_i = 0. \end{cases}$$

(2) 在命令行窗口可得方差分析表的 LaTex 代码, 在 LaTex 中运行这些代码, 可得如下的方差分析表 (表 1.11), 从表中可得 p 值小于显著性水平 0.05, 因而给定显著性水平 0.05, 这 5 种棉花百分比对抗张强度有显著的影响.

表 1.11　方差分析表

来源	平方和	自由度	均方和	F 值	p 值
列因子	475.76	4	118.94	14.7568	<0.001**
误差	161.2	20	8.06		
总	636.96	24			

(3) 参数的点估计如下.

一般平均的估计值：　15.04；
第 1 个水平效应估计值：-5.24；
第 2 个水平效应估计值：0.36；
第 3 个水平效应估计值：2.56；
第 4 个水平效应估计值：6.56；
第 5 个水平效应估计值：-4.24；
误差项方差的估计值：8.06.

诸水平效应的置信水平 95% 的置信区间：
第 1 个水平效应的置信区间：[-7.6088,-2.8712]；
第 2 个水平效应的置信区间：[-2.0088,2.7288]；
第 3 个水平效应的置信区间：[0.1912,4.9288]；
第 4 个水平效应的置信区间：[4.1912,8.9288]；
第 5 个水平效应的置信区间：[-6.6088,-1.8712]；

(4) 参数相应的区间估计如下.

诸水平均值置信水平 95% 的置信区间：
第 1 个水平均值的置信区间：[7.1516,12.4484]；
第 2 个水平均值的置信区间：[12.7516,18.0484]；
第 3 个水平均值的置信区间：[14.9516,20.2484]；
第 4 个水平均值的置信区间：[18.9516,24.2484]；
第 5 个水平均值的置信区间：[8.1516,13.4484]；

两水平效应的差置信水平 95% 的置信区间：
第 1 个与第 2 个水平效应的差的置信区间：[-9.3455,-1.8545]；
第 1 个与第 3 个水平效应的差的置信区间：[-11.5455,-4.0545]；
第 1 个与第 4 个水平效应的差的置信区间：[-15.5455,-8.0545]；
第 1 个与第 5 个水平效应的差的置信区间：[-4.7455,2.7455]；
第 2 个与第 1 个水平效应的差的置信区间：[1.8545,9.3455]；
第 2 个与第 3 个水平效应的差的置信区间：[-5.9455,1.5455]；
第 2 个与第 4 个水平效应的差的置信区间：[-9.9455,-2.4545]；
第 2 个与第 5 个水平效应的差的置信区间：[0.8545,8.3455]；
第 3 个与第 1 个水平效应的差的置信区间：[4.0545,11.5455]；
第 3 个与第 2 个水平效应的差的置信区间：[-1.5455,5.9455]；

第3个与第4个水平效应的差的置信区间: [-7.7455,-0.2545];
第3个与第5个水平效应的差的置信区间: [3.0545,10.5455];
第4个与第1个水平效应的差的置信区间: [8.0545,15.5455];
第4个与第2个水平效应的差的置信区间: [2.4545,9.9455];
第4个与第3个水平效应的差的置信区间: [0.2545,7.7455];
第4个与第5个水平效应的差的置信区间: [7.0545,14.5455];
第5个与第1个水平效应的差的置信区间: [-2.7455,4.7455];
第5个与第2个水平效应的差的置信区间: [-8.3455,-0.8545];
第5个与第3个水平效应的差的置信区间: [-10.5455,-3.0545];
第5个与第4个水平效应的差的置信区间: [-14.5455,-7.0545];

(5) 邓肯多重比较结果如下: 1 水平的棉花百分比与 5 水平的棉花百分比、2 水平的棉花百分比与 3 水平的棉花百分比对抗张强度没有显著差异, 其余水平之间均有显著差异.

邓肯多重比较的结果如下:
1 水平对 5 水平的 2 级极差 1<显著极差临界值 3.74545, 无显著差异;
1 水平对 2 水平的 3 级极差 5.6>显著极差临界值 3.9359, 有显著差异;
1 水平对 3 水平的 4 级极差 7.8>显著极差临界值 4.03747, 有显著差异;
1 水平对 4 水平的 5 级极差 11.8>显著极差临界值 4.12635, 有显著差异;
5 水平对 2 水平的 2 级极差 4.6>显著极差临界值 3.74545, 有显著差异;
5 水平对 3 水平的 3 级极差 6.8>显著极差临界值 3.9359, 有显著差异;
5 水平对 4 水平的 4 级极差 10.8>显著极差临界值 4.03747, 有显著差异;
2 水平对 3 水平的 2 级极差 2.2<显著极差临界值 3.74545, 无显著差异;
2 水平对 4 水平的 3 级极差 6.2>显著极差临界值 3.9359, 有显著差异;
3 水平对 4 水平的 2 级极差 4>显著极差临界值 3.74545, 有显著差异;

练习 1.3 为了考察 3 种不同类型的电路对某种自动开关的响应时间 (单位: ms) 的影响, 对每种电路重复 5 次试验. 试验结果如表 1.12 所示.

表 1.12　不同类型的电路对某种自动开关的响应时间

电路	响应时间				
I	9	12	10	8	15
II	20	21	23	17	30
III	6	5	8	16	7

(1) 检验不同电路对自动开关的响应时间的影响是否有显著差异 ($\alpha = 0.05$).

(2) 如果有人在开始试验前假定, II 型电路的响应时间不同于其他两种电路, 请构造一组正交对比来核验这一假定.

(3) 用邓肯多重比较法比较 3 种电路的平均响应时间, 如果响应时间短好, 你将选用哪种电路?

解　在 3 个水平下重复试验 5 次, 即等重复单因子试验模型, 且 $a = 3, m = n_1 = \cdots = n_5 = 5$, 对于等重复试验的方差分析, 因变量以矩阵输入. 在 MATLAB 命令行窗口运行下列代码, 可得方差分析表、模型中参数估计、正交对比及邓肯多重比较结果.

```
>> load Exercise_1_3;
>> [~,table,stats] = anova1(Exercise_1_3, [],'off');
%方差分析;
>> Anova_LaTex2(table,'方差分析表','exercise_anova_table_1_3');
%生成方差分析表LaTex代码;
>> Anova2Excel(table,'方差分析表1_3');%保存方差分析表为Excel格式;
>> C = [-1,0,1;1,-2,1];%构造正交对比矩阵;
>> Cons = Orth_Constrast(stats,0.05,C);%展示正交对比的结果;
>> C_Duncan = Duncan_com(stats,'Duncan.xlsx',0.05);
%展示邓肯多重比较结果;
```

(1) 在命令行窗口可得方差分析表的 LaTex 代码, 在 LaTex 中运行这些代码, 可得如下的方差分析表 (表 1.13), 从表中可得 p 值小于显著性水平 0.05, 因而给定显著性水平 0.05, 这三种电路对响应时间有显著的影响.

表 1.13　方差分析表

来源	平方和	自由度	均方和	F 值	p 值
列因子	543.6	2	271.8	16.0828	<0.001**
误差	202.8	12	16.9		
总	746.4	14			

(2) 根据题意, 构造如下的两组正交对比: 诸水平均值的一组比较及其相应的正交对比如表 1.14 所示.

表 1.14　正交对比

假设	对比
$H_0: \mu_1 = \mu_3$	$c^{(1)} = \mu_1 - \mu_3$
$H_0: 2\mu_2 = \mu_1 + \mu_3$	$c^{(2)} = 2\mu_2 - \mu_1 - \mu_3$

正交对比结果如下: I 型电路与 III 型电路的响应时间无显著差异, II 型电路的响应时间与 I, III 型电路的平均响应时间有显著差异.

第 1 个对比的平方和 SSC 和检验统计量 F 的值分别为 14.4 和 0.85207,
第 1 个对比是不显著的;
第 2 个对比的平方和 SSC 和检验统计量 F 的值分别为 529.2 和 31.3136,
第 2 个对比是显著的;

(3) 邓肯多重比较结果如下: III 型电路与 I 型电路的响应时间无显著差异, 其余水平之间均有显著差异.

邓肯多重比较的结果如下:
3水平对1水平的2级极差2.4 < 显著极差临界值5.66251, 无显著差异;
3水平对2水平的3级极差13.8 > 显著极差临界值5.93828, 有显著差异;
1水平对2水平的2级极差11.4 > 显著极差临界值5.66251, 有显著差异;

练习 1.4 4 个化验员化验某种化合物中的甲醇含量. 每人做 3 次化验, 化验结果如表 1.15 所示.

表 1.15 不同化验员的化验结果

化验员	甲醇含量		
1	84.99	84.04	84.38
2	85.15	85.13	84.88
3	84.72	84.48	85.16
4	84.20	84.10	84.55

(1) 4 个化验员的化验结果有显著差异吗?

(2) 若化验员 2 是新手, 试构造一组有意义的正交对比并加以检验.

解 在 4 个水平下重复试验 3 次, 即等重复单因子试验模型, 且 $a = 4, m = n_1 = \cdots = n_5 = 3$, 对于等重复试验的方差分析, 因变量以矩阵输入. 在 MATLAB 命令行窗口运行下列代码, 可得方差分析表、模型中参数估计、正交对比及邓肯多重比较结果.

```
>> load Exercise_1_4;
>> [~,table,stats] = anova1(Exercise_1_4, [],'off');
%方差分析;
>> Anova_LaTex2(table,'方差分析表','exercise_anova_table_1_4');
%生成方差分析表LaTex代码;
>> Anova2Excel(table,'方差分析表1_4');%保存方差分析表为Excel格式;
>> C = [0,0,-1,1;-2,0,1,1;1,-3,1,1];%构造正交对比矩阵;
>> Cons = Orth_Constrast(stats,0.05,C);%展示正交对比的结果;
>> C_Duncan = Duncan_com(stats,'Duncan.xlsx',0.05);
%展示邓肯多重比较结果;
```

(1) 在命令行窗口可得方差分析表的 LaTex 代码, 在 LaTex 中运行这些代码, 可得如下的方差分析表 (表 1.16), 从表中可得 p 值为 0.0813, 因而, 在给定显著性水平 0.05 下, 这 4 个化验员对甲醇的化验量无显著的影响; 在给定显著性水平 0.1 下, 这 4 个化验员对甲醇的化验量有显著的影响.

表 1.16   方差分析表

来源	平方和	自由度	均方和	F 值	p 值
列因子	1.0446	3	0.3482	3.2458	0.0813
误差	0.8582	8	0.1073		
总	1.9028	11			

(2) 根据题意, 构建三组正交对比如表 1.17 所示.

表 1.17   正交对比

假设	对比
$H_0 : \mu_3 = \mu_4$	$c^{(1)} = \mu_3 - \mu_4$
$H_0 : 2\mu_1 = \mu_3 + \mu_4$	$c^{(2)} = 2\mu_1 - \mu_3 - \mu_4$
$H_0 : 3\mu_2 = \mu_1 + \mu_3 + \mu_4$	$c^{(3)} = 3\mu_2 - \mu_1 - \mu_3 - \mu_4$

正交对比结果如下: 化验员 3 和化验员 4 化验的甲醇含量无显著差异, 化验员 1 化验的甲醇含量与化验员 3、化验员 4 化验的平均甲醇含量无显著差异, 化验员 2 化验的甲醇含量与化验员 1、化验员 3、化验员 4 化验的平均甲醇含量有显著差异.

第 1 个对比的平方和 SSC 和检验统计量 F 的值分别为 0.38002 和 3.5425, 第 1 个对比是不显著的;

第 2 个对比的平方和 SSC 和检验统计量 F 的值分别为 0.00845 和 0.07877, 第 2 个对比是不显著的;

第 3 个对比的平方和 SSC 和检验统计量 F 的值分别为 0.6561 和 6.1161, 第 3 个对比是显著的;

练习 1.5   为了考察 3 种牌号的电池使用寿命 (周数), 每种牌号的电池各取 5 只做试验, 数据如表 1.18 所示.

表 1.18   不同牌号的电池使用寿命

牌号	寿命				
1	100	96	92	96	92
2	76	80	75	84	82
3	108	100	96	98	100

(1) 当 $\alpha = 0.05$ 时, 不同牌号的电池寿命有显著差异吗?

(2) 估计统计模型中的诸参数.

(3) 对牌号 2 的电池, 构造其平均寿命的 95% 置信区间; 对牌号 2 与牌号 3 的电池, 构造其平均寿命之差的 95% 置信区间.

(4) 你将选购哪种牌号的电池? 如果厂方保证免费调换寿命低于 85 周的电池, 问他将调换的电池的百分比多大?

解   在 3 个水平下重复试验 5 次, 即等重复单因子试验模型, 且 $a = 3$, $m = n_1 = \cdots = n_5 = 5$, 对于等重复试验的方差分析, 因变量以矩阵输入. 在

MATLAB 命令行窗口运行下列代码, 可得方差分析表、模型中参数估计及邓肯多重比较结果.

```
>> load Exercise_1_5;
>> [~,table,stats] = anova1(Exercise_1_5, [],'off');
%方差分析;
>> Anova_LaTex2(table,'方差分析表','exercise_anova_table_1_5');
%生成方差分析表LaTex代码;
>> Anova2Excel(table,'方差分析表1_5');%保存方差分析表为Excel格式;
>> par_est = One_way_par_est(stats,0.05);%参数估计;
>> C_Duncan = Duncan_com(stats,'Duncan.xlsx',0.05);
%展示邓肯多重比较结果;
>> [best_mean,best_n] = max(stats.means);%最好的品牌;
>> P = normcdf(85,best_mean,stats.s);%调换的概率;
>> a1=sprintf('选购第%d种牌号的电池',best_n);
>> a2=sprintf('调换寿命低于85周的电池,调换的电池概率为%g%%',...
             roundn(100*P,-4));
>> disp([a1 a2])%展示第(4)小题结果;
```

(1) 在命令行窗口可得方差分析表的 LaTex 代码, 在 LaTex 中运行这些代码, 可得如下的方差分析表 (表 1.19), 从表中可得 p 值远小于 0.05, 因而, 在给定显著性水平 0.05 下, 这 3 种牌号的电池对电池寿命有显著的影响.

表 1.19 方差分析表

来源	平方和	自由度	均方和	F 值	p 值
列因子	1196.1333	2	598.0667	38.3376	<0.001**
误差	187.2	12	15.6		
总	1383.3333	14			

(2) 模型中的诸参数的点估计如下.

一般平均的估计值:91.6667;
第1个水平效应估计值:3.53333;
第2个水平效应估计值:-12.2667;
第3个水平效应估计值:8.73333;
误差项方差的估计值:15.6.

(3) 参数相应的区间估计如下.

诸水平均值置信水平95%的置信区间:
第1个水平均值的置信区间:[91.3514,99.0486];
第2个水平均值的置信区间:[75.5514,83.2486];
第3个水平均值的置信区间:[96.5514,104.249];

两水平效应的差(即两水平均值差)置信水平95%的置信区间:
第1个与第2个水平效应的差的置信区间:[10.3573, 21.2427];
第1个与第3个水平效应的差的置信区间:[-10.6427, 0.2427];
第2个与第1个水平效应的差的置信区间:[-21.2427, -10.3573];
第2个与第3个水平效应的差的置信区间:[-26.4427, -15.5573];
第3个与第1个水平效应的差的置信区间:[-0.2427, 10.6427];
第3个与第2个水平效应的差的置信区间:[15.5573, 26.4427];

诸水平效应的置信水平95%的置信区间:
第1个水平效应的置信区间:[0.391, 6.6757];
第2个水平效应的置信区间:[-15.409, -9.1243];
第3个水平效应的置信区间:[5.591, 11.8757];

(4) 选购第 3 种牌号的电池, 调换寿命低于 85 周的电池, 调换电池概率为 0.0048%, 几乎为零.

练习 1.6 对天文学家来讲, 了解星体的固有亮度是很重要的. 由于光受到宇宙尘埃的吸收, 只有用相应的吸收系数加以校正才能得到星体的固有亮度. 现从不同的银河经度处共随机选择 21 个星体, 测得它们的吸收系数如表 1.20 所示.

表 1.20 不同经度的星体的吸收系数

经度范围	吸收系数						
43° — 45°	0.757	0.793	0.681	0.791	0.852	0.852	0.841
45° — 47°	0.744	0.811	0.833	0.826	0.752		
100° — 102°	0.655	0.679	0.681	0.762			
102° — 104°	0.750	0.741	0.717	0.706	0.736		

(1) 你认为这个试验的统计模型应是固定效应模型, 还是随机效应模型?
(2) 经度对吸收系数有显著影响吗 $(\alpha = 0.05)$?
(3) 估计模型中的诸参数.
(4) 对前两种经度的平均吸收系数之差与后两种经度的平均吸收系数之差作出比较.

解 因为水平 (经度) 是人为确定的, 所以这是一个不等重复单因子固定效应模型. 因变量按水平拉直为一列向量, 为了区分哪一个观察值来自哪一个水平, 必须有一个分组索引变量, 在 MATLAB 命令行窗口运行以下代码:

```
>> load Exercise_1_6;load Exercise_group_1_6;%下载数据;
>> [~,table,stats] = anova1(Exercise_1_6, Exercise_group_1_6,'off');
%方差分析;
>> Anova_LaTex2(table,'方差分析表','exercise_anova_table_1_6');
%生成方差分析表LaTex代码;
>> Anova2Excel(table,'方差分析表1_6');%保存方差分析表为Excel格式;
```

```
>> par_est = One_way_par_est(stats,0.05);%参数估计;
>> C =  [1,-1,-1,1];%构造正交对比矩阵;
>> Cons = Orth_Constrast(stats,0.05,C);%展示正交对比的结果;
>> C_Scheffe = multcompare(stats,'alpha',0.05,'ctype','scheffe');
%谢菲多重比较;
>> display(C_Scheffe);%展示谢菲多重比较结果;
```

(1) 由于本题中的不同的水平 (经度范围) 是人为选定的, 并非随机选取, 因此, 这个试验的统计模型应是固定效应模型.

(2) 在命令行窗口可得方差分析表的 LaTex 代码, 在 LaTex 中运行这些代码, 可得如下的方差分析表 (表 1.21), 从表中可得 p 值为 0.0087, 小于 0.05, 因而, 在给定显著性水平 0.05 下, 这四种经度范围对吸收系数有显著的影响.

表 1.21 方差分析表

来源	平方和	自由度	均方和	F 值	p 值
因子	0.036	3	0.012	5.37	0.0087**
误差	0.038	17	0.0022		
总	0.074	20			

(3) 模型中的诸参数的点估计如下.

一般平均的估计值: 0.76;
第 1 个水平效应估计值: 0.0352857;
第 2 个水平效应估计值: 0.0332;
第 3 个水平效应估计值: -0.06575;
第 4 个水平效应估计值: -0.03;
误差项方差的估计值: 0.0022358.

(4) 根据题意, 构建一组正交对比如表 1.22 所示.

表 1.22 正交对比

假设	对比
$H_0: \mu_1 - \mu_2 = \mu_3 - \mu_4$	$c^{(1)} = \mu_1 - \mu_2 - \mu_3 + \mu_4$

MATLAB 执行该正交对比的结果如下:

第 1 个对比的平方和 SSC 和检验统计量 F 的值分别为 0.0018055 和 0.80755, 第 1 个对比是不显著的;

正交对比结果表明, 前两种经度的平均吸收系数之差与后两种经度的平均吸收系数之差没有显著差异.

练习 1.7 某纺织厂有大量织机, 假定每一台织机在一分钟内的产量相等. 为考察这一假定是否可信, 随机选择其中的 5 台织机. 在不同的时间 (都是 1 分钟) 里记录它们的产量, 所得数据如表 1.23 所示.

表 1.23　不同织机的产量

织机号	产量				
1	14.0	14.1	14.2	14.0	14.1
2	13.9	13.8	13.9	14.0	14.0
3	14.1	14.2	14.1	14.0	13.9
4	13.6	13.8	14.0	13.9	13.7
5	13.8	13.6	13.9	13.8	14.0

(1) 写出这个试验问题的统计模型.

(2) 诸织机的平均产量相等吗 ($\alpha = 0.05$)?

(3) 估计试验误差的方差.

(4) 估计织机间的差异.

解　在 5 个水平下重复试验 5 次, 即等重复单因子试验模型, 且 $a = 5, m = n_1 = \cdots = n_5 = 5$, 对于等重复试验的方差分析, 因变量以矩阵输入. 在 MATLAB 命令行窗口运行下列代码, 可得方差分析表、模型中参数估计、邓肯多重比较及方差分量的点估计值.

```
>> load Exercise_1_7;
>> [~,table,stats] = anova1(Exercise_1_7, [],'off');
%方差分析;
>> Anova_LaTex2(table,'方差分析表','exercise_anova_table_1_7');
%生成方差分析表LaTex代码;
>> Anova2Excel(table,'方差分析表1_7');%保存方差分析表为Excel格式;
>> sigma_2_hat = sprintf('试验误差的方差估计值: %0.5g.',table{3,4});
>> disp(sigma_2_hat);
>> sigma_tau_2_hat = (table{2,4} - table{3,4})/stats.n(1);
>> sigma_tau_2_hat = sprintf('其值为: %0.5g.',sigma_tau_2_hat);
>> disp(['织机间的差异用随机效应的方差估计反映,',sigma_tau_2_hat]);
```

(1) 由于本题的 5 台织机 (因子水平) 是随机选择的, 故这个试验问题的统计模型应为随机效应模型. 由表 1.23 中数据可知, $a = 5, m = 5, n = am = 25$, 则本试验满足统计模型:

$$\begin{cases} y_{ij} = \mu + \tau_i + \epsilon_{ij}, & i = 1, \cdots, a, \quad j = 1, \cdots, m, \\ 诸 \epsilon_{ij} \overset{\text{i.i.d.}}{\sim} N(0, \sigma^2), \\ 诸 \tau_i \overset{\text{i.i.d.}}{\sim} N(0, \sigma_\tau^2), \\ 诸 \epsilon_{ij}, 诸 \tau_i 相互独立. \end{cases}$$

(2) 在命令行窗口可得方差分析表的 LaTex 代码, 在 LaTex 中运行这些代码,可得如下的方差分析表 (表 1.24), 从表中可得 p 值为 0.003, 小于 0.05, 因而, 在给定显著性水平 0.05 下, 这五种织机对产量有显著的差异.

表 1.24 方差分析表

来源	平方和	自由度	均方和	F 值	p 值
列因子	0.3416	4	0.0854	5.7703	0.003**
误差	0.296	20	0.0148		
总	0.6376	24			

(3) 试验误差的方差估计值: 0.0148.

(4) 织机间的差异用随机效应的方差估计反映, 其值为: 0.01412.

第 2 章 | 多因子试验

实际生活对响应变量的主要影响因素往往不止一个, 因而考虑多个主要因素对响应变量有影响的多因子试验模型有着广泛的实践意义. 多因子试验模型是单因子试验模型的推广, 尽管其数据与模型相比都要复杂, 但单因子试验模型一些理论与方法原则上也适用于多因子试验模型. 两因子试验模型是多因子试验模型中最简单的, 但其基本概念、基本模型、基本理论和基本方法可以平等推广到三个以上的因子模型, 因而本章先讨论两因子试验统计模型.

2.1 两因子试验统计模型

首先, 我们考虑两因子固定效应模型, 因子 A 和因子 B 分别有 a 个水平和 b 个水平, 共有 ab 个水平组合, 在每个水平组合下重复试验 m 次, 其试验的数据可以用表 2.1 来展示.

表 2.1 两因子试验的数据

A	B			
	B_1	B_2	$\cdots$	B_b
A_1	$y_{111}, y_{112}, \cdots, y_{11m}$	$y_{121}, y_{122}, \cdots, y_{12m}$	$\cdots$	$y_{1b1}, y_{1b2}, \cdots, y_{1bm}$
A_2	$y_{211}, y_{212}, \cdots, y_{21m}$	$y_{221}, y_{222}, \cdots, y_{22m}$	$\cdots$	$y_{2b1}, y_{2b2}, \cdots, y_{2bm}$
$\vdots$	$\vdots$	$\vdots$		$\vdots$
A_a	$y_{a11}, y_{a12}, \cdots, y_{a1m}$	$y_{a21}, y_{a22}, \cdots, y_{a2m}$	$\cdots$	$y_{ab1}, y_{ab2}, \cdots, y_{abm}$

表中的 y_{ijk} 表示因子 A 的第 $i(i = 1, \cdots, a)$ 个水平与因子 B 的第 $j(j = 1, \cdots, b)$ 个水平组合 (试验点) 下的第 $k(k = 1, \cdots, m)$ 次观察值. 由上表可得因子 A 的第 i 个水平的观察值的和及均值分别为

$$y_{i\cdot\cdot} = \sum_{j=1}^{b} \sum_{k=1}^{m} y_{ijk} \quad \text{和} \quad \bar{y}_{i\cdot\cdot} = \frac{1}{bm} y_{i\cdot\cdot},$$

因子 B 的第 j 个水平的观察值的和及均值分别为

$$y_{\cdot j\cdot} = \sum_{i=1}^{a}\sum_{k=1}^{m} y_{ijk} \quad \text{和} \quad \bar{y}_{\cdot j\cdot} = \frac{1}{am}y_{\cdot j\cdot},$$

观察值的总和及总的均值分别为

$$y_{\cdots} = \sum_{i=1}^{a}\sum_{j=1}^{b}\sum_{k=1}^{m} y_{ijk} = \sum_{i=1}^{a} y_{i\cdot\cdot} = \sum_{j=1}^{b} y_{\cdot j\cdot} \quad \text{和} \quad \bar{y}_{\cdots} = \frac{1}{n}y_{\cdots},$$

这里总的观察次数 $n = abm$. 同单因子试验模型, 因变量 y_{ijk} 受系统设定和随机误差扰动的影响, 也有如下类似的结构:

$$y_{ijk} = \mu_{ij} + \varepsilon_{ijk}, \tag{2.1}$$

μ_{ij} 为因子 A 的第 i 个水平与因子 B 的第 j 个水平组合的总体均值, 随机误差 $\varepsilon_{ijk} \overset{\text{i.i.d.}}{\sim} N(0,\sigma^2)$, 即满足三个假定: 独立性 (随机性)、正态性和方差齐性. 由模型 (2.1) 可知

$$y_{ijk} \overset{\text{ind.}}{\sim} N(\mu_{ij},\sigma^2),$$

这个式子说明相互独立的 n 个观察值涉及 ab 个正态总体, 来自同一组合下的观察值都服从同一个正态分布.

为使模型 (2.1) 更易解释, 引入一般平均

$$\mu = \frac{1}{ab}\sum_{i=1}^{a}\sum_{j=1}^{b}\mu_{ij},$$

显然, 一般平均 μ 为诸水平组合的总体均值 μ_{ij} 的算术平均. 记因子 A 的第 i 个水平总体均值 $\mu_{i\cdot}$ 及效应 τ_i 分别为

$$\mu_{i\cdot} = \frac{1}{b}\sum_{j=1}^{b}\mu_{ij} \quad \text{和} \quad \tau_i = \mu_{i\cdot} - \mu,$$

记因子 B 的第 j 个水平总体均值 $\mu_{\cdot j}$ 及效应 β_j 分别为

$$\mu_{\cdot j} = \frac{1}{a}\sum_{i=1}^{a}\mu_{ij} \quad \text{和} \quad \beta_j = \mu_{\cdot j} - \mu,$$

因子 A 的第 i 个水平与因子 B 的第 j 个水平组合的交互效应 $(\tau\beta)_{ij}$, 应等于第 (i,j) 组合的效应 $(\mu_{ij} - \mu)$ 减去因子 A 的第 i 个水平效应 τ_i 和因子 B 的第 j 个水平效应 β_j, 因而交互效应

$$(\tau\beta)_{ij} = \mu_{ij} - (\mu + \tau_i + \beta_j).$$

从而, 模型 (2.1) 可以改写成以下的两因子交互效应模型:

$$\begin{cases} y_{ijk} = \mu + \tau_i + \beta_j + (\tau\beta)_{ij} + \varepsilon_{ijk}, \\ i = 1, \cdots, a, \quad j = 1, \cdots, b, \quad k = 1, \cdots, m, \\ \varepsilon_{ijk} \overset{\text{i.i.d.}}{\sim} N(0, \sigma^2), \\ \text{约束条件:} \displaystyle\sum_{i=1}^{a} \tau_i = 0, \quad \sum_{j=1}^{b} \beta_j = 0, \\ \qquad\qquad \displaystyle\sum_{j=1}^{b} (\tau\beta)_{ij} = 0, \quad i = 1, \cdots, a, \\ \qquad\qquad \displaystyle\sum_{i=1}^{a} (\tau\beta)_{ij} = 0, \quad j = 1, \cdots, b. \end{cases} \tag{2.2}$$

模型 (2.2) 说明因变量的观察值 y_{ijk} 可以分解为一般平均 (由包括因子 A 和因子 B 等影响大的因子所决定)、因子 A 的第 i 个水平的效应 (由因子 A 的水平变动引起)、因子 B 的第 j 个水平的效应 (由因子 B 的水平变动引起)、因子 A 的第 i 个水平与因子 B 的第 j 个水平组合的交互效应 $(\tau\beta)_{ij}$ 和随机误差 ε_{ijk}(影响小的那些因子的随机影响).

2.2　两因子可加主效应模型统计分析

特别地, 经检验两因子不存在交互作用, 即统计意义上 $(\tau\beta)_{ij} = 0$, 两因子交互效应模型 (2.2) 就是以下可加主效应模型 (不考虑交互作用的模型):

$$\begin{cases} y_{ij} = \mu + \tau_i + \beta_j + \varepsilon_{ij}, \\ i = 1, \cdots, a, \quad j = 1, \cdots, b, \\ \varepsilon_{ij} \overset{\text{i.i.d.}}{\sim} N(0, \sigma^2), \\ \text{约束条件:} \displaystyle\sum_{i=1}^{a} \tau_i = 0, \quad \sum_{j=1}^{b} \beta_j = 0. \end{cases} \tag{2.3}$$

对两因子可加主效应模型 (2.3), 通常不需要重复试验, 即重复次数 $m = 1$, 相应的数据结构见表 2.2.

表 2.2 两因子可加主效应模型的数据

A	B			
	B_1	B_2	$\cdots$	B_b
A_1	y_{11}	y_{12}	$\cdots$	y_{1b}
A_2	y_{21}	y_{22}	$\cdots$	y_{2b}
$\vdots$	$\vdots$	$\vdots$		$\vdots$
A_a	y_{a1}	y_{a2}	$\cdots$	y_{ab}

两因子可加主效应模型统计分析包括方差分析、参数估计和多重检验.

2.2.1 方差分析

两因子可加主效应模型方差分析的目的是要比较因子 A 的 a 个水平及因子 B 的 b 个水平对响应变量的影响是否显著, 相当于同时检验如下的两个原假设:

$$\begin{cases} H_{01}: \tau_1 = \tau_2 = \cdots = \tau_a = 0, \\ H_{02}: \beta_1 = \beta_2 = \cdots = \beta_b = 0. \end{cases} \tag{2.4}$$

提出了原假设后, 为了构造适当的检验统计量, 将偏差平方和作如下的分解:

$$SS_T = SS_A + SS_B + SS_e,$$

这里总偏差平方和

$$SS_T = \sum_{i=1}^{a} \sum_{j=1}^{b} (y_{ij} - \bar{y}_{..})^2,$$

因子 A 的偏差平方和

$$SS_A = \sum_{i=1}^{a} \sum_{j=1}^{b} (\bar{y}_{i\cdot} - \bar{y}_{..})^2 = \sum_{i=1}^{a} b(\bar{y}_{i\cdot} - \bar{y}_{..})^2 = \sum_{i=1}^{a} b(\tau_i + \bar{\varepsilon}_{i\cdot} - \bar{\varepsilon}_{..})^2,$$

因子 B 的偏差平方和

$$SS_B = \sum_{i=1}^{a} \sum_{j=1}^{b} (\bar{y}_{\cdot j} - \bar{y}_{..})^2 = \sum_{j=1}^{b} a(\bar{y}_{\cdot j} - \bar{y}_{..})^2 = \sum_{j=1}^{b} a(\beta_j + \bar{\varepsilon}_{\cdot j} - \bar{\varepsilon}_{..})^2,$$

误差平方和

$$SS_e = \sum_{i=1}^{a} \sum_{j=1}^{b} (y_{ij} - \bar{y}_{i\cdot} - \bar{y}_{\cdot j} + \bar{y}_{..})^2 = \sum_{i=1}^{a} \sum_{j=1}^{b} (\varepsilon_{ij} - \bar{\varepsilon}_{i\cdot} - \bar{\varepsilon}_{\cdot j} + \bar{\varepsilon}_{..})^2. \tag{2.5}$$

类似于第 1 章的 (1.11) 式与 (1.14) 式的推导, 很快可以得到

$$\frac{SS_A}{\sigma^2} \overset{H_{01}}{\sim} \chi^2(a-1) \quad 与 \quad E(SS_A) = b\sum_{i=1}^{a}\tau_i^2 + (a-1)\sigma^2, \tag{2.6}$$

$$\frac{SS_B}{\sigma^2} \overset{H_{02}}{\sim} \chi^2(b-1) \quad 与 \quad E(SS_B) = a\sum_{j=1}^{b}\beta_j^2 + (b-1)\sigma^2, \tag{2.7}$$

$$\frac{SS_e}{\sigma^2} \sim \chi^2((a-1)(b-1)) \quad 与 \quad E(SS_e) = (a-1)(b-1)\sigma^2. \tag{2.8}$$

记因子 A 的均方和、因子 B 的均方和与误差均方和分别为

$$MS_A = \frac{SS_A}{a-1}, \quad MS_B = \frac{SS_B}{b-1}, \quad MS_e = \frac{SS_e}{(a-1)(b-1)}. \tag{2.9}$$

在原假设 H_{01} 成立时, 由式 (2.6) 得, 因子 A 的均方和为 σ^2 的无偏估计, 而 H_{02} 成立时, 由式 (2.7) 得, 因子 B 的均方和为 σ^2 的无偏估计, 且不论原假设成立与否, 由式 (2.8) 得, 误差均方和 MS_e 都是 σ^2 的无偏估计. 因而在原假设 H_{01} 或 H_{02} 成立时, $\frac{MS_A}{MS_e}$ 或 $\frac{MS_B}{MS_e}$ 应以较大概率取值在 1 的附近; 反之, $\frac{MS_A}{MS_e}$ 或 $\frac{MS_B}{MS_e}$ 应以较大概率取值大于 1, 比 1 大得越多, 说明诸水平差异越显著. 受此启发, 构造检验假设 H_{01} 或 H_{02} 的统计量 F_A 或 F_B, 同第 1 章单因子方差分析检验统计量分布的证明, 可证明它们的分布 [1] 如下:

$$F_A = \frac{MS_A}{MS_e} = \frac{SS_A/f_A}{SS_e/f_e} \overset{H_{01}}{\sim} F(f_A, f_e),$$
$$F_B = \frac{MS_B}{MS_e} = \frac{SS_B/f_B}{SS_e/f_e} \overset{H_{02}}{\sim} F(f_B, f_e). \tag{2.10}$$

这里因子 A 偏差平方和的自由度 $f_A = a-1$, 因子 B 偏差平方和的自由度 $f_B = b-1$, 随机误差平方和的自由度 $f_e = (a-1)(b-1)$. 当显著性水平为 α 时, 可以得假设 H_{01} 拒绝域为 $F_A > F_\alpha(f_A, f_e)$, 拒绝原假设 H_{01}, 意味着因子 A 的诸水平间有显著差异, 即因子 A 为显著, 而假设 H_{02} 拒绝域为 $F_B > F_\alpha(f_B, f_e)$, 拒绝原假设 H_{02}, 意味着因子 B 的诸水平间有显著差异, 即因子 B 为显著.

两因子可加主效应模型检验步骤全过程总结在如下的方差分析表 (表 2.3) 中.

表 2.3   两因子可加主效应模型方差分析表

来源	平方和	自由度	均方和	F 值
因子 A	SS_A	$f_A = a - 1$	$MS_A = \dfrac{SS_A}{f_A}$	$F_A = \dfrac{MS_A}{MS_e}$
因子 B	SS_B	$f_B = b - 1$	$MS_B = \dfrac{SS_B}{f_B}$	$F_B = \dfrac{MS_B}{MS_e}$
误差	SS_e	$f_e = (a-1)(b-1)$	$MS_e = \dfrac{SS_e}{f_e}$	
总	SS_T	$f_T = n - 1$		

这里总的试验次数 $n = ab$.

2.2.2   基于 MATLAB 的两因子可加主效应模型的方差分析

MATLAB 软件中提供了两因子可加主效应模型的方差分析函数 anova2 (two-way ananlysis of variance), 其调用格式如下:

$$p = \text{anova2}(y),$$

这个命令只适用于两因子可加主效应模型的方差分析, 这里输入的因变量 y 是 a 行 b 列观察值矩阵, b 列代表列因子 b 个水平的观察值, 输出的 2 维向量 p 为列因子 B 的 p 值和行因子 A 的 p 值. 类似于 MATLAB 软件中提供的单因子方差分析函数 anova1 (one-way ananlysis of variance), 也可增加输出选项或输入选项. 具体地, 可参考函数 anova2 的帮助文件.

2.2.3   参数估计

由正规方程组的特点, 可得模型 (2.3) 的正规方程组如下:

$$\begin{cases} n\hat{\mu} + b\sum_{i=1}^{a}\hat{\tau}_i + a\sum_{j=1}^{b}\hat{\beta}_j = y_{..}, \\ b\hat{\mu} + b\hat{\tau}_i \qquad + \sum_{j=1}^{b}\hat{\beta}_j = y_{i.}, \quad i = 1, \cdots, a, \\ a\hat{\mu} + \sum_{i=1}^{a}\hat{\tau}_i \qquad + a\hat{\beta}_j = y_{.j}, \quad j = 1, \cdots, b, \end{cases} \tag{2.11}$$

再结合模型 (2.3) 的约束条件 $\sum_{i=1}^{a}\tau_i = 0$ 和 $\sum_{j=1}^{b}\beta_j = 0$, 可得待估参数 μ, τ_i 和 β_j 的最佳线性无偏估计如下:

$$\hat{\mu} = \bar{y}_{..}, \quad \hat{\tau}_i = \bar{y}_{i.} - \bar{y}_{..}, \ i = 1, 2, \cdots, a, \quad \hat{\beta}_j = \bar{y}_{.j} - \bar{y}_{..}, \ j = 1, 2, \cdots, b. \tag{2.12}$$

类似于单因子试验模型参数置信的推导, 由这些参数的无偏估计, 构造相应的枢轴量, 从而可得这些未知参数或线性组合的置信区间. 随机误差项的方差 σ^2 的估计

$$\hat{\sigma}^2 = MS_e.$$

2.2.4 多重比较方法

对两因子可加主效应模型, 如果经方差分析检验某因子是显著的, 可以用邓肯多重比较来检验这个因子的哪些水平之间有显著差异. 比如, 给定显著性水平 α, 显著因子 A 的 p 级极差临界值

$$R_p^* = r_\alpha(p, f_e)S_{\bar{y}_{i\cdot}}, \quad p = 2, \cdots, a, \tag{2.13}$$

其中诸水平均值误差标准差 $S_{\bar{y}_{i\cdot}} = \sqrt{\dfrac{MS_e}{b}}$, 邓肯显著性极差系数 $r_\alpha(p, f_e)$ 是 t 化极差统计量 $r(p, f_e)$ 的上 α 分位点, 误差平方和的自由度 $f_e = (a-1)(b-1)$. 类似地, 给定显著性水平 α, 显著因子 B 的 p 级极差临界值

$$R_p^* = r_\alpha(p, f_e)S_{\bar{y}_{\cdot j}}, \quad p = 2, \cdots, b, \tag{2.14}$$

其中诸水平均值误差标准差 $S_{\bar{y}_{\cdot j}} = \sqrt{\dfrac{MS_e}{a}}$. 类似地, 也可用图基多重比较来检验显著因子哪些水平之间有显著性差异, 理论与方法同等重复单因子的图基多重比较.

两因子可加主效应模型的任何一个因子都显著, 要对这个因子做多重比较, 方法同单因子多重比较类似, 对这个显著因子作单因子方差分析, 特别要注意的是误差项的均方 MS_e 不能用单因子方差分析估计的 MS_e, 而要用两因子可加主效应模型的方差分析的 MS_e, 然后用多重比较函数 multcompare 做图基多重比较, 用自编函数 Duncan_com 做邓肯多重比较.

2.3 两因子交互效应模型的统计分析

本节介绍两因子交互效应模型 (2.2) 的统计分析, 包括方差分析、参数估计和多重比较.

2.3.1 方差分析

两因子交互效应模型 (2.2) 方差分析的目的: 除了比较因子 A 的 a 个水平及因子 B 的 b 个水平对响应变量的影响是否显著, 还要检验这两个因子是否存在交互作用, 相当于同时检验如下的三个原假设:

$$\begin{cases} H_{01}: \tau_1 = \tau_2 = \cdots = \tau_a = 0, \\ H_{02}: \beta_1 = \beta_2 = \cdots = \beta_b = 0, \\ H_{03}: (\tau\beta)_{ij} = 0, \quad i = 1, \cdots, a, \quad j = 1, \cdots, b. \end{cases} \tag{2.15}$$

提出了原假设后, 为了构造适当的检验统计量, 将偏差平方和作如下的分解:

$$SS_T = SS_A + SS_B + SS_{AB} + SS_e,$$

这里总偏差平方和

$$SS_T = \sum_{i=1}^{a} \sum_{j=1}^{b} \sum_{k=1}^{m} (y_{ijk} - \bar{y}_{...})^2,$$

因子 A 的平方和

$$SS_A = \sum_{i=1}^{a} \sum_{j=1}^{b} \sum_{k=1}^{m} (\bar{y}_{i..} - \bar{y}_{...})^2$$

$$= \sum_{i=1}^{a} bm(\bar{y}_{i..} - \bar{y}_{...})^2$$

$$= \sum_{i=1}^{a} bm(\tau_i + \bar{\varepsilon}_{i..} - \bar{\varepsilon}_{...})^2,$$

因子 B 的平方和

$$SS_B = \sum_{i=1}^{a} \sum_{j=1}^{b} \sum_{k=1}^{m} (\bar{y}_{.j.} - \bar{y}_{...})^2$$

$$= \sum_{j=1}^{b} am(\bar{y}_{.j.} - \bar{y}_{...})^2$$

$$= \sum_{j=1}^{b} am(\beta_j + \bar{\varepsilon}_{.j.} - \bar{\varepsilon}_{...})^2,$$

因子 A 与因子 B 的交互作用偏差平方和

$$SS_{AB} = \sum_{i=1}^{a} \sum_{j=1}^{b} \sum_{k=1}^{m} (\bar{y}_{ij.} - \bar{y}_{...})^2$$

$$= \sum_{i=1}^{a} \sum_{j=1}^{b} m(\bar{y}_{ij.} - \bar{y}_{...})^2$$

$$= \sum_{i=1}^{a} \sum_{j=1}^{b} m((\alpha\beta)_{ij} + \bar{\varepsilon}_{ij.} - \bar{\varepsilon}_{...})^2,$$

误差平方和

$$SS_e = \sum_{i=1}^{a} \sum_{j=1}^{b} \sum_{k=1}^{m} (y_{ijk} - \bar{y}_{ij\cdot})^2. \tag{2.16}$$

误差平方和 SS_e 可以视为 ab 个正态总体的样本偏差平方和的和, 每一个正态总体的样本 (一个组合的样本) 偏差平方和的自由度为 $m-1$, 所以误差平方和 SS_e 自由度 $f_e = ab(m-1)$. 类似于第 1 章的 (1.11) 式与 (1.14) 式的推导, 可以得到

$$\frac{SS_A}{\sigma^2} \overset{H_{01}}{\sim} \chi^2(a-1) \quad \text{与} \quad E(SS_A) = bm \sum_{i=1}^{a} \tau_i^2 + (a-1)\sigma^2, \tag{2.17}$$

$$\frac{SS_B}{\sigma^2} \overset{H_{02}}{\sim} \chi^2(b-1) \quad \text{与} \quad E(SS_B) = am \sum_{j=1}^{b} \beta_j^2 + (b-1)\sigma^2, \tag{2.18}$$

$$\frac{SS_{AB}}{\sigma^2} \overset{H_{03}}{\sim} \chi^2((a-1)(b-1)),$$

$$E(SS_{AB}) = m \sum_{i=1}^{a} \sum_{j=1}^{b} (\alpha\beta)_{ij}^2 + (a-1)(b-1)\sigma^2, \tag{2.19}$$

$$\frac{SS_e}{\sigma^2} \sim \chi^2(ab(m-1)) \quad \text{与} \quad E(SS_e) = ab(m-1)\sigma^2. \tag{2.20}$$

记因子 A 的均方和、因子 B 的均方和、因子 A 与因子 B 交互作用的均方和及误差均方和分别为

$$MS_A = \frac{SS_A}{a-1}, \quad MS_B = \frac{SS_B}{b-1}, \quad MS_{AB} = \frac{SS_{AB}}{(a-1)(b-1)} \quad \text{与} \quad MS_e = \frac{SS_e}{ab(m-1)}. \tag{2.21}$$

在原假设 H_{01} 成立时, 由 (2.17) 式得, 因子 A 的均方和为 σ^2 的无偏估计, H_{02} 成立时, 由式 (2.18) 得, 因子 B 的均方和为 σ^2 的无偏估计, H_{03} 成立时, 由 (2.19) 式得, 因子 A 与因子 B 交互作用的均方和为 σ^2 的无偏估计, 且不论原假设成立与否, 由 (2.20) 式得, 误差均方和 MS_e 都是 σ^2 的无偏估计. 因而在原假设 H_{01} 或 H_{02} 成立时, $\dfrac{MS_A}{MS_e}$ 或 $\dfrac{MS_B}{MS_e}$ 应以较大概率取值在 1 的附近; 反之, $\dfrac{MS_A}{MS_e}$ 或 $\dfrac{MS_B}{MS_e}$ 应以较大概率取值大于 1, 比 1 大得越多, 说明诸水平差异越显著. 受此启发, 构造检验假设 H_{01}, H_{02} 及 H_{03} 的统计量 F_A, F_B 及 F_{AB}, 并可证明它们的分布 [1] 如下:

$$F_A = \frac{MS_A}{MS_e} = \frac{SS_A/f_A}{SS_e/f_e} \overset{H_{01}}{\sim} F(f_A, f_e),$$

$$F_B = \frac{MS_B}{MS_e} = \frac{SS_B/f_B}{SS_e/f_e} \overset{H_{02}}{\sim} F(f_B, f_e), \tag{2.22}$$

$$F_{AB} = \frac{MS_{AB}}{MS_e} = \frac{SS_{AB}/f_{AB}}{SS_e/f_e} \overset{H_{03}}{\sim} F(f_{AB}, f_e).$$

这里因子 A 的偏差平方和自由度 $f_A = a - 1$, 因子 B 的偏差平方和自由度 $f_B = b - 1$, 误差平方和自由度 $f_e = ab(m-1)$, 总自由度 $f_T = abm - 1$, 由减法运算可得因子 A 与因子 B 交互作用的自由度 $f_{AB} = (a-1)(b-1)$. 当显著性水平为 α 时, 可以得假设 H_{01} 拒绝域为 $F_A > F_\alpha(f_A, f_e)$, 拒绝原假设 H_{01}, 意味着因子 A 的诸水平间有显著差异, 即因子 A 为显著; 假设 H_{02} 拒绝域为 $F_B > F_\alpha(f_B, f_e)$, 拒绝原假设 H_{02}, 意味着因子 B 的诸水平间有显著差异, 即因子 B 为显著; 假设 H_{03} 拒绝域为 $F_{AB} > F_\alpha(f_{AB}, f_e)$, 拒绝原假设 H_{03}, 意味着因子 A 和因子 B 的交互作用显著.

两因子交互效应模型检验步骤全过程可以总结在如下的方差分析表 (表 2.4) 中.

表 2.4 两因子交互效应模型方差分析表

来源	平方和	自由度	均方和	F 值
因子 A	SS_A	$f_A = a - 1$	$MS_A = \dfrac{SS_A}{f_A}$	$F_A = \dfrac{MS_A}{MS_e}$
因子 B	SS_B	$f_B = b - 1$	$MS_A = \dfrac{SS_B}{f_B}$	$F_B = \dfrac{MS_B}{MS_e}$
因子 AB	SS_{AB}	$f_{AB} = (a-1)(b-1)$	$MS_{AB} = \dfrac{SS_{AB}}{f_{AB}}$	$F_{AB} = \dfrac{MS_{AB}}{MS_e}$
误差	SS_e	$f_e = ab(m-1)$	$MS_e = \dfrac{SS_e}{f_e}$	
总	SS_T	$f_T = n - 1$		

这里总的试验次数 $n = abm$. 如果经检验, 交互作用是不显著的, 建议换两因子可加主效应模型重新分析, 这时因子 A 与因子 B 交互作用的偏差平方和应合并到误差平方和, 因子 A 与因子 B 交互作用的偏差平方和的自由度要合并到误差平方和的自由度.

2.3.2 基于 MATLAB 的两因子交互效应模型方差分析

MATLAB 软件中提供了两因子方差分析函数 anova2 (two-way ananlysis of variance), 其调用格式如下.

(1) p = anova2(y,reps).

这个命令适用更一般的两因子交互效应试验模型的方差分析, 这里输入的因变量 y 是 am 行 b 列的矩阵, reps 表示在第 (i,j) 个试验点重复试验次数 m. 因变量矩阵 y 的每一列对应列因子 B 的一个水平, 因变量矩阵 y 的每 m 行的数据

对应于行因子 A 的一个水平的观察值. 特别地, 当 reps 赋值 1 时, 对应的就是可加主效应模型的方差分析.

(2) p = anova2(y,reps,displayopt).

这里的输入 displayopt 是显示选项, 其设置同单因子方差分析中显示选项设置. 命令 p = anova2(y,reps,displayopt,'on') 或缺省状态 p = anova2(y,reps,displayopt) 在输出 p 值的同时, 还会输出方差分析表 y 的每一列 (每一水平) 的数据的箱线图. 这个命令中 y 为响应变量列, 矩阵 group 的每一列为相应因子的水平编号索引. 命令 p = anova2(y,reps,displayopt,'off'), 关闭图形显示, 只输出 p 值.

(3) [p,table] = anova2(y,group,displayopt). 在命令 (2) 的基础上, 会以元胞数组形式输出方差分析表 table.

(4) [p,table,stats] = anova2(y,group,displayopt). 在命令 (3) 的基础上, 会以结构数组形式输出 stats, 下一步的参数估计和多重比较可能会用到.

2.3.3 参数估计

由正规方程组的特点, 可得模型 (2.3) 的正规方程组如下:

$$\begin{cases} n\hat{\mu} + b\sum_{i=1}^{a}\hat{\tau}_i + a\sum_{j=1}^{b}\hat{\beta}_j + m\sum_{i=1}^{a}\sum_{j=1}^{b}\widehat{(\tau\beta)}_{ij} = y_{\cdots}, \\ bm\hat{\mu} + bm\hat{\tau}_i + m\sum_{j=1}^{b}\hat{\tau}_j + m\sum_{j=1}^{b}\widehat{(\tau\beta)}_{ij} = y_{i\cdot\cdot}, \\ am\hat{\mu} + m\sum_{i=1}^{a}\hat{\tau}_i + am\hat{\beta}_j + m\sum_{i=1}^{a}\widehat{(\tau\beta)}_{ij} = y_{\cdot j\cdot}, \\ m\hat{\mu} + m\hat{\tau}_i + m\hat{\beta}_j + m\widehat{(\tau\beta)}_{ij} = y_{ij\cdot}, \end{cases} \tag{2.23}$$

再结合模型 (2.2) 的约束条件 $\sum_{i=1}^{a}\tau_i = 0$, $\sum_{j=1}^{b}\beta_j = 0$, $\sum_{j=1}^{b}(\tau\beta)_{ij} = 0(i = 1,\cdots,a)$ 和 $\sum_{i=1}^{a}(\tau\beta)_{ij} = 0(j = 1,\cdots,b)$, 可得待估参数 μ, τ_i, β_j 和 $(\tau\beta)_{ij}$ 的最佳线性无偏估计如下:

$$\begin{cases} \hat{\mu} = \bar{y}_{\cdots}, \\ \hat{\tau}_i = \bar{y}_{i\cdot\cdot} - \bar{y}_{\cdots}, \quad i = 1,2,\cdots,a, \\ \hat{\beta}_j = \bar{y}_{\cdot j\cdot} - \bar{y}_{\cdots}, \quad j = 1,2,\cdots,b, \\ \widehat{(\tau\beta)}_{ij} = \bar{y}_{ij\cdot} - \bar{y}_{i\cdot\cdot} - \bar{y}_{\cdot j\cdot} + \bar{y}_{\cdots}, \quad i = 1,2,\cdots,a, \quad j = 1,2,\cdots,b, \end{cases} \tag{2.24}$$

也可由这些参数的无偏估计构造相应的枢轴量, 从而可得这些未知参数或线性组合的置信区间. 随机误差项的方差 σ^2 的估计

$$\hat{\sigma}^2 = MS_e,$$

基于 MATLAB 编程得到这些参数的点估计和区间估计的方法同第 1 章.

2.3.4 多重比较方法

对两因子交互效应模型, 如果交互作用不显著, 可以对显著因子做多重比较, 方法同两因子可加主效应模型的多重比较方法. 而交互作用显著时, 为了消除交互作用的影响, 应当固定另一个因子的水平对显著因子做多重比较判断这个因子的哪些水平之间有显著差异. 以邓肯多重比较为例, 给定显著性水平 α, 固定因子 B 的水平在第 j 个水平, 因子 A 的 p 级极差临界值

$$R_p^* = r_\alpha(p, f_e) S_{\bar{y}_{i.}}, \quad p = 2, \cdots, a, \tag{2.25}$$

其中诸水平均值误差标准差 $S_{\bar{y}_{i.}} = \sqrt{\dfrac{MS_e}{m}}$, 邓肯显著性极差系数 $r_\alpha(p, f_e)$ 是 t 化极差统计量 $r(p, f_e)$ 的上 α 分位点, 误差平方和的自由度 $f_e = n - ab$. 类似地, 交互作用显著时, 也应固定一个因子的水平, 用图基多重比较来检验显著因子哪些水平之间有显著性差异, 可参考 2.7 节自编函数 Mult_compare_within_two_factor.

2.4 两因子随机效应模型的统计分析

2.4.1 两因子随机效应模型

当两个因子有许多水平, 而试验缺少相关先验信息选择哪些水平来试验, 从而随机挑选因子 A 的 a 个水平和因子 B 的 b 个水平, 得随机挑选出来的 ab 个组合, 在每个组合下重复试验 m 次, 试验的线性统计模型是

$$\begin{cases} y_{ijk} = \mu + \tau_i + \tau_j + (\tau\beta)_{ij} + \varepsilon_{ijk}, \\ i = 1, \cdots, a, \quad j = 1, \cdots, b, \quad k = 1, \cdots, m, \\ \varepsilon_{ijk} \overset{\text{i.i.d.}}{\sim} N(0, \sigma^2), \\ \tau_i \overset{\text{i.i.d.}}{\sim} N(0, \sigma_\tau^2), \\ \beta_j \overset{\text{i.i.d.}}{\sim} N(0, \sigma_\beta^2), \\ (\tau\beta)_{ij} \overset{\text{i.i.d.}}{\sim} N(0, \sigma_{\tau\beta}^2), \\ \text{诸 } \varepsilon_{ijk}, \text{诸 } \tau_i, \text{诸 } \beta_j, \text{ 诸 } (\tau\beta)_{ij} \text{ 相互独立.} \end{cases} \tag{2.26}$$

由模型 (2.26) 可得: $D(y_{ijk}) = \sigma^2 + \sigma_\tau^2 + \sigma_\beta^2 + \sigma_{\tau\beta}^2$, 所以随机效应模型 (2.26) 也称为方差分量模型. 但也需要指出: 尽管任一观察值 y_{ijk} 都服从于同一正态分布 $N(\mu, \sigma^2 + \sigma_\tau^2 + \sigma_\beta^2 + \sigma_{\tau\beta}^2)$, 但由于 $\text{cov}(y_{ijk_1}, y_{ijk_2}) = \sigma_\tau^2 + \sigma_\beta^2 + \sigma_{\tau\beta}^2 \neq 0, k_1 \neq k_2$, 因

此因子 A 与因子 B 任一组合下的观察值不再相互独立, 由于 $\mathrm{cov}(y_{ij_1k_1}, y_{ij_2k_2}) = \sigma_\tau^2 \neq 0, j_1 \neq j_2$ 和 $\mathrm{cov}(y_{i_1jk_1}, y_{i_2jk_2}) = \sigma_\beta^2 \neq 0, i_1 \neq i_2$, 任一因子的相同水平下的不同组合的观察值也不再相互独立. 两因子随机效应模型 (2.26) 方差分析的目的: 除了比较因子 A 的不同水平及因子 B 的不同水平对响应变量的影响是否显著, 还要检验这两个因子是否存在交互作用, 类似于单因子随机效应模型, 相当于同时检验如下的三个原假设:

$$\begin{cases} H_{01} : \sigma_\tau^2 = 0, \\ H_{02} : \sigma_\beta^2 = 0, \\ H_{03} : \sigma_{\tau\beta}^2 = 0. \end{cases} \tag{2.27}$$

总的偏差平方和分解式与模型假定无关, 因而与两因子固定效应模型有相同的偏差平方和分解式及完全相同的偏差平方和表达式, 但由于模型假定不一样, 诸偏差平方和的分布与期望可能不一样, 具体地,

$$E(SS_A) = (a-1)\sigma^2 + m(a-1)\sigma_{\tau\beta}^2 + (a-1)bm\sigma_\tau^2, \tag{2.28}$$

$$E(SS_B) = (b-1)\sigma^2 + m(b-1)\sigma_{\tau\beta}^2 + (b-1)am\sigma_\beta^2, \tag{2.29}$$

$$E(SS_{AB}) = (a-1)(b-1)\sigma^2 + m(a-1)(b-1)\sigma_{\tau\beta}^2, \tag{2.30}$$

$$E(SS_e) = ab(m-1)\sigma^2. \tag{2.31}$$

记因子 A 的均方和、因子 B 的均方和、因子 A 与因子 B 交互作用的均方和及误差均方和分别为

$$\begin{aligned} MS_A = \frac{SS_A}{a-1}, \quad MS_B = \frac{SS_B}{b-1}, \\ MS_{AB} = \frac{SS_{AB}}{(a-1)(b-1)}, \quad MS_e = \frac{SS_e}{ab(m-1)}. \end{aligned} \tag{2.32}$$

在原假设 H_{01} 成立时, 由式 (2.28) 得, 因子 A 的均方和为 $\sigma^2 + m\sigma_{\tau\beta}^2$ 的无偏估计; H_{02} 成立时, 由式 (2.29) 得, 因子 B 的均方和也为 $\sigma^2 + m\sigma_{\tau\beta}^2$ 的无偏估计; H_{03} 成立时, 由式 (2.30) 得, 因子 A 与因子 B 交互作用的均方和为 σ^2 的无偏估计, 且不论原假设成立与否, 由式 (2.31) 得, 误差均方和 MS_e 都是 σ^2 的无偏估计. 因而在原假设 H_{01} 或 H_{02} 成立时, $\dfrac{MS_A}{MS_{AB}}$ 或 $\dfrac{MS_B}{MS_{AB}}$ 应以较大概率取值在 1 的附近, 同理, 在 H_{03} 成立时, $\dfrac{MS_{AB}}{MS_e}$ 也应以较大概率取值在 1 的附近; 反

之, $\dfrac{MS_A}{MS_{AB}}$, $\dfrac{MS_B}{MS_{AB}}$ 和 $\dfrac{MS_{AB}}{MS_e}$ 应以较大概率取值大于 1, 比 1 大得越多, 说明因子 A、因子 B 或交互作用 AB 越可能显著. 受此启发, 构造检验假设 H_{01}, H_{02} 和 H_{03} 的统计量 F_A, F_B 和 F_{AB}, 并可证明它们的分布 [1] 如下:

$$F_A = \frac{MS_A}{MS_{AB}} = \frac{SS_A/f_A}{SS_{AB}/f_{AB}} \overset{H_{01}}{\sim} F(f_A, f_{AB}),$$

$$F_B = \frac{MS_B}{MS_{AB}} = \frac{SS_B/f_B}{SS_{AB}/f_{AB}} \overset{H_{02}}{\sim} F(f_B, f_{AB}), \tag{2.33}$$

$$F_{AB} = \frac{MS_{AB}}{MS_e} = \frac{SS_{AB}/f_{AB}}{SS_e/f_e} \overset{H_{03}}{\sim} F(f_{AB}, f_e).$$

这里因子 A 的偏差平方和自由度 $f_A = a - 1$, 因子 B 的偏差平方和自由度 $f_B = b-1$, 因子 A 与因子 B 交互作用的自由度 $f_{AB} = (a-1)(b-1)$, 误差平方和自由度 $f_e = ab(m-1)$. 当显著性水平为 α 时, 可以得假设 H_{01} 拒绝域为 $F_A > F_\alpha(f_A, f_e)$, 拒绝原假设 H_{01}, 意味着因子 A 的诸水平间有显著差异, 即因子 A 为显著; 假设 H_{02} 拒绝域为 $F_B > F_\alpha(f_B, f_e)$, 拒绝原假设 H_{02}, 意味着因子 B 的诸水平间有显著差异, 即因子 B 为显著; 假设 H_{03} 拒绝域为 $F_{AB} > F_\alpha(f_{AB}, f_e)$, 拒绝原假设 H_{03}, 意味着因子 A 与因子 B 交互作用显著.

两因子随机效应模型检验步骤全过程可以总结在如下的方差分析表 (表 2.5) 中, 与两因子固定水平下交互效应模型 (2.2) 相比较, 区别在于统计量 F_A 和 F_B 的分母不再是 MS_e, 而是 MS_{AB}, 因而在两因子固定水平下交互效应模型方差分析表的基础上进行修改就可以得两因子随机效应模型方差分析表.

表 2.5 两因子随机效应模型方差分析表

来源	平方和	自由度	均方和	F 值
因子 A	SS_A	$f_A = a - 1$	$MS_A = \dfrac{SS_A}{f_A}$	$F_A = \dfrac{MS_A}{MS_{AB}}$
因子 B	SS_B	$f_B = b - 1$	$MS_A = \dfrac{SS_B}{f_B}$	$F_B = \dfrac{MS_B}{MS_{AB}}$
因子 AB	SS_{AB}	$f_{AB} = (a-1)(b-1)$	$MS_{AB} = \dfrac{SS_{AB}}{f_{AB}}$	$F_{AB} = \dfrac{MS_{AB}}{MS_e}$
误差	SS_e	$f_e = ab(m-1)$	$MS_e = \dfrac{SS_e}{f_e}$	
总	SS_T	$f_T = n - 1$		

类似于前面讨论, 可得两因子混合效应 (因子 A 的水平人为固定, 而另一个因子 B 的水平随机挑选) 模型检验步骤全过程, 其方差分析表 (表 2.6) 总结如下, 与两因子固定水平下交互效应模型 (2.2) 相比较, 区别在于统计量 F_A(因子 A 的

水平固定) 的分母不再是 MS_e, 而是 MS_{AB}, 因而在两因子固定水平下交互效应模型方差分析表的基础上进行修改就可以得两因子混合效应模型方差分析表.

表 2.6   两因子混合效应模型方差分析表

来源	平方和	自由度	均方和	F 值
因子 A(固定)	SS_A	$f_A = a - 1$	$MS_A = \dfrac{SS_A}{f_A}$	$F_A = \dfrac{MS_A}{MS_{AB}}$
因子 B (随机)	SS_B	$f_B = b - 1$	$MS_A = \dfrac{SS_B}{f_B}$	$F_B = \dfrac{MS_B}{MS_e}$
因子 AB	SS_{AB}	$f_{AB} = (a-1)(b-1)$	$MS_{AB} = \dfrac{SS_{AB}}{f_{AB}}$	$F_{AB} = \dfrac{MS_{AB}}{MS_e}$
误差	SS_e	$f_e = ab(m-1)$	$MS_e = \dfrac{SS_e}{f_e}$	
总	SS_T	$f_T = n - 1$		

2.4.2   参数估计

两因子随机效应模型中, 由式 (2.31), 可得误差项方差的无偏估计:

$$\hat{\sigma}^2 = MS_e;$$

由式 (2.30), 可得交互效应方差的无偏估计:

$$\hat{\sigma}_{\tau\beta}^2 = \frac{MS_{AB} - MS_e}{m};$$

由式 (2.28), 可得因子 A 方差的无偏估计:

$$\hat{\sigma}_\tau^2 = \frac{MS_A - MS_{AB}}{bm};$$

由式 (2.29), 可得因子 B 方差的无偏估计:

$$\hat{\sigma}_\beta^2 = \frac{MS_B - MS_{AB}}{am}.$$

类似地, 在两因子混合效应模型 (因子 A 的水平人为固定, 而另一个因子 B 的水平随机挑选) 中, 可得因子 B 方差估计如下:

$$\hat{\sigma}_\beta^2 = \frac{MS_B - MS_e}{am}.$$

因子 A 方差不需要估计, 其他方差估计同上. 但需要提出的是, 在上面式子中当 $MS_{AB} - MS_e$, $MS_A - MS_{AB}$ 和 $MS_B - MS_{AB}$ 小于 0 时, 上面的诸方差分量估计显然不合理, 有一种做法就是相应的方差向量取 0, 这样做也存在不合理性, 所以, 对这类问题的探讨还是一个公开的问题. 有了方差分析结果, 即有了诸均方和, 编程容易得到诸方差分量的估计.

2.4.3 多重比较方法

对两因子随机效应模型, 因为因子水平是随机的, 不需要做多重比较, 在两因子混合效应模型 (因子 A 的水平人为固定, 而另一个因子 B 的水平随机挑选) 中, 如果因子 A 是显著的, 应做多重比较, 但要注意, 这时的诸水平均值的标准差估计量是

$$S_{\bar{y}_{i\cdot\cdot}} = \sqrt{\frac{MS_{AB}}{bm}}.$$

2.5 多因子试验的设计与分析

两因子试验的设计与分析的一般方法可推广到多因子情况. 以三因子为例, 因子 A、因子 B 和因子 C, 每个因子分别有 a 个水平、b 个水平和 c 个水平, 共有 abc 个组合 (试验点), 假设每个试验点重复试验 m 次, 共需要试验次数 $abcm$, 随因子的水平数和重复试验次数乘数倍增长. 如果考虑全模型 (析因试验模型), 有三个因子主效应和 $ab + ac + bc$ 个两两交互效应, 还有 abc 个三因子交互效应, 相应的模型较复杂, 可参考文献 [2].

推广到更多因子的析因试验模型, 所需要的试验次数会乘数倍增长, 相应的模型也会变复杂, 并且计算也会变得繁琐, 手工计算和借助计算器计算不切实际, MATLAB 提供了多因子方析的函数 anovan, 其具体的用法如下.

MATLAB 软件中提供了多因子方差分析函数 anovan (two-way ananlysis of variance), 其调用格式如下.

(1) p = anovan(y,group).

这个命令只适用于多因子可加主效应试验模型的方差分析, 这里输入的因变量 y 是 n 维列向量, 为了区分列向量中每个元素来自哪个因子的哪个水平, 自然地要输入分类或索引变量 group, group 可以是矩阵, 每一列代表一个因子的水平索引, 也可以是元胞数组, 每一个元胞代表一个因子的水平索引. 显然, 单因子方差分析 p = anova1(y,group) 是多因子分析 p = anovan(y,group) 的特例, 两因子方差分析 p = anova2(y,reps) 也可由多因子分析 p = anovan(y,group) 完成, 区别在于, 两因子方差分析中因变量 y 以矩阵输入, 而如果以多因子分析 p = anovan(y,group) 来完成, 因变量 y 要以列向量输入, 并要加上相应的索引.

(2) p = anovan(y,group,param,val).

通过输入多个参数名称 param 和相应的值 val 来更具体地设定多因子方差分析的条件, 前面讨论的方差分析函数的参数设置同样适应于 anovan, 比如, 参数

'displayopt' 取 'on' 或 'off', 表示打开或关闭 "图形" 窗口, 缺省状态表示打开 "图形" 窗口. 另外, 参数 'random' 取 [1 3], 表示第 1 个因子和第 3 个因子的水平是随机挑选的, 相应的模型可能是随机效应模型或混合效应模型, 缺省状态相应的模型是固定效应模型. 参数 'model' 可取不大于因子个数的整数, 取值 1 表示只考虑可加主效应模型, 取值 2 表示考虑主效应和两两交互作用的模型, 取值 3 表示考虑主效应和三阶及三阶以下交互作用, 以此类推, 参数 'model' 取值矩阵, 用来设定模型, 每一列对应表示哪些因子或哪些因子的交互效应要考虑进模型. 以三因子为例, 行 [1 0 0] 表示第 1 个因子主效应, 行 [1 0 1] 表示第 1 个因子与第 3 个因子的交互效应, 行 [1 1 1] 表示 3 个因子的交互效应, 以此类推, 通过设定参数 'model' 值为一个三列矩阵 (元素为 1 或 0) 可设定三因子不同类型模型, 'model' 值为 'interaction', 是最常见的只考虑所有因子主效应和两两交互效应的模型, 'model' 值为 'full', 考虑所有因子主效应和交互效应的模型, 缺省状态下的模型是多因子可加主效应模型, 即不考虑交互作用. 参数 'varnames' 取值元胞数组, 每个元胞用来设定一个因子的名称, 缺省状态的变量名为 "X1", "X2", ⋯.

同单因子方差分析和两因子方差分析, 这个函数会以元胞数组形式输出方差分析表 table, 需要时也会以结构数组形式输出参数估计和多重比较可能会用到的 stats.

2.6　拉丁方设计与正交拉丁方设计

2.5 节讨论多因子试验设计, 所需要的试验次数随因子的增加而乘数倍增长, 如果还考虑一些交互效应, 在每个试验点还要重复试验, 总的试验次数可能多到实际上难以承受, 因而, 在达到试验目的 (能比较诸因子的重要性, 又能比较诸水平与诸水平组合的优劣) 的前提下, 减少试验次数, 挑选全部试验点中一部分试验点来做试验, 即析因试验的部分实施, 是实践中迫切要解决的一个问题. 本节在因子相互独立且水平相同的假定下, 基于拉丁方设计、希腊拉丁方设计和超方设计来分别做三因子、四因子和更多因子的析因试验的部分实施, 并介绍方差分析. 先以下例说明拉丁方设计.

2.6.1　拉丁方

例子 2.1　影响某种导弹的交流发电机的 AC 输出电压的因素有: ①定子的 AC 线圈的圈数设为拉丁因子, 考虑 5 个水平 (拉丁代号) 分别为 $145(A)$, $150(B)$, $155(C)$, $160(D)$, $165(E)$; ②转子的铁心体的铁心片片数设为行因子, 5 个水平分别为 230, 240, 250, 260 和 270; ③铁心片表面涂层质量设为列因子, 5 个等级分别为 I, II, III, IV 和 V. 三个因子间彼此不存在交互作用, 试验设计如表 2.7.

表 2.7 某种导弹的交流发电机的 AC 输出电压试验设计

铁心片片数	铁心片表面涂层质量				
	I	II	III	IV	V
230	C	B	A	D	E
240	E	C	B	A	D
250	D	A	C	E	B
260	A	E	D	B	C
270	B	D	E	C	A

解 三个 5 个水平的因子, 因子间相互独立, 考虑三因子可加主效应模型, 共有 5^3 个试验组合 (试验点), 在每个试验点下只做一次试验, 也需要做 125 次试验. 如何做析因试验的部分实施? 既然不知道哪个因子的哪个水平重要, 就要视为同等重要, 给定任何一个因子水平, 其他因子的每个水平都重复相同的次数, 即任意两个因子是相互 "正交" 的. 表 2.7 就是满足这个要求的拉丁设计, 拉丁因子任一水平 (用拉丁字母表示) 在任一行 (行因子水平) 和一列 (列因子水平) 有且只出现一次, 由表 2.7 给出的设计, 只需要做 25 次试验, 是析因试验的 1/5 实施.

提取表 2.7 中拉丁字母组成的方阵

$$\begin{bmatrix} C & B & A & D & E \\ E & C & B & A & D \\ D & A & C & E & B \\ A & E & D & B & C \\ B & D & E & C & A \end{bmatrix},$$

就是一个 5 阶拉丁方. 一般地, 一个 p 阶拉丁方, 是由 p 个不同的拉丁字母排成的 p 阶方阵, 每一行的 p 个元素不同, 每一列的 p 个元素也不同. 显然, 上述的 5 阶方阵满足 5 阶拉丁方的条件, 因而是 5 阶拉丁方. 如何构造 p 阶拉丁方? 通常地, 先任意排列 p 个拉丁字母放在 p 阶方阵的第一行, 然后用推箱子的方法, 第二行字母是将第一行字母向左 (右) 移动一个方格距离, 被移出的字母相应填在右 (左) 边的空格, 以此类推. 但需要注意的是, p 阶拉丁方通常不是唯一的.

p 阶拉丁方的统计模型:

$$\begin{cases} y_{ijk} = \mu + \alpha_i + \tau_j + \beta_k + \varepsilon_{ijk}, \\ i = 1, \cdots, p, \quad j = 1, \cdots, p, \quad k = 1, \cdots, p, \\ \varepsilon_{ij} \overset{\text{i.i.d.}}{\sim} N(0, \sigma^2), \\ \text{约束条件}: \sum_{i=1}^{p} \alpha_i = 0, \quad \sum_{j=1}^{p} \tau_j = 0, \quad \sum_{k=1}^{p} \beta_k = 0. \end{cases} \tag{2.34}$$

因变量 y_{ijk} 是行因子、拉丁因子和列因子分别取 i, j, k 水平时的观察值, ε_{ij} 是相应的误差项, $\alpha_i, \tau_j, \beta_k$ 分别对应行因子、拉丁因子和列因子取 i, j, k 水平时的效应, μ 是一般均值, 这是三个 p 水平因子的线性可加主效应模型. 但需要指出, 这里的 i, j, k 的取值不是相互独立的, 在给定 i, k 时, j 的取值被唯一确定, 比如: 当 $i = 3$ 和 $k = 4$ 时, $j = 5$ 对应拉丁因子的 E 水平.

上述统计模型方差分析的目的是要比较行因子、拉丁因子和列因子对响应变量的影响是否显著, 相当于同时检验如下的三个原假设:

$$\begin{cases} H_{01} : \alpha_1 = \alpha_2 = \cdots = \alpha_p = 0, \\ H_{02} : \tau_1 = \tau_2 = \cdots = \tau_p = 0, \\ H_{03} : \beta_1 = \beta_2 = \cdots = \beta_p = 0. \end{cases} \quad (2.35)$$

提出了原假设后, 为了构造适当的检验统计量, 将偏差平方和作如下的分解:

$$SS_T = SS_行 + SS_{拉丁} + SS_列 + SS_e,$$

这里的总平方和 SS_T、行因子平方和 $SS_行$ 和列因子平方和 $SS_列$ 完全同模型 (2.3) 中平方和的定义, 整理得拉丁因子诸水平观察值后, 类似地可计算拉丁因子平方和 $SS_{拉丁}$, 由减法运算可得到误差平方和 SS_e. 类似于模型 (2.3) 的方差分析, 可以整理得拉丁方设计的方差分析如表 2.8 所示.

表 2.8　拉丁方设计模型的方差分析表

来源	平方和	自由度	均方和	F 值
拉丁因子	$SS_{拉丁}$	$f_{拉丁} = p - 1$	$MS_{拉丁} = \dfrac{SS_{拉丁}}{f_{拉丁}}$	$F_{拉丁} = \dfrac{MS_{拉丁}}{MS_e}$
行因子	$SS_行$	$f_行 = p - 1$	$MS_行 = \dfrac{SS_行}{f_行}$	$F_行 = \dfrac{MS_行}{MS_e}$
列因子	$SS_列$	$f_列 = p - 1$	$MS_列 = \dfrac{SS_列}{f_列}$	$F_列 = \dfrac{MS_列}{MS_e}$
误差	SS_e	$f_e = (p-1)(p-2)$	$MS_e = \dfrac{SS_e}{f_e}$	
总	SS_T	$f_T = p^2 - 1$		

这里总的试验次数 $n = p^2$, 水平数 p 不小于 3, 否则会使得误差自由度为 0, 导致不能进行方差分析.

2.6.2　希腊拉丁方

拉丁方设计只适用于水平数相等的相互独立的三个因子析因试验的部分实施, 要推广到四个因子就用到希腊拉丁方设计, 要在拉丁方设计基础上, 再引入希腊字母表示希腊因子的水平, 并且使得引入的希腊因子与拉丁方设计的三个因子正交. 下面以例题来说明.

例子 2.2 某种炸药的爆炸力和配方 (拉丁因子)、原材料的批次 (行因子)、操作者 (列因子)、装配方法 (希腊因子) 四个因子有关. 现各取 5 个水平, 试验设计如表 2.9 所示.

表 2.9 某种炸药的爆炸力试验的希腊拉丁方设计

原材料批次	操作者				
	I	II	III	IV	V
1	$A\alpha$	$B\gamma$	$C\epsilon$	$D\beta$	$E\delta$
2	$B\beta$	$C\delta$	$D\alpha$	$E\gamma$	$A\epsilon$
3	$C\gamma$	$D\epsilon$	$E\beta$	$A\delta$	$B\alpha$
4	$D\delta$	$E\alpha$	$A\gamma$	$B\epsilon$	$C\beta$
5	$E\epsilon$	$A\beta$	$B\delta$	$C\alpha$	$D\gamma$

解 如果不看希腊因子, 显然是 5 阶拉丁方设计, 希腊因子 $\alpha, \beta, \gamma, \delta, \epsilon$ 在每一行出现且出现一次, 在每一列出现且出现一次, 希腊因子与行因子及列因子正交, 希腊因子的 5 个水平 $\alpha, \beta, \gamma, \delta, \epsilon$ 与在拉丁因子任一水平相遇且只相遇一次, 希腊因子与拉丁因子也正交, 所以上述设计是 5 阶希腊拉丁方设计.

如何构造 p 阶希腊拉丁方? 也可以分别对 p 个不同拉丁字母和 p 个不同希腊字母推箱子, 并推动不同方格距离, 比如, 5 个不同的拉丁字母 A, B, C, D, E 和 5 个不同的希腊字母 $\alpha, \gamma, \epsilon, \beta, \delta$ 安排在第一行, 对拉丁字母采用左移一格方法逐次得其余行的拉丁字母安排, 而对希腊字母采用右移二格方法逐次得其余行的希腊字母安排, 特别要注意, 拉丁字母的移动和希腊字母的移动不能一样, 建议最后要检查是否满足正交的条件. 类似于拉丁设计的方差分析, 可类似地得希腊拉丁方设计的方差分析, 由减法法则得误差项的平方和自由度, 其自由度: $f_e = p^2 - 1 - 4(p-1) = (p-1)(p-3)$. 因而希腊拉丁方设计中水平数 p 至少要取 4, 才能确保误差自由度有意义, 才能进行方差分析.

2.6.3 拓展

上述的拉丁方和希腊拉丁方只能解决 3 个或 4 个相同水平的相互独立的因子的析因试验的部分实施, 如果要推广到更多个相同水平的相互独立的因子的析因试验的部分实施, 就要引入其他类型的字母, 从而构造因子相互正交的超方, 比如引入小写拉丁字母. 实际中, 因子水平数不一定相等, 因子之间也不一定相互独立, 那么上述设计都会失效, 解决此类问题, 要进一步学习基于正交表的析因试验的部分实施.

2.7 基于 MATLAB 的自编代码

两因子交互效应模型的多重比较函数

```
function f = Mult_compare_within_two_factor(y,reps,alpha,ctype)
```

```
%此代码用来实现两因子方差分析模型中的多重比较;
%y因变量;
%reps每个试验点重复试验次数;
%alpha显著性水平;
%ctype比较类型,包括"Duncan"和"Tukey";
[p,~,stats]=anova2(y,reps,'off');%两因子方差分析;
s=sqrt(stats.sigmasq);%标准差的估计;
df=stats.df;%误差自由度;
[row_n,col_n]=size(y);%列的水平数;
row_n=row_n/reps;%行的水平数;

if p(3)>=alpha
    clf;
    disp('交互效应不显著,分别对行因子和列因子的诸水平做多重比较.')
    [~,~,stats]=anova1(reshape(y',reps*col_n,[]),[],'off');
    %行因子方差分析;
    stats.s=s;stats.df=df;
    %标准差和自由度还是要用两因子的方差分析结果.
    disp('======================================================')
    if strcmp(ctype,'Duncan')
        disp('行因子的诸水平邓肯多重比较')
        f = Duncan_com(stats,'Duncan.xlsx',alpha);%邓肯多重比较;
    elseif strcmp(ctype,'Tukey')
        disp('行因子的诸水平图基多重比较')
        C_Tukey = multcompare(stats,'alpha',alpha);%图基多重比较;
            disp(C_Tukey);
    end
    [~,~,stats]=anova1(y,[],'off');%列因子方差分析;
    stats.s=s;stats.df=df;
    disp('======================================================')
    if strcmp(ctype,'Duncan')
        disp('列因子的诸水平邓肯多重比较')
        f = Duncan_com(stats,'Duncan.xlsx',alpha);
    elseif strcmp(ctype,'Tukey')
        disp('列因子的诸水平图基多重比较')
        C_Tukey = multcompare(stats,'alpha',alpha);
        disp(C_Tukey);
    end
    clf;
end
```

```
if p(3)<alpha
    fprintf('交互效应显著，导致行因子和列因子的诸水平差异可能有...
        交互作用，\n\t')
    fprintf('因而要固定其中一个因子水平对另一个因子诸水平做...
        多重比较. \n\t')
    disp('=========================================================')
    for i=1:col_n
        [~,~,stats]=anova1(y((i-1)*reps+1:i*reps,:),[],'off');
        stats.s=s;stats.df=df;
        disp('=========================================================')
        if strcmp(ctype,'Duncan')
            disp(['当行因子固定在第',num2str(i),'个水平时,...
                列因子的诸水平邓肯多重比较结果如下: ']);
            f = Duncan_com(stats,'Duncan.xlsx',alpha);%多重比较
        elseif strcmp(ctype,'Tukey')
            disp(['当行因子固定在第',num2str(i),'个水平时,...
                列因子的诸水平图基多重比较结果如下: ']);
            C_Tukey = multcompare(stats,'alpha',alpha);
            disp(C_Tukey);
        end
        pause;
    end
    for i=1:row_n
        [~,~,stats]=anova1(reshape(y(:,i),reps,[]),[],'off');
        stats.s=s;stats.df=df;
        disp('=========================================================')
        if strcmp(ctype,'Duncan')
            disp(['当列因子固定在第',num2str(i),'个水平时,...
                行因子的诸水平邓肯多重比较结果如下: ']);
            f = Duncan_com(stats,'Duncan.xlsx',alpha);
        elseif strcmp(ctype,'Tukey')
            disp(['当列因子固定在第',num2str(i),'个水平时,...
                行因子的诸水平图基多重比较结果如下: ']);
            C_Tukey = multcompare(stats,'alpha',alpha);
            disp(C_Tukey);
        end
        pause;
    end
end
```

2.8　例　题

例子 2.3　为了考察高温合金中碳的含量 (因子 A) 和锑与铝的含量之和 (因子 B) 对合金强度的影响, 因子 A 取 3 个水平: 0.03, 0.04, 0.05, 因子 B 取 4 个水平: 3.3, 4.3, 3.5, 3.6, 这些数字表示碳或锑与铝的含量占合金含量的百分比, 在每个水平组合下各做一个试验, 结果如表 2.10 所示.

表 2.10　碳的含量 (因子 A) 和锑与铝的含量之和 (因子 B) 对高温合金强度的影响

A	B			
	3.3	3.4	3.5	3.6
0.03	63.1	63.9	65.6	66.8
0.04	65.1	66.4	67.8	69.0
0.05	67.2	71.0	71.9	73.5

解　显然, 这是两因子可加主效应模型, 以矩阵输入因变量, 因子 A 对应行因子, 即每一行下的观察值为因子 A 的每一个水平下的观察值, 类似地, 因子 B 对应列因子. 在 MATLAB 命令行窗口运行以下代码:

```
>> load('Example_2_3.mat')
%下载因变量矩阵, 注意区分行因子A和列因子B;
>> [~,table,stats] = anova2(Example_2_3,1,'off');
%两因子主效应模型的方差分析;
>> f = Anova_LaTex2(table,'方差分析','anova_2_3')
%输出MATLAB中方差分析表为LaTex代码;
>> f = Anova2Excel(table,'方差分析_2_3');
%%保存MATLAB中方差分析表为Excel格式;
```

在命令行窗口可得方差分析表的 LaTex 代码, 在 LaTex 中运行这些代码, 可得如下的方差分析表 (表 2.11), 从表中可得行因子 p 值小于显著性水平 0.001, 列因子 p 值 0.0012 小于显著性水平 0.001, 因而给定显著性水平 0.01, 碳的含量 (行因子 A) 和锑与铝的含量之和 (列因子 B) 对合金强度的影响都是十分显著.

表 2.11　方差分析表

来源	平方和	自由度	均方和	F 值	p 值
列因子	35.1692	3	11.7231	21.9236	0.0012**
行因子	74.9117	2	37.4558	70.0473	<0.001**
误差	3.2083	6	0.5347		
总	113.2892	11			

在命令行窗口还展示两因子可加主效应模型 (2.3) 的参数估计，其中点估计如下:

```
>> fprintf('一般平均的估计值: %g; \n\t',mean(stats.colmeans));
一般平均的估计值: 67.6083;
>> fprintf('行因子A第%g个水平效应: %g; \n\t',...
[1:stats.coln;stats.rowmeans-mean(stats.rowmeans)])
行因子A第1个水平效应: -2.75833;
行因子A第2个水平效应: -0.533333;
行因子A第3个水平效应: 3.29167;
>> fprintf('列因子B第%g个水平效应: %g; \n\t',...
[1:stats.rown;stats.colmeans-mean(stats.colmeans)])
列因子B第1个水平效应: -2.475;
列因子B第2个水平效应: -0.508333;
列因子B第3个水平效应: 0.825;
列因子B第4个水平效应: 2.15833;
>> fprintf('误差项方差的估计: %g; \n\t',mean(stats.sigmasq));
误差项方差的估计: 0.534722;
```

基于 MATLAB 编写代码计算上述参数的置信区间，与第 1 章完全类似.

由于在两因子可加主效应模型中，两因子是相互独立的，当两个因子都显著时，可对两个因子分别做多重比较. 给定显著性水平 0.05, 列因子 B 的图基多重比较结果如下: 1 水平与 3 水平和 4 水平、2 水平与 4 水平之间有显著差异，其他水平间都没有显著差异，这些结果从图 2.1 看出，在上子图中，以 1 水平为参照水平，在下子图中，以 2 水平为参照水平，可从图 2.1 直观看出.

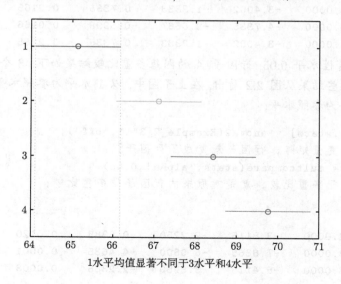

1水平均值显著不同于3水平和4水平

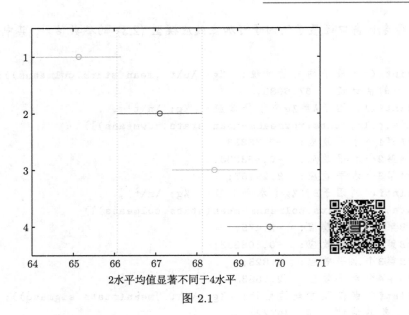

2水平均值显著不同于4水平

图 2.1

```
>> C_Tukey = multcompare(stats,'alpha',0.05)
%默认就是列因子的多重比较;
C_Tukey =

    1.0000    2.0000   -4.0335   -1.9667    0.1002    0.0608
    1.0000    3.0000   -5.3669   -3.3000   -1.2331    0.0059
    1.0000    4.0000   -6.7002   -4.6333   -2.5665    0.0010
    2.0000    3.0000   -3.4002   -1.3333    0.7335    0.2165
    2.0000    4.0000   -4.7335   -2.6667   -0.5998    0.0166
    3.0000    4.0000   -3.4002   -1.3333    0.7335    0.2165
```

　　给定显著性水平 0.05, 行因子 A 的图基多重比较结果如下: 3 个水平之间有显著差异, 这些结果从图 2.2 看出, 在上子图中, 以 1 水平为参照水平, 在下子图中, 以 2 水平为参照水平.

```
>> [~,table,stats] = anova2(Example_2_3',1,'off');
%这里转置因变量矩阵, 行因子就变成了列因子;
>> C_Tukey = multcompare(stats,'alpha',0.05)
%这里对列因子多重比较, 就是对原来的行因子做多重比较;
C_Tukey =

    1.0000    2.0000   -3.8115   -2.2250   -0.6385    0.0120
    1.0000    3.0000   -7.6365   -6.0500   -4.4635    0.0001
    2.0000    3.0000   -5.4115   -3.8250   -2.2385    0.0008
```

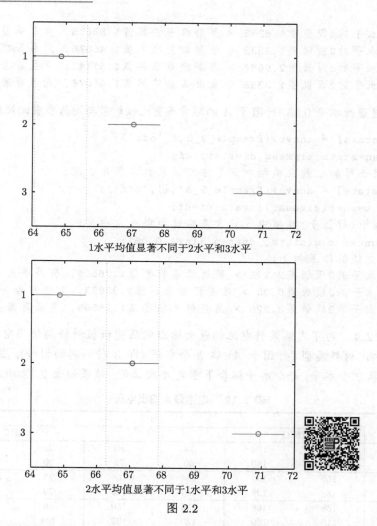

图 2.2

给定显著性水平 0.05, 列因子 B 的邓肯多重比较结果与图基多重比较结果一致.

```
>> [~,~,stats] = anova2(Example_2_3,1,'off');
>> sigmasq=stats.sigmasq;df=stats.df;
%保存两因子可加主效应模型中误差方差估计和误差自由度;
>> [~,~,stats] = anova1(Example_2_3,[],'off');
>> stats.s=sqrt(sigmasq);stats.df=df;
%替换单因子(列因子)模型中误差方差估计和误差自由度;
>> f = Duncan_com(stats,'duncan.xlsx',0.05);
```

邓肯多重比较的结果如下:

1水平对2水平的2级极差1.9667 > 显著极差临界值1.46076, 有显著差异;

1水平对3水平的3级极差3.3 > 显著极差临界值1.51142, 有显著差异;

1 水平对 4 水平的 4 级极差 4.6333 > 显著极差临界值 1.53676, 有显著差异;

2 水平对 3 水平的 2 级极差 1.3333 < 显著极差临界值 1.46076, 无显著差异;

2 水平对 4 水平的 3 级极差 2.6667 > 显著极差临界值 1.51142, 有显著差异;

3 水平对 4 水平的 2 级极差 1.3333 < 显著极差临界值 1.46076, 无显著差异;

给定显著性水平 0.05, 行因子 A 的邓肯多重比较结果与图基多重比较结果一致.

```
>> [~,~,stats] = anova2(Example_2_3,1,'off');
>> sigmasq=stats.sigmasq;df=stats.df;
%保存两因子可加主效应模型中误差方差估计和误差自由度;
>> [~,~,stats] = anova1(Example_2_3',[],'off');
>> stats.s=sqrt(sigmasq);stats.df=df;
%替换单因子(行因子)模型中误差方差估计和误差自由度;
>> f = Duncan_com(stats,'duncan.xlsx',0.05);
```

邓肯多重比较的结果如下:

1 水平对 2 水平的 2 级极差 2.225 > 显著极差临界值 1.26506, 有显著差异;

1 水平对 3 水平的 3 级极差 6.05 > 显著极差临界值 1.30893, 有显著差异;

2 水平对 3 水平的 2 级极差 3.825 > 显著极差临界值 1.26506, 有显著差异;

例子 2.4 为了考察某种电池的最大输出电压受板极材料与使用电池的环境温度的影响, 材料类型 (行因子 A) 取 3 个水平 (即 3 种不同的材料), 温度 (列因子 B) 也取 3 个水平, 每个水平组合下重复 4 次试验, 结果如表 2.12 所示.

表 2.12 电池最大输出电压

A	B					
	15°C		25°C		35°C	
1	130	174	34	80	20	82
	155	180	40	75	70	58
2	150	159	136	106	25	58
	188	126	122	115	70	45
3	138	168	174	150	96	82
	110	160	120	139	104	60

解 因子 A 有 3 个水平, 因子 B 有 3 个水平, 共 9 个试验组合 (试验点), 在每个组合下重复试验 4 次, 重复试验的目的是检验这两个因子的交互作用是否存在, 因而考虑两因子交互效应模型 (2.2). 因变量以矩阵输入, 列因子的第一个水平数据为一列, 而每 rep(每个试验点重复试验次数) 行数据为行因子一个水平的数据, 每一列中每 rep 数据为一个试验点的数据. 在 MATLAB 命令行窗口运行以下代码:

```
>> load('Example_2_4.mat')
%下载因变量矩阵, 注意区分行因子A和列因子B;
>> [~,table,stats] = anova2(Example_2_4,4,'off');
%两因子主效应模型的方差分析;
```

```
>> f = Anova_LaTex2(table,'方差分析','anova_2_4')
%输出MATLAB中方差分析表为LaTex代码;
>> f = Anova2Excel(table,'方差分析_2_4');
%%保存MATLAB中方差分析表为Excel格式;
```

在命令行窗口可得方差分析表的 LaTex 代码, 在 LaTex 中运行这些代码, 可得如下的表 2.13, 从表中可得行因子 A 的 p 值、列因子 B 的 p 值及交互作用的 p 值都小于显著性水平 0.01, 因而给定显著性水平 0.01, 最大输出电压受板极材料与使用电池的环境温度的影响都十分显著, 并且这两个因子的交互作用对最大输出电压也有显著影响.

表 2.13　方差分析表

来源	平方和	自由度	均方和	F 值	p 值
列因子	47535.3889	2	23767.6944	47.2527	<0.001**
行因子	6767.0556	2	3383.5278	6.7268	0.0043**
交互作用	13180.4444	4	3295.1111	6.551	<0.001**
误差	13580.75	27	502.9907		
总	81063.6389	35			

在命令行窗口还展示两因子交互效应模型 (2.2) 的参数估计, 其中点估计如下:
```
>> fprintf('一般平均的估计值: %g; \n\t',mean(stats.colmeans));
一般平均的估计值: 108.306;
>> fprintf('行因子A第%g个水平效应: %g; \n\t',...
[1:length(stats.rowmeans);stats.rowmeans-mean(stats.rowmeans)])
行因子A第1个水平效应: -16.8056;
行因子A第2个水平效应: 0.0277778;
行因子A第3个水平效应: 16.7778;
>> fprintf('列因子B第%g个水平效应: %g; \n\t',...
[1:length(stats.colmeans);stats.colmeans-mean(stats.colmeans)])
列因子B第1个水平效应: 44.8611;
列因子B第2个水平效应: -0.722222;
列因子B第3个水平效应: -44.1389;
>> fprintf('误差项方差的估计: %g; \n\t',mean(stats.sigmasq));
误差项方差的估计: 502.991;
```

为了计算交互效应, 编写如下函数:
```
function f=interaction_par_est(y,rep)
[~,~,stats] = anova2(y,rep,'off');
y_ij_bar=mean(reshape(y,rep,[]));
%第(i,j)试验点的数据平均;
m=length(stats.rowmeans);%行因子水平数;
n=length(stats.colmeans);%列因子水平数;
```

```
y_ij_bar=reshape(y_ij_bar,m,[]);
y_bar=mean(stats.colmeans);
for i=1:m
    for j=1:n
        f=fprintf('行因子A第%g个水平列因子B第%g个水平交互效应:...
        %g\n\t;',i,j,y_ij_bar(i,j)-stats.rowmeans(i)-...
        stats.colmeans(j)+y_bar);
    end
end
```

在命令行窗口运行并可得结果如下:

```
>> interaction_par_est(Example_2_4,4);
```
行因子A第1个水平列因子B第1个水平交互效应: 23.3889;
行因子A第1个水平列因子B第2个水平交互效应: -33.5278;
行因子A第1个水平列因子B第3个水平交互效应: 10.1389;
行因子A第2个水平列因子B第1个水平交互效应: 2.55556;
行因子A第2个水平列因子B第2个水平交互效应: 12.1389;
行因子A第2个水平列因子B第3个水平交互效应: -14.6944;
行因子A第3个水平列因子B第1个水平交互效应: -25.9444;
行因子A第3个水平列因子B第2个水平交互效应: 21.3889;
行因子A第3个水平列因子B第3个水平交互效应: 4.55556;

也可练习基于 MATLAB 编写代码计算上述参数的置信区间.

当两因子交互效应不显著时, 两因子可单独做多重比较. 由于在本例题中, 两因子交互效应是显著的, 两因子不再相互独立, 一个因子两个水平的差异除了受这个因子水平变动的影响, 可能还受到交互效应的影响, 因而要消除交互效应的影响, 就要将另一个因子固定在某一个水平, 然后对这个因子做多重比较. 给定显著性水平 0.05, 邓肯多重比较结果如下:

```
>> Mult_compare_within_two_factor(Example_2_4,4,0.05,'Duncan')
```
交互效应显著, 导致行因子和列因子的诸水平差异可能有交互作用, 因而要固定其中一个因子水平对另一个因子诸水平做多重比较.
==
==
当行因子固定在第1个水平时, 列因子的诸水平邓肯多重比较结果如下:
邓肯多重比较的结果如下:
2水平对3水平的2级极差0.25<显著极差临界值33.0805, 无显著差异;
2水平对1水平的3级极差102.5>显著极差临界值34.7626, 有显著差异;
3水平对1水平的2级极差102.25>显著极差临界值33.0805, 有显著差异;
==
当行因子固定在第2个水平时, 列因子的诸水平邓肯多重比较结果如下:

邓肯多重比较的结果如下:

3水平对2水平的2级极差70.25>显著极差临界值33.0805, 有显著差异;

3水平对1水平的3级极差106.25>显著极差临界值34.7626, 有显著差异;

2水平对1水平的2级极差36>显著极差临界值33.0805, 有显著差异;

==

当行因子固定在第3个水平时, 列因子的诸水平邓肯多重比较结果如下:

邓肯多重比较的结果如下:

3水平对1水平的2级极差58.5>显著极差临界值33.0805, 有显著差异;

3水平对2水平的3级极差60.25>显著极差临界值34.7626, 有显著差异;

1水平对2水平的2级极差1.75<显著极差临界值33.0805, 无显著差异;

==

当列因子固定在第1个水平时, 行因子的诸水平邓肯多重比较结果如下:

邓肯多重比较的结果如下:

3水平对2水平的2级极差11.75<显著极差临界值33.0805, 无显著差异;

3水平对1水平的3级极差15.75<显著极差临界值34.7626, 无显著差异;

2水平对1水平的2级极差4<显著极差临界值33.0805, 无显著差异;

==

当列因子固定在第2个水平时, 行因子的诸水平邓肯多重比较结果如下:

邓肯多重比较的结果如下:

1水平对2水平的2级极差62.5>显著极差临界值33.0805, 有显著差异;

1水平对3水平的3级极差88.5>显著极差临界值34.7626, 有显著差异;

2水平对3水平的2级极差26<显著极差临界值33.0805, 无显著差异;

==

当列因子固定在第3个水平时, 行因子的诸水平邓肯多重比较结果如下:

邓肯多重比较的结果如下:

2水平对1水平的2级极差8<显著极差临界值33.0805, 无显著差异;

2水平对3水平的3级极差36>显著极差临界值34.7626, 有显著差异;

1水平对3水平的2级极差28<显著极差临界值33.0805, 无显著差异;

例子 2.5 续例子 2.4, 其中板极材料很多, 并且环境温度在 $[-10°\mathrm{C}, 40°\mathrm{C}]$ 内变化, 因而两因子水平是随机挑选的, 不妨假定随机挑选出的水平同例子 2.4.

解 例子 2.4 的试验数据采用固定模型 (2.26) 加以分析. 本题与例子 2.4 的区别在于: 构造因子 A 和因子 B 的检验统计量不同, MATLAB 没有提供两因子随机效应的方差分析, 但在两因子固定 (交互) 效应模型的方差分析函数输出结果上修改, 容易得两因子随机效应模型的方差分析, 具体的代码如下:

```
>> load('Example_2_4.mat')
>> [p,table,stats]=anova2(Example_2_4,4,'off');
>> table{2,5}=table{2,4}/table{4,4};
>> table{3,5}=table{3,4}/table{4,4};
>> table{2,6}=1-fcdf(table{2,5},table{2,3},table{4,3});
```

```
>> table{3,6}=1-fcdf(table{3,5},table{3,3},table{4,3});
>> f = Anova_LaTex2(table,'方差分析','anova_2_5')
%输出MATLAB中方差分析表为LaTex代码;
>> f = Anova2Excel(table,'方差分析_2_5');
%输出MATLAB中方差分析表为Excel表;
```

　　运行上述代码, 基于两因子随机效应模型分析例子 2.4 的数据, 可得表 2.14, 从表中得出结论: 给定显著性水平 0.05, 行因子 A 是不显著的, 列因子 B 及两个因子的交互效应是显著的, 因而环境温度及其与板极材料的交互效应引起电池最高输出电压的明显变化, 但板极材料对电池最高输出电压无明显影响.

表 2.14　方差分析表

来源	平方和	自由度	均方和	F 值	p 值
列因子	47535.3889	2	23767.6944	7.213	0.0471*
行因子	6767.0556	2	3383.5278	1.0268	0.4366
交互作用	13180.4444	4	3295.1111	6.551	<0.001**
误差	13580.75	27	502.9907		
总	81063.6389	35			

　　根据 2.4.2 节给出计算两因子随机效应模型的方差分量的估计式, 通过 MAT-LAB 编写代码可估计诸方差分量, 代码及运行结果如下:

```
>> [p,table,stats]=anova2(Example_2_4,4,'off');
>> a=3;b=3;m=4;%行因子水平数、列因子水平数、每一组合重复试验次数;
>> fprintf('误差项的方差估计值: %g;\n\t',table{5,4});
误差项的方差估计值: 502.991;
>> fprintf('交互效应的方差估计值:%g;\n\t',...
(table{4,4}-table{5,4})/m);
交互效应的方差估计值: 698.03;
>> fprintf('行因子A的方差估计值:%g;\n\t',...
(table{3,4}-table{4,4})/(b*m));
行因子A的方差估计值: 7.36806;
>> fprintf('列因子B的方差估计值: %.g\n\t',...
(table{2,4}-table{4,4})/(a*m));
行因子B的方差估计值: 1706.05.
```

　　上述的随机效应模型的方差分析也可基于函数 anovan 完成, 具体的命令如下:

```
>> clear;
>> load('Example_2_4.mat');
>> y=reshape(Example_2_4,[],1);
%按列拉直因变量矩阵Example_2_4为一列向量;
>> Group_2_4={repmat(kron((1:3)',ones(4,1)),3,1),kron((1:3)',...
```

```
ones(12,1))};
%两个因子的水平索引元胞数组;
%第一个元胞为行因子A水平索引, 第二个元胞为列因子B水平索引;
>> [p,table,stats]=anovan(y,Group_2_4,'model','interaction',...
'random',[1 2],'varnames',{'A','B'});
%两因子随机效应模型方差分析;
>> disp(stats.varest);
%展示方差向量的估计;
```

假定板极材料 (因子 A) 是人为固定的, 而环境温度 (因子 B) 是随机挑选的, 那么对应的模型就为两因子混合效应模型, 类似于例子 2.5, 修改相应的固定效应模型的方差分析表可得混合效应模型的方差分析表, 并进一步可估计未知参数. 其方差分析的代码 (接上面代码) 如下:

```
>>[p,table,stats]=anovan(y,Group_2_4,'model','interaction',...
'random',2,'varnames',{'A','B'});
%两因子混合效应模型方差分析;
```

如果固定效应因子是显著的, 还要做多重比较. 具体的方法: 对显著的固定效应因子作单因子方差分析, 用 $\sqrt{MS_{AB}}$ 替换单因子方差分析中均方误差的平方根 stats.s, 其中 MS_{AB} 是两因子混合效应模型中交互效应的均方和, 然后对显著固定因子做多重比较.

例子 2.6 某种豌豆的烟酸 (B 族维生素) 含量和 3 个因子有关: 因子 A (是漂白过的, 且是加工过的), 因子 B (颗粒大小, 分为大、中、小三种), 因子 C (三种处理方法: R_1, R_2, R_3). 每种水平组合下做 $m = 10$ 次试验共 180 次试验, 试验结果如表 2.15.

表 2.15 豌豆烟酸含量

因子 A	因子 B(颗粒大小)																	
	小 B_1						中 B_2						大 B_3					
	因子 C(处理方法)						因子 C(处理方法)						因子 C(处理方法)					
	R_1		R_2		R_3		R_1		R_2		R_3		R_1		R_2		R_3	
漂白过的 A_1	65	87	90	94	44	92	59	63	70	65	83	95	88	60	80	81	123	95
	48	28	86	70	85	75	81	80	78	85	88	99	96	87	105	130	100	131
	20	22	78	65	80	70	76	85	74	73	81	98	68	75	122	130	121	115
	24	47	75	98	73	88	64	96	61	71	95	95	96	98	121	125	127	99
	28	42	95	66	77	72	91	65	63	54	90	76	84	82	172	133	101	111
加工过的 A_2	62	113	106	107	126	193	150	112	138	120	150	112	146	172	52	97	100	133
	171	135	79	122	122	115	136	120	135	126	126	123	138	124	112	116	125	124
	123	132	125	96	126	110	118	134	120	132	125	110	113	121	121	99	115	122
	120	117	111	116	98	115	125	114	135	124	125	120	125	116	120	121	112	116
	153	132	124	126	112	109	112	120	137	125	110	125	165	137	122	134	99	105

解　在 MATLAB 命令行窗口运行以下代码, 可得三因子固定效应模型的方差分析表 (表 2.16).

```
>> load('Example_2_6.mat')%下载因变量向量;
>> load('Example_group_2_6.mat');%下载因子水平索引;
>> [p,table,stats,terms] = anovan(Example_2_6,Example_group_2_6,...
'model',3,'varnames',{'A';'B';'C'},'display','off');
>> f = Anova_LaTex2(table,'方差分析','anova_2_6')
%输出 MATLAB 中方差分析表为 LaTex 代码;
>> f = Anova2Excel(table,'方差分析_2_6');
%%保存 MATLAB 中方差分析表为 Excel 格式;
```

表 2.16　方差分析表

来源	平方和	自由度	均方和	F 值	p 值
A	66624.2722	1	66624.2722	227.7364	<0.001**
B	11598.8778	2	5799.4389	19.8238	<0.001**
C	2345.1444	2	1172.5722	4.0081	0.02*
$A*B$	12900.4778	2	6450.2389	22.0483	<0.001**
$A*C$	12144.4111	2	6072.2056	20.7561	<0.001**
$B*C$	1346.2222	4	336.5556	1.1504	0.3349
$A*B*C$	8626.4889	4	2156.6222	7.3718	<0.001**
误差	47393.1	162	292.55		
总	162978.9944	179			

从表 2.16 可知: 当显著性水平取 0.01 时, 因子 A、因子 B、交互效应 AB、交互效应 AC、交互效应 ABC 都十分显著, 但因子 C 和交互效应 BC 不显著. 相应的参数估计见表 2.17, 这个表中 $A=1$ 表示因子 A 第 1 水平效应, $A=1*B=1$

表 2.17　参数估计

一般平均	102.5056	$A=1*C=2$	6.1056	$A=1*B=1*C=3$	-2.1389
$A=1$	-19.2389	$A=1*C=3$	5.5056	$A=1*B=2*C=1$	10.9778
$A=2$	19.2389	$A=2*C=1$	11.6111	$A=1*B=2*C=2$	-12.5889
$B=1$	-9.5056	$A=2*C=2$	-6.1056	$A=1*B=2*C=3$	1.6111
$B=2$	-0.6222	$A=2*C=3$	-5.5056	$A=1*B=3*C=1$	-7.1056
$B=3$	10.1278	$B=1*C=1$	-4.7278	$A=1*B=3*C=2$	6.5778
$C=1$	-4.8222	$B=1*C=2$	2.4889	$A=1*B=3*C=3$	0.5278
$C=2$	0.9611	$B=1*C=3$	2.2389	$A=2*B=1*C=1$	3.8722
$C=3$	3.8611	$B=2*C=1$	2.9889	$A=2*B=1*C=2$	-6.0111
$A=1*B=1$	-7.6278	$B=2*C=2$	-3.5444	$A=2*B=1*C=3$	2.1389
$A=1*B=2$	-4.1778	$B=2*C=3$	0.5556	$A=2*B=2*C=1$	-10.9778
$A=1*B=3$	11.8056	$B=3*C=1$	1.7389	$A=2*B=2*C=2$	12.5889
$A=2*B=1$	7.6278	$B=3*C=2$	1.0556	$A=2*B=2*C=3$	-1.6111
$A=2*B=2$	4.1778	$B=3*C=3$	-2.7944	$A=2*B=3*C=1$	7.1056
$A=2*B=3$	-11.8056	$A=1*B=1*C=1$	-3.8722	$A=2*B=3*C=2$	-6.5778
$A=1*C=1$	-11.6111	$A=1*B=1*C=2$	6.0111	$A=2*B=3*C=3$	-0.5278

表示因子 A 第 1 水平应与因子 B 第 1 水平的交互效应, $A = 1 * B = 1 * C = 1$ 表示因子 A 第 1 水平应、因子 B 第 1 水平与因子 C 第 1 水平的交互效应, 以此类推. 在命令行窗口运行 stats.mse 可得误差项的方差, 常用的一系列统计量都包含在结构数组 stats 中. 因为模型中交互效应 AB、交互效应 AC、交互效应 ABC 都十分显著, 如果要对显著因子 C 做多重检验, 要消除交互效应的影响, 就要固定其他因子 A 和 C 的水平, 具体方法同例子 2.4, 而显著因子 A 只有两个水平, 这两个水平之间肯定有显著差异.

```
>> coeffs_est (:,1: 2:7)=reshape(stats.coeffnames, 12, []) ;
%stats.coeffnames 变量名;
>> coeffs_est(:, 2:2:8)=reshape(num2cell(stats.coeffs), 12, []);
%stats.coeffs 变量估计值, 为了兼容, 转变后格式与 stats.coeffnames 相同;
>> f= Anova_LaTex3(coeffs_est,'参数估计','coeffs_est_2_6');
%在 Anova_LaTex2 子程序基础上修改, 可将一般的表转成 LaTex 代码;
```

接下来讨论哪一个试验点是最优试验点, 进一步给出最优试验点的均值点估计和置信区间. 在 MATLAB 命令行窗口运行下面的代码, 并得到相应的结果, 最优组合是 $A_2B_3C_1$, 即加工过的大颗粒的豌豆, 且采用第 1 种处理方法, 会使得豌豆的烟酸 (B 族维生素) 预期含量会达到最高.

```
>> [max_mean,index]=max(Example_2_6-stats.resid);
%找到最优组合其中一个试验点下均值估计, 并给出试验点编号;
%最优组合所有试验点下均值估计都一样, 误差项可能不一样, 导致观察值不一样;
%这里取最大或最小, 要根据实际情况来确定;
>> fprintf('最优组合是A%dB%dC%d;\n\t',Example_group_2_6(index,:));
%给出最优组合的名称;
>> fprintf('最优组合均值无偏估计是%g;\n\t',max_mean);
%给出最优组合的均值的点估计;
>> m=length(Example_2_6)/prod(stats.nlevels);
%每个试验点下重复次数;
>> alpha=0.05;%给定显著性水平;
>> r=tinv(1-alpha/2,stats.dfe)*sqrt(stats.mse)/sqrt(m);
%置信区间的半径;
>> fprintf('最优水平组合均值区间估计是[%g,%g].\n\t',max_mean-r,...
   max_mean+r);
最优组合是A2B3C1;
最优组合均值无偏估计是135.7;
最优水平组合均值区间估计是[125.019,146.381].
```

例子 2.7 续例子 2.1, 试验结果如表 2.18.

表 2.18　某种导弹的交流发电机的 AC 输出电压

铁心片片数	铁心片表面涂层质量				
	I	II	III	IV	V
230	C=320	B=312	A=310	D=306	E=300
240	E=305	C=324	B=310	A=309	D=300
250	D=307	A=312	C=325	E=302	B=303
260	A=316	E=294	D=304	B=306	C=318
270	B=308	D=309	E=303	C=323	A=314

解　这是 5 阶拉丁方设计的方差分析, 实现方差分析的代码如下:

```
>> load('Example_2_7.mat')%因变量;
>> load('Example_group_2_7.mat')
%三列矩阵, 三列分别对应拉丁因子、行因子、列因子的索引;
>> [p,table,stats,terms] = anovan(Example_2_7,Example_group_2_7,...
'model',1,'varnames',{'拉丁因子';'行因子';'列因子'});
%这里的模型1代表可加主效应模型, 假定因子之间相互独立;
>> f = Anova_LaTex2(table,'方差分析','anova_2_7')
%输出MATLAB中方差分析表为LaTex代码;
>> f = Anova2Excel(table,'方差分析_2_7');
%%保存MATLAB中方差分析表为Excel格式;
```

由表 2.19 可得: 给定显著性水平 0.01, 拉丁因子是十分显著的, 行因子和列因子不显著, 说明线圈的圈数对这种导弹的交流发电机的 AC 输出电压影响十分显著, 而转子的铁心体的铁心片片数和铁心片表面涂层质量对这种导弹的交流发电机的 AC 输出电压影响不显著.

表 2.19　方差分析表

来源	平方和	自由度	均方和	F 值	p 值
拉丁因子	1302.8	4	325.7	27.0665	<0.001**
行因子	36.4	4	9.1	0.7562	0.5731
列因子	52.4	4	13.1	1.0886	0.4053
误差	144.4	12	12.0333		
总	1536	24			

运行下列代码, 整理可得参数估计如表 2.20, 误差项的方差估计为 $\hat{\sigma}^2 = 12.03$, 因为因子之间相互独立, 且只有拉丁因子是显著的, 从表 2.20 可得出最优试验条件: 线圈的圈数 (拉丁因子) 取第 5 个水平, 而转子的铁心体的铁心片数 (行因子) 和铁心片表面涂层质量 (列因子) 不显著, 取任何水平均可.

```
>> coeffs_est(:,1:2:7)=reshape(stats.coeffnames,4,[]);
>> coeffs_est(:,2:2:8)=reshape(num2cell(stats.coeffs),4,[]);
>> f = Anova_LaTex3(coeffs_est,'参数估计','coeffs_est_2_7');
```

表 2.20　参数估计

一般平均	309.6	拉丁因子 =4	−4.4	行因子 =3	0.2	列因子 =2	0.6
拉丁因子 = 1	2.6	拉丁因子 =5	−8.8	行因子 =4	−2	列因子 =3	0.8
拉丁因子 = 2	−1.8	行因子 =1	0	行因子 =5	1.8	列因子 =4	−0.4
拉丁因子 = 3	12.4	行因子 =2	0	列因子 =1	1.6	列因子 =5	−2.6

对显著因子图基多重比较代码及结果如下. 在给定显著性水平 0.05 下, 拉丁因子 1 水平与 2 水平、2 水平与 4 水平、4 水平与 5 水平之间没有显著差异, 其他两个水平之间都有显著差异.

```
>> c = multcompare(stats,'dimension',1)
%'dimension'取1, 表示只对第一个维度(拉丁因子)做图基多重比较;

c =

1.0000    2.0000    -2.5930     4.4000    11.3930    0.3198
1.0000    3.0000   -16.7930    -9.8000    -2.8070    0.0056**
1.0000    4.0000     0.0070     7.0000    13.9930    0.0497*
1.0000    5.0000     4.4070    11.4000    18.3930    0.0017**
2.0000    3.0000   -21.1930   -14.2000    -7.2070    0.0002**
2.0000    4.0000    -4.3930     2.6000     9.5930    0.7595
2.0000    5.0000     0.0070     7.0000    13.9930    0.0497*
3.0000    4.0000     9.8070    16.8000    23.7930    0.0000**
3.0000    5.0000    14.2070    21.2000    28.1930    0.0000**
4.0000    5.0000    -2.5930     4.4000    11.3930    0.3198
```

邓肯多重比较代码及结果如下, 结果与图基本多重比较结果一致.

```
>> [~,~,stats] = anovan(Example_2_7,Example_group_2_7,...
'model',1,'varnames',{'拉丁因子';'行因子';'列因子'});
>> mse=stats.mse;dfe=stats.dfe;
>> [~,~,stats]=anova1(Example_2_7,Example_group_2_7(:,1));
>> stats.df=dfe;stats.s=sqrt(mse);
>> f = Duncan_com(stats,'Duncan.xlsx',0.05)
```

邓肯多重比较的结果如下:
5水平对4水平的2级极差4.4 < 显著极差临界值4.77814, 无显著差异;
5水平对2水平的3级极差7 > 显著极差临界值5.01084, 有显著差异;
5水平对1水平的4级极差11.4 > 显著极差临界值5.16597, 有显著差异;
5水平对3水平的5级极差21.2 > 显著极差临界值5.21251, 有显著差异;
4水平对2水平的2级极差2.6 < 显著极差临界值4.77814, 无显著差异;
4水平对1水平的3级极差7 > 显著极差临界值5.01084, 有显著差异;
4水平对3水平的4级极差16.8 > 显著极差临界值5.16597, 有显著差异;
2水平对1水平的2级极差4.4 < 显著极差临界值4.77814, 无显著差异;

2 水平对 3 水平的 3 级极差 14.2 > 显著极差临界值 5.01084, 有显著差异;
1 水平对 3 水平的 2 级极差 9.8 > 显著极差临界值 4.77814, 有显著差异;

例子 2.8 续例子 2.7, 由于实验失败, y_{214} 缺失了, 如何对带有缺失的数据作拉丁方设计的方差分析?

解 试验设计中, 总是要想办法控制随机误差, 使随机误差的平方和最小, 用数值优化的方法可得到 y_{214} 的填补值. 在 MATLAB 中, 我们用 NaN 表示 y_{214} 的值, 然后作方差分析, 软件会自动用一个数值填补 y_{214}, 使得随机误差的平方和最小. 但要注意的是, 由于 y_{214} 缺失, 总的自由度小于 1, 相应的误差平方和的自由度也小于 1.

在 MATLAB 窗口运行下列代码可得表 2.21. 从这个表中可得出: 给定显著性水平 0.01, 拉丁因子是十分显著的, 行因子和列因子都是不显著的.

```
>> load('Example_2_7.mat')
>> load('Example_group_2_7.mat')
>> Example=Example_2_7;
>> Example_group=Example_group_2_7;
>> Example(9)=NaN;
%NaN 代表不确定的数值, MATLAB 自动填补.
>> [~,table,stats,~] = anovan(Example,Example_group,...
'model',1,'varnames',{'拉丁因子';'行因子';'列因子'});
>> f = Anova_LaTex2(table,'方差分析','anova_2_8')
>> f = Anova2Excel(table,'方差分析_2_8');
```

表 2.21 方差分析表

来源	平方和	自由度	均方和	F 值	p 值
拉丁因子	1319.0708	4	329.7677	28.3247	<0.001**
行因子	40.4833	4	10.1208	0.8693	0.5124
列因子	52.7333	4	13.1833	1.1324	0.3908
误差	128.0667	11	11.6424		
总	1535.625	23			

例子 2.9 续例子 2.2, 试验结果的数据如表 2.22.

表 2.22 某种炸药的爆炸力

| 原材料批次 | 操作者 | | | | |
	I	II	III	IV	V
1	$A\alpha=24$	$B\gamma=20$	$C\epsilon=19$	$D\beta=24$	$E\delta=24$
2	$B\beta=17$	$C\delta=24$	$D\alpha=30$	$E\gamma=27$	$A\epsilon=36$
3	$C\gamma=18$	$D\epsilon=38$	$E\beta=26$	$A\delta=27$	$B\alpha=21$
4	$D\delta=26$	$E\alpha=31$	$A\gamma=26$	$B\epsilon=23$	$C\beta=22$
5	$E\epsilon=22$	$A\beta=30$	$B\delta=20$	$C\alpha=29$	$D\gamma=31$

解 这是四个 5 水平因子的希腊拉丁方试验设计. 在 MATLAB 窗口运行下列代码可得表 2.23, 从这个表中可得: 给定显著性水平 0.05, 除了拉丁因子和列因子是显著的, 行因子和希腊因子都是不显著的, 即配方和操作者对炸药爆炸力有显著影响, 而装配方法和原材料批次是不显著的.

```
>> load Example_2_9%因变量;
>> load Example_group_2_9
%四列矩阵, 四列分别对应拉丁因子、行因子、列因子和希腊因子的索引;
>> [~,table,stats,~] = anovan(Example_2_9,Example_group_2_9,...
'model',1,'varnames',{'拉丁因子';'行因子';'列因子';'希腊因子'});
%这里的模型1代表可加主效应模型, 假定因子之间相互独立;
>> f = Anova_LaTex2(table,'方差分析','anova_2_9')
>> f = Anova2Excel(table,'方差分析_2_9');
```

表 2.23　方差分析表

来源	平方和	自由度	均方和	F 值	p 值
拉丁因子	330	4	82.5	10	0.0033**
行因子	68	4	17	2.0606	0.1783
列因子	150	4	37.5	4.5455	0.0329*
希腊因子	62	4	15.5	1.8788	0.2076
误差	66	8	8.25		
总	676	24			

这里两显著的因子是相互独立的, 因而可以分别对它们做多重比较, 拉丁因子图基多重比较代码和结果如下: 给定显著性水平 0.05, 1 水平和 2 水平、2 水平与 4 水平、3 水平与 4 水平的均值存在显著差异.

```
>> c = multcompare(stats,'dimension',1)
%'dimension'取1, 表示只对第一个维度(拉丁因子)做图基多重比较;

c =

   1.0000    2.0000    2.1241    8.4000   14.6759    0.0108*
   1.0000    3.0000   -0.0759    6.2000   12.4759    0.0529
   1.0000    4.0000   -7.4759   -1.2000    5.0759    0.9597
   1.0000    5.0000   -3.6759    2.6000    8.8759    0.6270
   2.0000    3.0000   -8.4759   -2.2000    4.0759    0.7463
   2.0000    4.0000  -15.8759   -9.6000   -3.3241    0.0048**
   2.0000    5.0000  -12.0759   -5.8000    0.4759    0.0715
   3.0000    4.0000  -13.6759   -7.4000   -1.1241    0.0218*
   3.0000    5.0000   -9.8759   -3.6000    2.6759    0.3526
   4.0000    5.0000   -2.4759    3.8000   10.0759    0.3087
```

列因子图基多重比较代码和结果如下: 给定显著性水平 0.05, 只有 1 水平和 2 水平的均值存在显著差异, 其他的水平之间没有显著差异.

```
>> c = multcompare(stats,'dimension',3)
%'dimension'取3，表示只对第三个维度(列因子)做图基多重比较;


c =

1.0000    2.0000    -13.4759    -7.2000    -0.9241    0.0252*
1.0000    3.0000     -9.0759    -2.8000     3.4759    0.5669
1.0000    4.0000    -10.8759    -4.6000     1.6759    0.1754
1.0000    5.0000    -11.6759    -5.4000     0.8759    0.0966
2.0000    3.0000     -1.8759     4.4000    10.6759    0.2028
2.0000    4.0000     -3.6759     2.6000     8.8759    0.6270
2.0000    5.0000     -4.4759     1.8000     8.0759    0.8525
3.0000    4.0000     -8.0759    -1.8000     4.4759    0.8525
3.0000    5.0000     -8.8759    -2.6000     3.6759    0.6270
4.0000    5.0000     -7.0759    -0.8000     5.4759    0.9907
```

2.9 习题及解答

练习 2.1 为了考察材质和淬火温度对某种钢材淬火后的弯曲变形的影响, 对 4 种不同材质分别用 5 种不同的淬火温度 (单位: ℃) 进行试验, 测得其淬火后试件的延伸率数据如表 2.24 所示.

表 2.24 材质和淬火温度对试件延伸率的影响

温度	材质			
	甲	乙	丙	丁
800	4.4	5.2	4.3	4.9
820	5.3	5.0	5.1	4.7
840	5.8	5.5	4.8	4.9
860	6.6	6.9	6.6	7.3
880	8.4	8.3	8.5	7.9

(1) 写出这个试验的统计模型.

(2) 不同材质对延伸率有显著影响吗? 不同温度对延伸率有显著影响吗 ($\alpha = 0.05$)?

(3) 若有必要, 用邓肯法做多重比较 ($\alpha = 0.05$).

(4) 估计模型中的各个参数.

解 显然, 这是两因子可加主效应模型, 以矩阵输入因变量, 因子 A 对应行因子, 即每一行下的观察值为因子 A 的每一个水平下的观察值, 类似地, 因子 B 对应列因子. 在 MATLAB 命令行窗口运行以下代码:

```
>> load('Exercise_2_1.mat')
%下载因变量矩阵, 注意区分行因子A和列因子B;
>> [~,table,stats] = anova2(Exercise_2_1,1,'off');
%两因子主效应模型的方差分析;
>> f = Anova_LaTex2(table,'方差分析','exercise_anova_2_1')
%输出MATLAB中方差分析表为LaTex代码;
>> f = Anova2Excel(table,'方差分析_2_1');
%%保存MATLAB中方差分析表为Excel格式;
>> sigmasq=stats.sigmasq;df=stats.df;
%保存两因子可加主效应模型中误差方差估计和误差自由度;
>> [~,~,stats1] = anova1(Exercise_2_1,[],'off');
>> stats1.s=sqrt(sigmasq);stats1.df=df;
%替换单因子(列因子)模型中误差方差估计和误差自由度;
>> f = Duncan_com(stats1,'duncan.xlsx',0.05);%列因子的邓肯多重比较
>> [~,~,stats2] = anova1(Exercise_2_1',[],'off');
>> stats2.s=sqrt(sigmasq);stats2.df=df;
%替换单因子(行因子)模型中误差方差估计和误差自由度;
>> f = Duncan_com(stats2,'duncan.xlsx',0.05);%行因子的邓肯多重比较
```

(1) 由表 2.24 中数据可知, $a = 5, b = 4, n = ab = 20$, 则本试验满足统计模型:

$$
\begin{cases}
y_{ij} = \mu + \tau_i + \beta_j + \epsilon_{ij}, \\
i = 1, \cdots, a, \quad j = 1, \cdots, b, \\
\text{诸 } \epsilon_{ij} \overset{\text{i.i.d.}}{\sim} N(0, \sigma^2), \\
\text{约束条件}: \sum_{i=1}^{a} \tau_i = 0, \quad \sum_{j=1}^{b} \beta_j = 0.
\end{cases}
$$

(2) 在命令行窗口可得方差分析表的 LaTex 代码, 在 LaTex 中运行这些代码, 可得如下的表 2.25, 从表中可得行因子 p 值小于显著性水平 0.05, 列因子 p 值为 0.5261, 大于显著性水平 0.05, 因而给定显著性水平 0.05, 温度 (行因子 A) 对钢材淬火后的弯曲变形有显著影响, 而材质 (列因子 B) 对钢材淬火后的弯曲变形没有显著影响.

表 2.25　方差分析表

来源	平方和	自由度	均方和	F 值	p 值
列因子	0.32	3	0.1067	0.7829	0.5261
行因子	36.397	4	9.0993	66.7835	<0.001**
误差	1.635	12	0.1362		
总	38.352	19			

(3) 给定显著性水平 0.05, 列因子 B 的邓肯多重比较结果如下:

邓肯多重比较的结果如下:
3 水平对 4 水平的 2 级极差 0.08 < 显著极差临界值 0.508433, 无显著差异;
3 水平对 1 水平的 3 级极差 0.24 < 显著极差临界值 0.533195, 无显著差异;
3 水平对 2 水平的 4 级极差 0.32 < 显著极差临界值 0.549702, 无显著差异;
4 水平对 1 水平的 2 级极差 0.16 < 显著极差临界值 0.508433, 无显著差异;
4 水平对 2 水平的 3 级极差 0.24 < 显著极差临界值 0.533195, 无显著差异;
1 水平对 2 水平的 2 级极差 0.08 < 显著极差临界值 0.508433, 无显著差异;

给定显著性水平 0.05, 行因子 A 的邓肯多重比较结果如下:

邓肯多重比较的结果如下:
1 水平对 2 水平的 2 级极差 0.325 < 显著极差临界值 0.568446, 无显著差异;
1 水平对 3 水平的 3 级极差 0.55 < 显著极差临界值 0.59613, 无显著差异;
1 水平对 4 水平的 4 级极差 2.15 > 显著极差临界值 0.614586, 有显著差异;
1 水平对 5 水平的 5 级极差 3.575 > 显著极差临界值 0.620123, 有显著差异;
2 水平对 3 水平的 2 级极差 0.225 < 显著极差临界值 0.568446, 无显著差异;
2 水平对 4 水平的 3 级极差 1.825 > 显著极差临界值 0.59613, 有显著差异;
2 水平对 5 水平的 4 级极差 3.25 > 显著极差临界值 0.614586, 有显著差异;
3 水平对 4 水平的 2 级极差 1.6 > 显著极差临界值 0.568446, 有显著差异;
3 水平对 5 水平的 3 级极差 3.025 > 显著极差临界值 0.59613, 有显著差异;
4 水平对 5 水平的 2 级极差 1.425 > 显著极差临界值 0.568446, 有显著差异;

(4) 在命令行窗口还展示两因子方差分析模型的参数估计, 其中点估计如下:

```
>> fprintf('一般平均的估计值:  %g; \n\t',mean(stats.colmeans));
一般平均的估计值:  6.02;
>> fprintf('行因子A第%g个水平效应:  %g; \n\t',...
[1:stats.coln;stats.rowmeans-mean(stats.rowmeans)])
行因子A第1个水平效应:  -1.32;
行因子A第2个水平效应:  -0.995;
行因子A第3个水平效应:  -0.77;
行因子A第4个水平效应:  0.83;
行因子A第5个水平效应:  2.255;
>> fprintf('列因子B第%g个水平效应:  %g; \n\t',...
[1:stats.rown;stats.colmeans-mean(stats.colmeans)])
```

列因子 B 第 1 个水平效应：　0.08;
列因子 B 第 2 个水平效应：　0.16;
列因子 B 第 3 个水平效应：　-0.16;
列因子 B 第 4 个水平效应：　-0.08;
```
>> fprintf('误差项方差的估计:  %g;\n\t',mean(stats.sigmasq));
```
误差项方差的估计：　0.13625;

练习 2.2 为了考察收缩率 B 和总拉伸倍数 A 对某种合成纤维的弹性的影响, 选定因子 B 的 4 个水平 $(0, 4, 8, 12)$ 和因子 A 的 4 个水平 $(460, 520, 580, 640)$ 在每个水平组合下做 2 次重复试验, 试验结果如表 2.26 所示.

表 2.26　合成纤维的弹性

总拉伸倍数	收缩率 /%			
	0	4	8	12
460	71,73	73,75	76,73	75,73
520	72,73	76,74	79,77	73,72
580	75,78	78,77	74,75	70,71
640	77,75	74,74	74,73	69,69

(1) 写出这个试验的统计模型.

(2) 不同收缩率对合成纤维弹性有显著影响吗? 不同的总拉伸倍数对合成纤维弹性有显著影响吗? 因子 A 与 B 的交互效应显著吗 $(\alpha = 0.05)$?

(3) 对显著的因子用邓肯多重比较法对其诸水平做多重比较 $(\alpha = 0.05)$.

(4) 估计模型中的各个参数.

解 因子 A 四个水平, 因子 B 四个水平, 共 16 个试验组合 (试验点), 在每个组合下重复试验 2 次, 重复试验的目的是检验这两个因子的交互作用是否存在, 因而考虑两因子交互效应模型. 因变量以矩阵输入, 列因子的第一个水平数据为一列, 而每 rep(每个试验点重复试验次数) 行数据为行因子一个水平的数据, 每一列中每 rep 数据为一个试验点的数据. 在 MATLAB 命令行窗口运行以下代码:

```
>> load('Exercise_2_2.mat')
%下载因变量矩阵, 注意区分行因子A和列因子B;
>> [~,table,stats] = anova2(Exercise_2_2,2,'off');
%两因子主效应模型的方差分析;
>> f = Anova_LaTex2(table,'方差分析','exercise_anova_2_2')
%输出MATLAB中方差分析表为LaTex代码;
>> f = Anova2Excel(table,'方差分析_2_2');
%%保存MATLAB中方差分析表为Excel格式;
>> Mult_compare_within_two_factor(Exercise_2_2,2,0.05,'Duncan')
%两因子的邓肯多重比较;
>> interaction_par_est(Exercise_2_2,2);
```

%计算交互效应的点估计值;

(1) 由表 2.26 中数据可知, $a = 4, b = 4, m = 2, n = abk = 32$, 则本试验满足统计模型:

$$
\begin{cases}
y_{ijk} = \mu + \tau_i + \beta_j + (\tau\beta)_{ij} + \epsilon_{ijk}, \\
i = 1, \cdots, a, \quad j = 1, \cdots, b, \quad k = 1, \cdots, m, \\
\text{诸 } \epsilon_{ijk} \overset{\text{i.i.d.}}{\sim} N(0, \sigma^2), \\
\text{约束条件: } \displaystyle\sum_{i=1}^{a} \tau_i = 0, \quad \sum_{j=1}^{b} \beta_j = 0, \\
\displaystyle\sum_{j=1}^{b} (\tau\beta)_{ij} = 0, \quad i = 1, \cdots, a, \\
\displaystyle\sum_{i=1}^{a} (\tau\beta)_{ij} = 0, \quad j = 1, \cdots, b.
\end{cases}
$$

(2) 在命令行窗口可得方差分析表的 LaTex 代码, 在 LaTex 中运行这些代码, 可得如下的表 2.27, 从表中可得行因子 A 的 p 值为 0.0586, 大于 0.05, 而列因子 B 的 p 值及交互作用的 p 值都小于显著性水平 0.05, 因而给定显著性水平 0.05, 收缩率 (列因子) 对合成纤维的弹性有显著影响, 而总拉伸倍数 (行因子) 对合成纤维的弹性无显著影响, 并且这两个因子的交互作用对合成纤维的弹性也有显著影响.

表 2.27　方差分析表

来源	平方和	自由度	均方和	F 值	p 值
列因子	70.75	3	23.5833	15.7222	<0.001**
行因子	13.75	3	4.5833	3.0556	0.0586
交互作用	87.5	9	9.7222	6.4815	<0.001**
误差	24	16	1.5		
总	196	31			

(3) 给定显著性水平 0.05, 邓肯多重比较结果如下:

交互效应显著, 导致行因子和列因子的诸水平差异可能有交互作用, 因而要固定其中一个因子水平对另一个因子诸水平做多重比较.
==
==
当行因子固定在第1个水平时, 列因子的诸水平邓肯多重比较结果如下:
邓肯多重比较的结果如下:
1水平对2水平的2级极差2<显著极差临界值2.59808, 无显著差异;
1水平对4水平的3级极差2<显著极差临界值2.72798, 无显著差异;

1水平对3水平的4级极差2.5<显著极差临界值2.79726，无显著差异；
2水平对4水平的2级极差0<显著极差临界值2.59808，无显著差异；
2水平对3水平的3级极差0.5<显著极差临界值2.72798，无显著差异；
4水平对3水平的2级极差0.5<显著极差临界值2.59808，无显著差异；
==
当行因子固定在第2个水平时，列因子的诸水平邓肯多重比较结果如下：
邓肯多重比较的结果如下：
1水平对4水平的2级极差0<显著极差临界值2.59808，无显著差异；
1水平对2水平的3级极差2.5<显著极差临界值2.72798，无显著差异；
1水平对3水平的4级极差5.5>显著极差临界值2.79726，有显著差异；
4水平对2水平的2级极差2.5<显著极差临界值2.59808，无显著差异；
4水平对3水平的3级极差5.5>显著极差临界值2.72798，有显著差异；
2水平对3水平的2级极差3>显著极差临界值2.59808，有显著差异；
==
当行因子固定在第3个水平时，列因子的诸水平邓肯多重比较结果如下：
邓肯多重比较的结果如下：
4水平对3水平的2级极差4>显著极差临界值2.59808，有显著差异；
4水平对1水平的3级极差6>显著极差临界值2.72798，有显著差异；
4水平对2水平的4级极差7>显著极差临界值2.79726，有显著差异；
3水平对1水平的2级极差2<显著极差临界值2.59808，无显著差异；
3水平对2水平的3级极差3>显著极差临界值2.72798，有显著差异；
1水平对2水平的2级极差1<显著极差临界值2.59808，无显著差异；
==
当行因子固定在第4个水平时，列因子的诸水平邓肯多重比较结果如下：
邓肯多重比较的结果如下：
4水平对3水平的2级极差4.5>显著极差临界值2.59808，有显著差异；
4水平对2水平的3级极差5>显著极差临界值2.72798，有显著差异；
4水平对1水平的4级极差7>显著极差临界值2.79726，有显著差异；
3水平对2水平的2级极差0.5<显著极差临界值2.59808，无显著差异；
3水平对1水平的3级极差2.5<显著极差临界值2.72798，无显著差异；
2水平对1水平的2级极差2<显著极差临界值2.59808，无显著差异；

(4) 在命令行窗口还展示两因子方差分析模型的参数估计，其中点估计如下：

```
>> fprintf('一般平均的估计值： %g; \n\t',mean(stats.colmeans));
一般平均的估计值： 74;
>> fprintf('行因子A第%g个水平效应： %g; \n\t',...
[1:length(stats.rowmeans);stats.rowmeans-mean(stats.rowmeans)])
行因子A第1个水平效应: -0.375;
行因子A第2个水平效应: 0.5;
行因子A第3个水平效应: 0.75;
行因子A第4个水平效应: -0.875;
```

```
>>   fprintf('列因子B第%g个水平效应： %g； \n\t',...
[1:length(stats.colmeans);stats.colmeans-mean(stats.colmeans)])
列因子B第1个水平效应: 0.25;
列因子B第2个水平效应: 1.125;
列因子B第3个水平效应: 1.125;
列因子B第4个水平效应: -2.5;
>> interaction_par_est(Exercise_2_2,2);
行因子A第1个水平列因子B第1个水平交互效应: -1.875;
行因子A第1个水平列因子B第2个水平交互效应: -0.75;
行因子A第1个水平列因子B第3个水平交互效应: -0.25;
行因子A第1个水平列因子B第4个水平交互效应: 2.875;
行因子A第2个水平列因子B第1个水平交互效应: -2.25;
行因子A第2个水平列因子B第2个水平交互效应: -0.625;
行因子A第2个水平列因子B第3个水平交互效应: 2.375;
行因子A第2个水平列因子B第4个水平交互效应: 0.5;
行因子A第3个水平列因子B第1个水平交互效应: 1.5;
行因子A第3个水平列因子B第2个水平交互效应: 1.625;
行因子A第3个水平列因子B第3个水平交互效应: -1.375;
行因子A第3个水平列因子B第4个水平交互效应: -1.75;
行因子A第4个水平列因子B第1个水平交互效应: 2.625;
行因子A第4个水平列因子B第2个水平交互效应: -0.25;
行因子A第4个水平列因子B第3个水平交互效应: -0.75;
行因子A第4个水平列因子B第4个水平交互效应: -1.625;
>> fprintf('误差项方差的估计： %g； \n\t',mean(stats.sigmasq));
误差项方差的估计: 1.5;
```

练习 2.3 为了考察机床加工中进刀速度 (单位: mm/min) 与切割深度 (单位: mm) 对某种金属零件的表面光洁度的影响, 选定 3 种进刀速度并随机选择 4 种切割深度做试验. 每个水平组合下重复 3 次试验. 得如下数据 (表 2.28).

表 2.28　金属零件的表面光洁度

进刀速度	切割深度			
	4	4.6	5	6.4
5	74 64 60	79 68 73	82 88 92	99 104 96
6.4	92 86 88	98 104 88	99 108 95	104 110 99
7.6	99 98 102	104 99 95	108 110 99	114 111 107

(1) 写出这个试验的统计模型.

(2) 切割深度、进刀速度以及它们的交互效应对零件的表面光洁度有显著影响吗 ($\alpha = 0.05$)?

(3) 估计模型中的各个分量.

解 由于该试验进刀速度 (行因子) 是固定的, 而切割深度 (列因子) 是随机选取的, 应该采用混合效应模型加以分析. 与固定效应模型的区别在于: 构造因子 A 的检验统计量不同, MATLAB 没有提供两因子随机效应的方差分析, 但在两因子固定 (交互) 效应模型的方差分析函数输出结果上修改, 容易得两因子混合效应模型的方差分析, 具体的代码如下:

```
>> load('Exercise_2_3.mat')
%下载因变量矩阵, 注意区分行因子A和列因子B;
>> [p,table,stats]=anova2(Exercise_2_3,3,'off');
>> table{3,5} = table{3,4}/table{4,4};
>> table{3,6} = 1-fcdf(table{3,5},table{3,3},table{4,3});
>> f = Anova_LaTex2(table,'方差分析','exercise_anova_2_3')
%输出MATLAB中方差分析表为LaTex代码;
>> f = Anova2Excel(table,'方差分析_2_3');
%输出MATLAB中方差分析表为Excel表.
```

(1) 由表 2.28 中数据可知, $a = 4, b = 4, m = 2, n = abk = 32$, 则本试验满足统计模型:

$$\begin{cases} y_{ijk} = \mu + \tau_i + \beta_j + (\tau\beta)_{ij} + \epsilon_{ijk}, \\ i = 1, \cdots, a, \quad j = 1, \cdots, b, \quad k = 1, \cdots, m, \\ \text{诸 } \epsilon_{ijk} \overset{\text{i.i.d.}}{\sim} N(0, \sigma^2), \quad \text{诸 } \beta_j \overset{\text{i.i.d.}}{\sim} N(0, \sigma_\beta^2), \\ \text{诸 } (\tau\beta)_{ij} \sim N\left(0, \dfrac{a-1}{a}\sigma_{\tau\beta}^2\right), \\ \text{约束条件: } \displaystyle\sum_{i=1}^{a} \tau_i = 0, \\ \displaystyle\sum_{i=1}^{a} (\tau\beta)_{ij} = 0, \quad j = 1, \cdots, b. \end{cases}$$

(2) 运行上述代码, 可得表 2.29. 从表中得出结论: 给定显著性水平 0.05, 行因子 A、列因子 B 及两个因子的交互效应都是显著的, 因而进刀速度、切割深度以及两者的交互效应均能引起金属零件的表面光洁度的明显变化.

表 2.29 方差分析表

来源	平方和	自由度	均方和	F 值	p 值
列因子	2125.1111	3	708.3704	24.6628	<0.001**
行因子	3160.5	2	1580.25	17.0207	0.0034**
交互作用	557.0556	6	92.8426	3.2324	0.018*
误差	689.3333	24	28.7222		
总	6532	35			

(3) 根据前面给出计算两因子混合效应模型的方差分量的估计式, 通过 MAT-LAB 编写代码可估计诸方差分量, 代码及运行结果如下:

```
>> a=3;b=4;m=3;%行因子水平数、列因子水平数、每一组合重复试验次数;
>> fprintf('一般平均的估计值: %g; \n\t',mean(stats.colmeans));
一般平均的估计值: 94.3333;
>> fprintf('误差项的方差估计值: %g;\n\t',table{5,4});
误差项的方差估计值: 28.7222;
>> fprintf('行因子A第%g个水平效应: %g; \n\t',...
[1:length(stats.rowmeans);stats.rowmeans-mean(stats.rowmeans)])
行因子A第1个水平效应: -12.75;
行因子A第2个水平效应: 3.25;
行因子A第3个水平效应: 9.5;
if (table{4,4}-table{5,4}) >= 0
    fprintf('交互效应的方差估计值: %g;\n\t',...
        (table{4,4}-table{5,4})/m);
else
    fprintf('交互效应的方差估计值: %g;\n\t',0);
end
if (table{2,4}-table{5,4}) >= 0
    fprintf('列因子B的方差估计值: %g.\n\t',...
        (table{2,4}-table{5,4})/(a*m));
else
    fprintf('列因子B的方差估计值: %g.\n\t',0);
end
交互效应的方差估计值: 21.3735;
列因子B的方差估计值: 75.5165.
```

练习 2.4　为了考察各台机器和各操作工人是否影响生产的合成纤维的断裂强度, 随机选择 4 台机器和 3 个操作工人, 用同一生产批次的纤维做试验. 每个水平组合下重复 2 次试验, 数据如表 2.30 所示.

表 2.30　合成纤维的断裂强度

操作工人	机器			
	1	2	3	4
甲	109 110	110 115	108 109	110 108
乙	110 112	110 111	111 109	114 112
丙	116 114	112 115	114 119	120 117

(1) 写出这个试验的统计模型.

(2) 不同操作工人和不同机器以及它们的交互效应对合成纤维的断裂强度有

显著影响吗 $(\alpha = 0.05)$?

(3) 估计方差分量.

(4) 假使只有 4 台机器可供试验用 (其他机器不能做试验用), 而操作工人可以随机选择, 试验结果如表 2.30 所示. 新的试验情况是否影响到你的分析结论 $(\alpha = 0.05)$?

解 由于该试验操作个人 (行因子) 和机器 (列因子) 都是随机选取的, 应该采用随机效应模型加以分析. 与固定效应模型的区别在于: 构造因子 A 和因子 B 的检验统计量不同, MATLAB 没有提供两因子随机效应的方差分析, 但在两因子固定 (交互) 效应模型的方差分析函数输出结果上修改, 容易得两因子混合效应模型的方差分析, 具体的代码如下:

```
>> load('Exercise_2_4.mat')
%下载因变量矩阵, 注意区分行因子A和列因子B;
>> [p,table,stats]=anova2(Exercise_2_4,2,'off');
>> table{2,5}=table{2,4}/table{4,4};
>> table{3,5} = table{3,4}/table{4,4};
>> table{2,6}=1-fcdf(table{2,5},table{2,3},table{4,3});
>> table{3,6} = 1-fcdf(table{3,5},table{3,3},table{4,3});
>> f = Anova_LaTex2(table,'方差分析','exercise_anova_2_4')
%输出MATLAB中方差分析表为LaTex代码;
>> f = Anova2Excel(table,'方差分析_2_4');
%输出MATLAB中方差分析表为Excel表;
```

(1) 由表 2.30 中数据可知, $a = 4, b = 4, m = 2, n = abk = 32$, 则本试验满足统计模型:

$$
\begin{cases}
y_{ijk} = \mu + \tau_i + \beta_j + (\tau\beta)_{ij} + \epsilon_{ijk}, \\
i = 1, \cdots, a, \quad j = 1, \cdots, b, \quad k = 1, \cdots, m, \\
\text{诸 } \epsilon_{ijk} \overset{\text{i.i.d.}}{\sim} N(0, \sigma^2), \quad \text{诸 } \tau_i \overset{\text{i.i.d.}}{\sim} N(0, \sigma_\tau^2), \\
\text{诸 } \beta_j \overset{\text{i.i.d.}}{\sim} N(0, \sigma_\beta^2), \quad \text{诸 } (\tau\beta)_{ij} \overset{\text{i.i.d.}}{\sim} N\left(0, \sigma_{\tau\beta}^2\right), \\
\text{诸 } \epsilon_{ijk}, \text{诸 } \tau_i, \text{诸 } \beta_j, \quad \text{诸 } (\tau\beta)_{ij} \text{ 互相独立.}
\end{cases}
$$

(2) 运行上述代码, 可得表 2.31. 从表中得出结论: 给定显著性水平 0.05, 行因子 A 是显著的, 而列因子 B 及两个因子的交互效应都不显著, 因而操作工人对合成纤维的断裂强度有显著影响, 而机器以及机器和操作工人的交互效应均不能引起合成纤维的断裂强度的明显变化.

表 2.31　方差分析表

来源	平方和	自由度	均方和	F 值	p 值
列因子	12.4583	3	4.1528	0.5578	0.6619
行因子	160.3333	2	80.1667	10.7687	0.0103*
交互作用	44.6667	6	7.4444	1.9634	0.1507
误差	45.5	12	3.7917		
总	262.9583	23			

(3) 根据前面给出计算两因子随机效应模型的方差分量的估计式, 通过 MAT-LAB 编写代码可估计诸方差分量, 代码及运行结果如下:

```
a=3;b=4;m=2;%行因子水平数、列因子水平数、每一组合重复试验次数;
fprintf('误差项的方差估计值: %g;\n\t',table{5,4});
if (table{4,4}-table{5,4}) >= 0
    fprintf('交互效应的方差估计值: %g;\n\t',...
        (table{4,4}-table{5,4})/m);
else
    fprintf('交互效应的方差估计值: %g;\n\t',0);
end
if (table{3,4}-table{4,4}) >= 0
    fprintf('行因子A的方差估计值: %g;\n\t',...
        (table{3,4}-table{4,4})/(b*m));
else
    fprintf('行因子A的方差估计值: %g;\n\t',0);
end
if (table{2,4}-table{4,4}) >= 0
    fprintf('列因子B的方差估计值: %g.\n\t',...
        (table{2,4}-table{4,4})/(a*m));
else
    fprintf('列因子B的方差估计值: %g.\n\t',0);
end
误差项的方差估计值: 3.79167;
交互效应的方差估计值: 1.82639;
行因子A的方差估计值: 9.09028;
列因子B的方差估计值: 0.
```

(4) 由于新试验机器是固定的, 而操作工人是随机选取的, 因此统计模型由两因子随机效应模型变为两因子混合效应模型, 而行因子相应的检验统计量发生改变, 导致试验的分析结果可能发生改变. 具体的代码如下:

```
>> [p,table,stats]=anova2(Exercise_2_4,2,'off');
>> table{2,5}=table{2,4}/table{4,4};
>> table{2,6}=1-fcdf(table{2,5},table{2,3},table{4,3});
```

```
>> f = Anova_LaTex2(table,'方差分析','exercise_anova_2_4_2')
%输出MATLAB中方差分析表为LaTex代码;
>> f = Anova2Excel(table,'方差分析_2_4_2');
%输出MATLAB中方差分析表为Excel表;
```

运行上述代码, 可得表 2.32. 从表中得出结论: 给定显著性水平 0.05, 行因子 A 是显著的, 而列因子 B 及两个因子的交互效应都不显著, 对比两因子随机效应模型的试验, 两因子混合效应模型试验的行因子更加显著, 而列因子与交互效应无变化.

表 2.32 方差分析表

来源	平方和	自由度	均方和	F 值	p 值
列因子	12.4583	3	4.1528	0.5578	0.6619
行因子	160.3333	2	80.1667	21.1429	<0.001**
交互作用	44.6667	6	7.4444	1.9634	0.1507
误差	45.5	12	3.7917		
总	262.9583	23			

练习 2.5 为了考察压力与温度对某种胶黏剂的切变强度的影响, 选定压力 (单位: $10^{-5}\mathrm{N/mm^2}$) 的 4 个水平与温度 (单位: ℃) 的 3 个水平做试验, 每个水平组合下做一次试验, 结果如表 2.33 所示.

表 2.33 某种胶黏剂的切变强度

压力	温度		
	130	140	150
60	9.60	11.28	9.00
65	9.69	10.10	9.57
70	8.43	11.01	9.03
75	9.98	10.44	9.80

(1) 假定两个因子都是固定因子, 写出这个试验的线性统计模型, 并对上述数据作全面的统计分析 ($\alpha = 0.05$).

(2) 如果两个因子都是随机的, 写出这个试验的线性统计模型, 并对上述数据作全面的统计分析 ($\alpha = 0.05$). 这个结论与 (1) 有哪些不同?

解 由于两个试验的因子分别是固定选取的和随机选取的, 因此分别考虑两因子的固定效应模型与混合效应模型, 且行因子水平数 $a = 4$, 列因子的水平数 $b = 3$, 具体的代码如下:

```
>> load('Exercise_2_5.mat')
%下载因变量矩阵, 注意区分行因子A和列因子B;
>> [p,table,stats]=anova2(Exercise_2_5,1,'off');
>> f = Anova_LaTex2(table,'方差分析','exercise_anova_2_5_1')
%输出MATLAB中方差分析表为LaTex代码;
```

```
>> f = Anova2Excel(table,'方差分析_2_5_1');
```

(1) 由于行因子与列因子都是固定的, 则本试验满足统计模型:

$$\begin{cases} y_{ij} = \mu + \tau_i + \beta_j + \epsilon_{ij}, \\ i = 1, \cdots, a, \quad j = 1, \cdots, b, \\ \text{诸 } \epsilon_{ij} \overset{\text{i.i.d.}}{\sim} N(0, \sigma^2), \\ \text{约束条件: } \sum_{i=1}^{a} \tau_i = 0, \quad \sum_{j=1}^{b} \beta_j = 0. \end{cases}$$

在命令行窗口可得方差分析表的 LaTex 代码, 在 LaTex 中运行这些代码, 可得如下的表 2.34. 从表中可得行因子 A 的 p 值为 0.6727, 大于 0.05, 而列因子 B 的 p 值都小于显著性水平 0.05, 因而给定显著性水平 0.05, 温度 (列因子) 对胶黏剂的切变强度有显著影响, 而压力 (行因子) 对胶黏剂的切变强度无显著影响.

表 2.34　方差分析表

来源	平方和	自由度	均方和	F 值	p 值
列因子	4.6576	2	2.3288	6.4873	0.0316*
行因子	0.5807	3	0.1936	0.5392	0.6727
误差	2.1539	6	0.359		
总	7.3922	11			

模型中各参数的点估计如下:

```
fprintf('一般平均的估计值: %g; \n\t',mean(stats.colmeans));
fprintf('行因子A第%g个水平效应: %g; \n\t',...
[1:stats.coln;stats.rowmeans-mean(stats.rowmeans)])
fprintf('列因子B第%g个水平效应: %g; \n\t',...
[1:stats.rown;stats.colmeans-mean(stats.colmeans)])
fprintf('误差项方差的估计:%g; \n\t',mean(stats.sigmasq));
一般平均的估计值: 9.8275;
行因子A第1个水平效应: 0.1325;
行因子A第2个水平效应: -0.0408333;
行因子A第3个水平效应: -0.3375;
行因子A第4个水平效应: 0.245833;
列因子B第1个水平效应: -0.4025;
列因子B第2个水平效应: 0.88;
列因子B第3个水平效应: -0.4775;
误差项方差的估计: 0.358981;
```

(2) 由于行因子与列因子都是随机选取的, 则本试验满足统计模型:

$$\begin{cases} y_{ij} = \mu + \tau_i + \beta_j + \epsilon_{ij}, \\ i = 1, \cdots, a, \quad j = 1, \cdots, b, \\ \text{诸 } \epsilon_{ij} \overset{\text{i.i.d.}}{\sim} N(0, \sigma^2), \\ \text{诸 } \tau_i \overset{\text{i.i.d.}}{\sim} N(0, \sigma_\tau^2), \\ \text{诸 } \beta_j \overset{\text{i.i.d.}}{\sim} N(0, \sigma_\beta^2), \\ \text{诸 } \epsilon_{ij}, \tau_i, \beta_j \text{ 相互独立}. \end{cases}$$

两因子的随机效应模型的方差分析的结果与两因子的固定效应模型的方差分析完全一致, 因此结论也是一致的.

各方差分量的点估计值如下:

```
a=4;b=3;m=1;%行因子水平数、列因子水平数、每一组合重复试验次数;
fprintf('误差项的方差估计值: %g;\n\t',table{4,4});
if (table{3,4}-table{4,4}) >= 0
    fprintf('行因子A的方差估计值: %g;\n\t',...
        (table{3,4}-table{4,4})/(b*m));
else
    fprintf('行因子A的方差估计值: %g;\n\t',0);
end
if (table{2,4}-table{4,4}) >= 0
    fprintf('列因子B的方差估计值: %g.\n\t',...
        (table{2,4}-table{4,4})/(a*m));
else
    fprintf('列因子B的方差估计值: %g.\n\t',0);
end
误差项的方差估计值: 0.358981;
行因子A的方差估计值: 0;
列因子B的方差估计值: 0.5.
```

练习 2.6 寻找某种微生物的适宜培养条件的试验. 考察 3 个因子: A 为黄豆粉与蛋白胨的含量, B 为 KH_2PO_4 的含量, C 为基本培养基的量. 每个因子取 3 个水平, 试验结果为产量, 数据如表 2.35 所示.

表 2.35 某种微生物的产量

	B_1			B_2			B_3		
	C_1	C_2	C_3	C_1	C_2	C_3	C_1	C_2	C_3
A_1	68.9	65.5	80.5	68.4	54.0	75.0	47.6	38.6	37.0
A_2	92.5	86.3	98.5	113.0	115.0	97.1	117.0	79.5	90.0
A_3	69.0	85.8	65.5	137.5	110.0	115.5	129.5	73.3	91.2

(1) 写出这个试验的线性统计模型.

(2) 作方差分析 ($\alpha = 0.05$).

(3) 对显著因子做多重比较.

(4) 最优试验条件是什么?

(5) 对最优试验条件下的平均产量作出估计 ($\alpha = 0.05$).

解　该试验满足三因子的固定效应模型, 其中因子 A 水平数量 $a = 3$, 因子 B 水平数 $b = 3$, 因子 C 水平数 $c = 3$, 共 27 次试验, 在 MATLAB 命令行窗口运行以下代码:

```
>> load('Exercise_2_6.mat')%下载因变量向量;
>> load('Exercise_group_2_6.mat');%下载因子水平索引;
>> [p,table,stats,terms] = anovan(Exercise_2_6,...
Exercise_group_2_6,'model',2,'varnames',{'A';'B';'C'},...
'display','off');
>> f = Anova_LaTex2(table,'方差分析','exercise_anova_2_6')
%输出MATLAB中方差分析表为LaTex代码;
>> f = Anova2Excel(table,'方差分析_2_6');
%%保存MATLAB中方差分析表为Excel格式;
>> Exercise_2_6_new = reshape(Exercise_2_6,a*c,b);%将向量拉成矩阵;
>> Mult_compare_within_two_factor(Exercise_2_6_new,c,0.05,'Duncan')
%交互效应显著, 导致行因子和列因子的诸水平差异可能有交互作用,
%因而要固定其中一个因子水平对另一个因子诸水平做多重比较.
```

(1) 该试验在每种水平组合下仅重复试验 1 次, 因此无三因子交互效应, 其统计模型如下:

$$
\begin{cases}
y_{ijk} = \mu + \tau_i + \beta_j + \gamma_k + (\tau\beta)_{ij} + (\tau\gamma)_{ik} + (\beta\gamma)_{jk} + \epsilon_{ijk}, \\
i = 1,\cdots,a, \quad j = 1,\cdots,b, \quad k = 1,\cdots,c, \\
诸\ \epsilon_{ijk} \overset{\text{i.i.d.}}{\sim} N(0,\sigma^2), \\
约束条件: \sum_{i=1}^{a}\tau_i = 0, \quad \sum_{j=1}^{b}\beta_j = 0, \quad \sum_{k=1}^{c}\gamma_k = 0, \\
\sum_{i=1}^{a}(\tau\beta)_{ij} = 0, \quad j = 1,\cdots,b, \\
\sum_{j=1}^{b}(\tau\beta)_{ij} = 0, \quad i = 1,\cdots,a, \\
\sum_{i=1}^{a}(\tau\gamma)_{ik} = 0, \quad k = 1,\cdots,c, \\
\sum_{k=1}^{c}(\tau\gamma)_{ik} = 0, \quad i = 1,\cdots,a, \\
\sum_{j=1}^{b}(\beta\gamma)_{jk} = 0, \quad k = 1,\cdots,c, \\
\sum_{k=1}^{c}(\beta\gamma)_{jk} = 0, \quad j = 1,\cdots,b.
\end{cases}
$$

(2) 可得三因子固定效应模型的方差分析表 (表 2.36).

表 2.36 方差分析表

来源	平方和	自由度	均方和	F 值	p 值
A	2335.4696	2	1167.7348	8.6935	0.0099**
B	8957.5319	2	4478.7659	33.3434	<0.001**
C	1066.2985	2	533.1493	3.9692	0.0635
$A*B$	3068.5526	4	767.1381	5.7112	0.0179*
$A*C$	1152.6193	4	288.1548	2.1452	0.1664
$B*C$	449.097	4	112.2743	0.8359	0.5391
误差	1074.5785	8	134.3223		
总	18104.1474	26			

从表 2.36 可知: 当显著性水平取 0.05 时, 因子 A、因子 B、交互效应 AB 都十分显著, 但因子 C、交互效应 AC 和交互效应 BC 不显著. 因此, 给定显著性水平 0.05, 黄豆粉与蛋白胨的含量、KH_2PO_4 的含量以及它们的交互效应对产量有显著影响. 而基量和黄豆粉与蛋白胨的含量、KH_2PO_4 的含量的交互效应对产量均没有显著影响.

(3) 给定显著性水平 0.05, 邓肯多重比较结果如下:

```
交互效应显著, 导致行因子A和列因子B的诸水平差异可能有交互作用,
因而要固定其中一个因子水平对另一个因子诸水平做多重比较.
==============================================================
==============================================================
当行因子固定在第1个水平时, 列因子的诸水平邓肯多重比较结果如下:
邓肯多重比较的结果如下:
3水平对2水平的2级极差24.7333 > 显著极差临界值24.7255, 有显著差异;
3水平对1水平的3级极差30.5667 > 显著极差临界值25.9743, 有显著差异;
2水平对1水平的2级极差5.8333 < 显著极差临界值24.7255, 无显著差异;
==============================================================
当行因子固定在第2个水平时, 列因子的诸水平邓肯多重比较结果如下:
邓肯多重比较的结果如下:
1水平对3水平的2级极差3.0667 < 显著极差临界值24.7255, 无显著差异;
1水平对2水平的3级极差15.9333 < 显著极差临界值25.9743, 无显著差异;
3水平对2水平的2级极差12.8667 < 显著极差临界值24.7255, 无显著差异;
==============================================================
当行因子固定在第3个水平时, 列因子的诸水平邓肯多重比较结果如下:
邓肯多重比较的结果如下:
1水平对3水平的2级极差24.5667 < 显著极差临界值24.7255, 无显著差异;
1水平对2水平的3级极差47.5667 > 显著极差临界值25.9743, 有显著差异;
3水平对2水平的2级极差23 < 显著极差临界值24.7255, 无显著差异;
==============================================================
```

当列因子固定在第1个水平时，行因子的诸水平邓肯多重比较结果如下：
邓肯多重比较的结果如下：
1水平对3水平的2级极差1.8 < 显著极差临界值24.7255，无显著差异；
1水平对2水平的3级极差20.8 < 显著极差临界值25.9743，无显著差异；
3水平对2水平的2级极差19 < 显著极差临界值24.7255，无显著差异；
==
当列因子固定在第2个水平时，行因子的诸水平邓肯多重比较结果如下：
邓肯多重比较的结果如下：
1水平对2水平的2级极差42.5667 > 显著极差临界值24.7255，有显著差异；
1水平对3水平的3级极差55.2 > 显著极差临界值25.9743，有显著差异；
2水平对3水平的2级极差12.6333 < 显著极差临界值24.7255，无显著差异；
==
当列因子固定在第3个水平时，行因子的诸水平邓肯多重比较结果如下：
邓肯多重比较的结果如下：
1水平对2水平的2级极差54.4333 > 显著极差临界值24.7255，有显著差异；
1水平对3水平的3级极差56.9333 > 显著极差临界值25.9743，有显著差异；
2水平对3水平的2级极差2.5 < 显著极差临界值24.7255，无显著差异；

(4) 接下来讨论哪一个试验点是最优试验点，这也是实践中关注的问题，进一步给出最优试验点的均值点估计和置信区间. 在 MATLAB 命令行窗口运行下面的代码 Exercise_2_6_code，并得到相应的结果，最优组合是最优水平组合是 A2B3，即采用第二种黄豆粉与蛋白胨含量和第三种 KH_2PO_4 的含量能使得产量达到最大.

(5) 在 MATLAB 命令行窗口运行下面的代码 Exercise_2_6_code，可得最优组合下的平均产量的点估计与区间估计如下：最优水平组合的估计是 121；最优组合 A2B3 的均值的置信水平 95% 的置信区间为 [103.5096,138.4904].

练习 2.7 试验目的是要比较 4 种牌号的轮胎 (A, B, C, D) 在行驶了 3 万公里以后的磨损量 (以 mm 为单位) 是否有差异. 由于轮胎的不同位置与车型可能对磨损量有影响，选取轮胎表面 4 个不同位置和 4 种车型，采用表 2.37 所示的拉丁方设计进行试验，试验结果 (为计算简便起见，已将原始结果进行了线性变换) 记录如表 2.37 所示.

表 2.37   不同牌号轮胎的磨损量

位置	车型			
	I	II	III	IV
1	$C = -1$	$D = -2$	$A = 0$	$B = -5$
2	$B = 1$	$C = -1$	$D = -2$	$A = 0$
3	$A = 4$	$B = 1$	$C = -3$	$D = -4$
4	$D = 0$	$A = 1$	$B = 0$	$C = -4$

(1) 写出这个试验的统计模型.

(2) 作方差分析 ($\alpha = 0.05$).

(3) 估计轮胎因子诸水平的效应.

(4) 对轮胎因子诸水平做多重比较 ($\alpha = 0.05$).

解 这是 4 阶拉丁方设计的方差分析, 实现方差分析的代码如下:

```
>> load('Exercise_2_7.mat')%因变量;
>> load('Exercise_group_2_7.mat')
%三列矩阵, 三列分别对应拉丁因子、行因子、列因子的索引;
>> [p,table,stats,terms] = anovan(Exercise_2_7,...
Exercise_group_2_7,'model',1,'varnames',...
{'拉丁因子';'行因子';'列因子'});
%这里的模型1代表可加主效应模型, 假定因子之间相互独立;
>> f = Anova_LaTex2(table,'方差分析','exercise_anova_2_7')
%输出MATLAB中方差分析表为LaTex代码;
>> f = Anova2Excel(table,'方差分析_2_7');
%%保存MATLAB中方差分析表为Excel格式;
```

(1) 由表 2.37 中数据可知, $p=4, n=p^2=16$, 则本试验满足统计模型:

$$\begin{cases} y_{ijk} = \mu + \alpha_i + \tau_j + \beta_k + \epsilon_{ijk}, \\ i = 1, \cdots, p, \quad j = 1, \cdots, p, \quad k = 1, \cdots, p, \\ \text{诸 } \epsilon_{ijk} \overset{\text{i.i.d.}}{\sim} N(0, \sigma^2), \\ \text{约束条件: } \sum_{i=1}^{p} \alpha_i = 0, \quad \sum_{j=1}^{p} \tau_j = 0, \quad \sum_{k=1}^{p} \beta_k = 0. \end{cases}$$

(2) 由上述 MATLAB 程序可得方差分析表 (表 2.38), 可知: 给定显著性水平 0.05, 拉丁因子和列因子都十分显著, 行因子不显著, 说明轮胎的种类和车型对轮胎的磨损量的影响十分显著, 而轮胎表面的不同位置对轮胎的磨损量的影响不显著.

表 2.38　方差分析表

来源	平方和	自由度	均方和	F 值	p 值
拉丁因子	30.6875	3	10.2292	11.4186	0.0068**
行因子	6.1875	3	2.0625	2.3023	0.1769
列因子	38.6875	3	12.8958	14.3953	0.0038**
误差	5.375	6	0.8958		
总	80.9375	15			

(3) 由方差分析表可知, 误差项的方差估计为 $\hat{\sigma}^2 = 12.03$, 运行下列代码, 整理可得各参数的点估计:

```
>> p = 4;%4阶拉丁方试验;
```

```
>> fprintf('一般平均的估计值:  %g;  \n\t',stats.coeffs(1));
>> fprintf('拉丁因子第%g个水平效应:  %g;  \n\t',...
[1:p;stats.coeffs(2:p+1,:).'])
>> fprintf('行因子第%g个水平效应:  %g;  \n\t',...
[1:p;stats.coeffs(p+2:2*p+1,:).'])
>> fprintf('列因子第%g个水平效应:  %g;  \n\t',...
[1:p;stats.coeffs(2*p+2:3*p+1,:).'])
```

```
一般平均的估计值:  -0.9375;
拉丁因子第1个水平效应:   2.1875;
拉丁因子第2个水平效应:   0.1875;
拉丁因子第3个水平效应:  -1.3125;
拉丁因子第4个水平效应:  -1.0625;
行 因 子 第1个 水 平 效 应:  -1.0625;
行 因 子 第2个 水 平 效 应:   0.4375;
行 因 子 第3个 水 平 效 应:   0.4375;
行 因 子 第4个 水 平 效 应:   0.1875;
列 因 子 第1个 水 平 效 应:   1.9375;
列 因 子 第2个 水 平 效 应:   0.6875;
列 因 子 第3个 水 平 效 应:  -0.3125;
列 因 子 第4个 水 平 效 应:  -2.3125;
```

(4) 对显著因子做图基多重比较, 代码及结果如下: 在给定显著性水平 0.05 下, 拉丁因子 1 水平与 3 水平、1 水平与 4 水平之间有显著差异, 其他两个水平之间都没有显著差异; 列因子 1 水平与 4 水平、2 水平与 4 水平之间有显著差异, 其他两个水平之间都没有显著差异.

```
>> c1 = multcompare(stats,'dimension',1)
%'dimension'取1, 表示只对第一个维度(拉丁因子)做图基多重比较;
```

```
c1 =
```

```
1.0000    2.0000    -0.3168    2.0000     4.3168    0.0872
1.0000    3.0000     1.1832    3.5000     5.8168    0.0078
1.0000    4.0000     0.9332    3.2500     5.5668    0.0112
2.0000    3.0000    -0.8168    1.5000     3.8168    0.2145
2.0000    4.0000    -1.0668    1.2500     3.5668    0.3316
3.0000    4.0000    -2.5668   -0.2500     2.0668    0.9806
```

```
>> c2 = multcompare(stats,'dimension',3)
%'dimension'取3, 表示只对第三个维度(列因子)做图基多重比较;
```

```
c2 =

  1.0000    2.0000   -1.0668    1.2500    3.5668    0.3316
  1.0000    3.0000   -0.0668    2.2500    4.5668    0.0561
  1.0000    4.0000    1.9332    4.2500    6.5668    0.0029
  2.0000    3.0000   -1.3168    1.0000    3.3168    0.4948
  2.0000    4.0000    0.6832    3.0000    5.3168    0.0164
  3.0000    4.0000   -0.3168    2.0000    4.3168    0.0872
```

邓肯多重比较代码及结果如下, 结果与图基多重比较结果有所差异.

```
>> mse=stats.mse;dfe=stats.dfe;
>> [~,~,stats]=anova1(Exercise_2_7,Exercise_group_2_7(:,1));
%对拉丁因子作单因子方差分析;
>> stats.df=dfe;stats.s=sqrt(mse);
>> f = Duncan_com(stats,'Duncan.xlsx',0.05)
```
邓肯多重比较的结果如下:
3水平对4水平的2级极差0.25 < 显著极差临界值1.63742, 无显著差异;
3水平对2水平的3级极差1.5 < 显著极差临界值1.69421, 无显著差异;
3水平对1水平的4级极差3.5 > 显著极差临界值1.7226, 有显著差异;
4水平对2水平的2级极差1.25 < 显著极差临界值1.63742, 无显著差异;
4水平对1水平的3级极差3.25 > 显著极差临界值1.69421, 有显著差异;
2水平对1水平的2级极差2 > 显著极差临界值1.63742, 有显著差异;

```
>> [~,~,stats]=anova1(Exercise_2_7,Exercise_group_2_7(:,3));
%对列因子作单因子方差分析;
>> stats.df=dfe;stats.s=sqrt(mse);
>> f = Duncan_com(stats,'Duncan.xlsx',0.05)
```
邓肯多重比较的结果如下:
4水平对3水平的2级极差2 > 显著极差临界值1.63742, 有显著差异;
4水平对2水平的3级极差3 > 显著极差临界值1.69421, 有显著差异;
4水平对1水平的4级极差4.25 > 显著极差临界值1.7226, 有显著差异;
3水平对2水平的2级极差1 < 显著极差临界值1.63742, 无显著差异;
3水平对1水平的3级极差2.25 > 显著极差临界值1.69421, 有显著差异;
2水平对1水平的2级极差1.25 < 显著极差临界值1.63742, 无显著差异;

练习 2.8 为了考察 5 种不同的催化剂 (A, B, C, D, E) 对一个化学反应过程的反应时间的影响, 需要设计一个试验. 由于每个试验大约需要 1.5 小时, 所以每天只能做 5 个试验. 考虑到日期 (星期几) 和材料的批次对试验数据有影响, 采用拉丁方设计如表 2.39 所示 (附经过线性变换的试验结果, 并假定试验结果服从正态分布).

表 2.39　化学反应过程的反应时间

批次	日期				
	星期一	星期二	星期三	星期四	星期五
1	$A = 8$	$B = 7$	$D = 1$	$C = 7$	$E = 3$
2	$C = 11$	$E = 2$	$A = 7$	$D = 3$	$B = 8$
3	$B = 4$	$A = 9$	$C = 10$	$E = 1$	$D = 5$
4	$D = 6$	$C = 8$	$E = 6$	$B = 6$	$A = 10$
5	$E = 4$	$D = 2$	$B = 3$	$A = 8$	$C = 8$

(1) 对所给数据作统计分析 ($\alpha = 0.05$);

(2) 若第 3 批材料在星期四所作的观察值缺失, 先估计这个观察值, 然后作统计分析 ($\alpha = 0.05$), 并与 (1) 的结果做比较.

解　这是 5 阶拉丁方设计的方差分析, 实现方差分析的代码如下:

```
>> load('Exercise_2_8.mat')%因变量;
>> load('Exercise_group_2_8.mat')
%三列矩阵，三列分别对应拉丁因子、行因子、列因子的索引;
>>[p,table,stats,terms] = anovan(Exercise_2_8,Exercise_group_2_8,...
'model',1,'varnames',{'拉丁因子';'行因子';'列因子'});
%这里的模型1代表可加主效应模型，假定因子之间相互独立;
>> f = Anova_LaTex2(table,'方差分析','exercise_anova_2_8')
%输出MATLAB中方差分析表为LaTex代码;
>> f = Anova2Excel(table,'方差分析_2_8');
%%保存MATLAB中方差分析表为Excel格式;
```

(1) 由上述 MATLAB 程序可得表 2.40, 可知: 给定显著性水平 0.05, 拉丁因子十分显著, 而行因子和列因子不显著, 说明不同的催化剂对轮胎反应时间有显著影响, 而材料的批次和日子对反应时间的影响不显著.

表 2.40　方差分析表

来源	平方和	自由度	均方和	F 值	p 值
拉丁因子	141.44	4	35.36	11.3092	<0.001**
行因子	15.44	4	3.86	1.2345	0.3476
列因子	12.24	4	3.06	0.9787	0.455
误差	37.52	12	3.1267		
总	206.64	24			

由方差分析表可知, 误差项的方差估计为 $\hat{\sigma}^2 = 3.1267$, 运行下列代码, 整理可得参数估计如表 2.41.

```
>> coeffs_est(:,1:2:7)=reshape(stats.coeffnames,4,[]);
>> coeffs_est(:,2:2:8)=reshape(num2cell(stats.coeffs),4,[]);
>> f = Anova_LaTex3(coeffs_est,'参数估计','exercise_coeffs_est_2_8');
```

表 2.41　参数估计

一般平均	5.88	拉丁因子 = 4	−2.48	行因子 = 3	−0.08	列因子 = 2	−0.28
拉丁因子 = 1	2.52	拉丁因子 = 5	−2.68	行因子 = 4	1.32	列因子 = 3	−0.48
拉丁因子 = 2	−0.28	行因子 = 1	−0.68	行因子 = 5	−0.88	列因子 = 4	−0.88
拉丁因子 = 3	2.92	行因子 = 2	0.32	列因子 = 1	0.72	列因子 = 5	0.92

(2) 试验设计中, 总是要想办法控制随机误差, 即使随机误差的平方和最小, 用数值优化的方法可得到 y_{354} 的填补值. 在 MATLAB 中, 我们用 NaN 表示 y_{354} 的值, 然后作方差分析, 软件会自动用一个数值填补 y_{354}, 使得随机误差的平方和最小. 要注意的是, 由于 y_{354} 缺失, 总的自由度小于 1, 相应的误差平方和的自由度也小于 1.

在 MATLAB 窗口运行下列代码可得表 2.42, 从这个表中可得出: 给定显著性水平 0.05, 拉丁因子依旧十分显著的, 而行因子和列因子依旧不显著的, 因此, 与 (1) 相比结果没有变化.

```
>> Exercise_2_8(14)=NaN;
%NaN代表不确定的数值, 基于随机误差的平方和最小原则, MATLAB自动填补.
>> [~,table,stats,~] = anovan(Exercise_2_8,Exercise_group_2_8,...
'model',1,'varnames',{'拉丁因子';'行因子';'列因子'});
>> f = Anova_LaTeX2(table,'方差分析','exercise_anova_2_8_2');
>> f = Anova2Excel(table,'方差分析_2_8_2');
```

表 2.42　方差分析表

来源	平方和	自由度	均方和	F 值	p 值
拉丁因子	120.6333	4	30.1583	9.6671	0.0013**
行因子	15.9208	4	3.9802	1.2758	0.3372
列因子	8.4208	4	2.1052	0.6748	0.6233
误差	34.3167	11	3.1197		
总	181.8333	23			

练习 2.9　试验目的是要分析化学反应的温度和反应时间对产品收率的影响. 考虑到原料配方与操作人也对收率产生影响, 为在分析温度与时间的影响时能消除配方与操作人的影响, 采用希腊-拉丁方设计. 每个因子取 5 个水平. 反应温度 (拉丁因子): A 90℃, B 110℃, C 130℃, D 150℃, E 170℃; 反应时间 (希腊因子): α 30 分钟、β 60 分钟、γ 90 分钟、δ 120 分钟、ε 150 分钟; 原料配方类: 1, 2, 3, 4, 5; 操作人: 甲、乙、丙、丁、戊. 试验结果如表 2.43 所示.

(1) 写出这个试验的统计模型.

(2) 作方差分析 ($\alpha = 0.05$)(对拉丁因子、希腊因子、行因子、列因子的显著性作出检验).

(3) 估计显著因子诸水平的效应.

表 2.43　产品收率

原料配方类	操作人				
	甲	乙	丙	丁	戊
1	$A\alpha = 16$	$E\beta = 92$	$D\gamma = 95$	$C\delta = 85$	$B\epsilon = 30$
2	$C\epsilon = 45$	$B\alpha = 30$	$A\beta = 40$	$E\gamma = 98$	$D\delta = 98$
3	$E\delta = 100$	$D\epsilon = 70$	$C\alpha = 50$	$B\beta = 25$	$A\gamma = 50$
4	$B\gamma = 62$	$A\delta = 20$	$E\epsilon = 88$	$D\alpha = 80$	$C\beta = 50$
5	$D\beta = 80$	$C\gamma = 83$	$B\delta = 67$	$A\epsilon = 15$	$E\alpha = 90$

解　这是 5 阶希腊-拉丁方设计的方差分析, 实现方差分析的代码如下:

```
>> load Exercise_2_9;%因变量;
>> load Exercise_group_2_9;
%四列矩阵, 四列分别对应拉丁因子、行因子、列因子和希腊因子的索引;
>> [~,table,stats,~] = anovan(Exercise_2_9,Exercise_group_2_9,...
   'model',1,'varnames',{'拉丁因子';'行因子';'列因子';'希腊因子'});
%这里的模型1代表可加主效应模型, 假定因子之间相互独立;
>> f = Anova_LaTex2(table,'方差分析','exercise_anova_2_9')
>> f = Anova2Excel(table,'方差分析_2_9');
```

(1) 由表 2.43 中数据可知, $p=4, n=p^2=16$, 则本试验满足统计模型:

$$
\begin{cases}
y_{ijkl} = \mu + \theta_i + \tau_j + \omega_k + \varphi_l + \epsilon_{ijkl}, \\
i,j,k,l = 1,\cdots,p, \\
\text{诸 } \epsilon_{ijkl} \overset{\text{i.i.d.}}{\sim} N(0,\sigma^2), \\
\text{约束条件: } \sum_{i=1}^{p} \theta_i = 0, \quad \sum_{j=1}^{p} \tau_j = 0, \\
\qquad\qquad \sum_{k=1}^{p} \omega_k = 0, \quad \sum_{l=1}^{p} \varphi_l = 0.
\end{cases}
$$

(2) 在 MATLAB 窗口运行上述代码可得表 2.44, 从这个表中可得: 给定显著性水平 0.05, 除拉丁因子和希腊因子是显著的, 行因子和列因子都是不显著的, 即反应温度和反应时间对产品收率有显著影响, 而原料配方类和操作人对产品收率的影响是不显著.

表 2.44　方差分析表

来源	平方和	自由度	均方和	F 值	p 值
拉丁因子	15100.56	4	3775.14	26.2637	<0.001**
行因子	199.76	4	49.94	0.3474	0.8389
列因子	254.16	4	63.54	0.442	0.7756
希腊因子	3195.36	4	798.84	5.5575	0.0193*
误差	1149.92	8	143.74		
总	19899.76	24			

(3) 运行下列代码, 整理可得显著因子诸水平效应的点估计:

```
>> p = 5;%5阶希腊-拉丁方试验;
>> fprintf('一般平均的估计值: %g; \n\t',stats.coeffs(1));
>> fprintf('拉丁因子第%g个水平效应: %g; \n\t',...
[1:p;stats.coeffs(2:p+1,:).'])
>> fprintf('希腊因子第%g个水平效应: %g; \n\t',...
[1:p;stats.coeffs(3*p+2:4*p+1,:).'])

一般平均的估计值:    62.36;
拉丁因子第1个水平效应:  -34.16;
拉丁因子第2个水平效应:  -19.56;
拉丁因子第3个水平效应:  0.24;
拉丁因子第4个水平效应:  22.24;
拉丁因子第5个水平效应:  31.24;
希腊因子第1个水平效应:  -9.16;
希腊因子第2个水平效应:  -4.96;
希腊因子第3个水平效应:  15.24;
希腊因子第4个水平效应:  11.64;
希腊因子第5个水平效应:  -12.76;
```

第 3 章　析因试验的部分实施与正交表

在多因子试验中, 当因子个数多或因子水平较多时, 全因子试验 (析因试验) 所需要的试验次数难以承受, 比如, k 个因子且每个因子有 p 个水平的析因试验, 也称为 p^k 设计, 有 p^k 个水平组合 (试验点), 考虑所有因子及它们的交互作用, 在每个组合下还需要重复试验. 实际中, 三个及三个以上因子交互作用 (高阶交互作用) 和部分两因子交互作用 (两阶交互作用) 往往是不存在或可以忽略的, 这为减少试验次数提供了可能. 本章讨论利用正交表实现多因子析因试验的部分实施的方法.

3.1　正　交　表

如果一个矩阵或一张表满足下列两个条件, 就称它为正交表:

(1) 任意一列中不同数字的重复次数相等;

(2) 任意两列中同行数字构成的若干数对中, 每个数对的重复次数也相等.

如果一个试验问题有 k 个因子, 每个因子有 p 个水平, 全部试验点有 p^k 个, 为 p^k 设计, 相应的正交表为 $\mathrm{L}_{p^k}(p^{\frac{p^k-1}{p-1}})$, 这里的 L 表示正交表, 这个表中有 p 个不同的数字代表 p 个不同的水平, 下标 p^k 表示这个正交表的行数, 每一行对应一个试验点, 这个正交表有 $\dfrac{p^k-1}{p-1}$ 列, 其中有 k 列安排主效应 (单因子作用) 列, $\mathrm{C}_k^2(p-1)$ 列安排两因子的交互作用列, $\mathrm{C}_k^3(p-1)^2$ 列安排三因子的交互作用列, $\cdots$, $\mathrm{C}_k^k(p-1)^{(k-1)}$ 列安排 k 个因子的交互作用列, 这样安排可使得相应列的自由度之和与安排的因子或交互作用的自由度匹配, 共需要的列数为

$$S = \sum_{j=1}^{k} \mathrm{C}_k^j (p-1)^{j-1}.$$

为了计算上式, 作如下的变形:

$$(p-1)S+1=\sum_{j=0}^{k}C_k^j(p-1)^j=(p-1+1)^k=p^k,$$

因而可计算得到 p^k 设计的正交表有 $\dfrac{p^k-1}{p-1}$ 列.

2^2 设计的正交表是最简单的正交表 $L_4(2^3)$ (表 3.1). 这个表中两个不同数字表示两个不同的水平, 这里选用数字 0 和 1(也可以用其他两个不同的数字或字母), 是为了找出下列规律: ① 第 1 列和第 2 列同行数字构成数组 $(0,0)$, $(0,1)$, $(1,0)$ 和 $(1,1)$, 代表四个不同的试验点; ② 第 1 列是二等分列, 上半部分全为 0, 下半部分全为 1, 第 2 列是四等分列, 将上半部分再一分为二, 一半为 0, 一半为 1, 类似地分下半部分; ③ 如果记第 1 列列名 A(安排因子 A), 第二列列名 B(安排因子 B), 那么第三列列名 AB(因子 A 与因子 B 的交互作用列), 根据列名相乘时用指数法则并模 2(除以 2 后的余数), 任何一列都可以看作另外两列的交互作用列, 比如: 第 2 列和第 3 列交互作用列的列名 $BAB=AB^2=AB^0=A$, 说明第 2 列与第 3 列交互作用列是第 1 列; ④ 第 1, 2, 3 列的数字分别记作 x_1, x_2, x_3, 等分列的数字由规律①得出, 第 3 列 (非等分列) 可以看作等分列 (单因子列) 的交互作用列, 这一列的数字 $x_3=\mathrm{mod}(x_1+x_2,2)$, 这里的 $\mathrm{mod}(a,b)$ 表示 a 除以 b 的余数. 对于列名的规律可总结如下: 列名相乘, 指数模 2. 对于每一列的数字的规律也可总结如下: 单因子列是等分列, 而交互作用列均可看作单因子的交互作用, 交互作用列的数字等于这些单因子列数字相加并模 2.

表 3.1 2^2 设计的正交表 $L_4(2^3)$

A	B	AB
0	0	0
0	1	1
1	0	1
1	1	0

类似地, 该规律也适用于 2^3 设计的正交表 $L_8(2^7)$ (表 3.2), 在这个表中第 1, 2, 4 列分别是二等分列、四等分列、八等分列, 安排单因子, 第 3 列是第 1 列和第 2 列的交互作用列, 第 5 列到第 7 列分别是第 1 列与第 4 列, 第 2 列与第 4 列以及第 1, 2 列与第 4 列的交互作用列, 所以根据前面找出的规律, $x_3=\mathrm{mod}(x_1+x_2,2)$, $x_5=\mathrm{mod}(x_1+x_4,2)$, $x_6=\mathrm{mod}(x_2+x_4,2)$, $x_7=\mathrm{mod}(x_1+x_2+x_4,2)$, 并还可找到任何一列是另两列或三列的交互作用列, 比如第 1 列可以看作第 6 列和第 7 列的交互作用列, 或第 2, 5, 6 列的交互作用列, 所以, $x_1=\mathrm{mod}(x_6+x_7,2)$, 或 $x_1=\mathrm{mod}(x_2+x_5+x_6,2)$. 通常列名这样安排: 先安排两个单个因子 A 和 B 在第 1 列和第 2 列, 然后安排它们交互作用列在第 3 列, 再引入新的单个因子 C 在

紧跟后面的第 4 列 (八等分列), 单个因子 C 与前面的列的交互作用安排在第 5—7 列.

表 3.2　2^3 设计的正交表 $\mathbf{L_8(2^7)}$

A	B	AB	C	AC	BC	ABC
0	0	0	0	0	0	0
0	0	0	1	1	1	1
0	1	1	0	0	1	1
0	1	1	1	1	0	0
1	0	1	0	1	0	1
1	0	1	1	0	1	0
1	1	0	0	1	1	0
1	1	0	1	0	0	1

推广 2 水平的试验设计正交表到高水平, 会面临一些困难, 但还是可找到一些规律, 下面以 3^2 设计的正交表 (表 3.3) 来说明. 第 1 列和第 2 列分别是三等分列和九等分列, 分别安排三水平因子 A 和 B, 第 3 列 AB 分量列为第 1 列和第 2 列的交互作用列, 第 4 列 A^2B 分量列为第 1 列 A、第 1 列和第 2 列的交互作用列 AB 的交互作用列, 因而也有: $x_3 = \mathrm{mod}(x_1 + x_2, 3), x_4 = \mathrm{mod}(2x_1 + x_2, 3)$. 第 3 列与第 4 列的自由度和是 4, 恰好是因子 A 和 B 的交互作用的自由度, 还可以证明, 按这两列计算出来的偏差平方和的和就是交互作用的偏差平方和. 实际上, 任意两列或三列的交互作用列一定是另一列, 按列名相乘指数模 3, 如果列名最后一字母指数不为 1, 就对列名平方并模 3, 化为标准列名, 比如第 3 列与第 4 列的交互作用列名 $ABA^2B = A^3B^2 = B^2$, 标准列名为 B. 推广到更一般的 p^k 设计正交表, 也有以下规律: ① k 个单因子依次安排在 p 等分列, p^2 等分列, $\cdots$, p^k 等分列; ② 其余的列都可以看作这 p 个单个因子中某些因子的交互作用列, 比如, 因子 A 和因子 B 的交互作用要占据 $p-1$ 列, 列名依次为 $AB, A^2B, \cdots$, $A^{p-1}B$, 因子 A、因子 B 和因子 C 的交互作用要占据 $(p-1)^2$ 列, 列名依次为

表 3.3　3^2 设计的正交表 $\mathbf{L_9(3^4)}$

A	B	AB 分量	A^2B 分量
0	0	0	0
0	1	1	1
0	2	2	2
1	0	1	2
1	1	2	0
1	2	0	1
2	0	2	1
2	1	0	2
2	2	1	0

ABC, A^2BC, $\cdots$, $A^{p-1}BC$, AB^2C, A^2B^2C, $\cdots$, $A^{p-1}B^2C$, $AB^{p-1}C$, $A^2B^{p-1}C$, $\cdots$, $A^{p-1}B^{p-1}C$, 类似地, 可得更多因子的交互作用所占列的列名; ③ 交互作用列列名可以视某些单因子列列名相乘, 并化为标准列名而得, 相应的数字也可以由这些单因子列的数字相加模 p 得到.

3.2 正交表的表头设计

3.1 节讨论了正交表的规律及其产生正交表的方法, 具体怎么用正交表来做试验设计, 也就是正交表的每一列安排什么因子或交互作用, 即正交表的表头设计, 在实践中至关重要, 本节讨论如何解决这些问题.

基于正交表的析因试验, 表头设计可遵循以下原则: 首先安排两个单因子在等分列, 并安排它们的交互作用在非等分列, 接下来再引入一个新的单因子安排在其他等分列, 然后安排这列与已安排的列的交互作用在余下的非等分列, 以此类推. 比如, 在 2^4 设计的正交表 (表 3.4) 中, 第 1 列 (二等分列) 与第 2 列 (四等分列) 安排单因子 A 和 B, 并安排它们的交互作用因子在第 3 列, 引入因子 C 并安排在第 4 列 (八等分列), 第 4 列与第 1—3 列的交互作用 (即因子 C 与 A, B 及 AB 的交互作用) 分别安排在第 5, 6 和 7 列, 最后引入单因子 D, 并安排在第 8 列 (十六等分列), 其与第 1—7 列的交互作用依次安排在第 9—15 列. 表 3.4 的每一列的自由度为 1, 与相应安排的单因子或交互作用因子的自由度是匹配的. 以此类推, 可得到 $2^k(k = 2, 3, \cdots)$ 设计的正交表 (表 3.4) 中的表头设计. 又比如, 在 3^3 设计的正交表 (表 3.5) 中, 第 1 列 (三等分列) 与第 2 列 (九等分列) 安排单因子 A 和 B, 并安排它们的交互作用因子在第 3, 4 列, 列名为 AB, A^2B, 引入因子 C 并安排在第 5 列 (二十七等分列), 因子 C 与 A 的交互作用分别安排在第 6 和 7 列, 因子 C 与 B 的交互作用分别安排在第 8 和 9 列, 因子 C 与 A 和 B 交互作用的交互作用 (即 AB, A^2B 和 C 的交互作用) 分别安排在第 10—13 列, 列名为 ABC 与 A^2B^2C(第 3 列 AB 分量列与第 5 列因子 C 交互作用列 ABC 分量列和 A^2B^2C 分量列), A^2BC 与 AB^2C(第 4 列 A^2B 分量列与第 5 列因子 C 交互作用列 A^2BC 分量列和 A^4B^2C 分量列, 后者标准列名 AB^2C 分量列). 表 3.5 的每一列的自由度为 2, 与相应安排的单因子的自由度是匹配的, 而二阶交互作用占两列, 三阶交互作用占四列, 相应的自由度是匹配的. 以此类推, 可得到 $3^k(k = 2, 3, \cdots)$ 设计的正交表中的表头设计.

表 3.4 2^4 设计的正交表列名表

列编号	1	2	3	4	5	6	7	8	9	10	11	12	13	14	15
列名	A	B	AB	C	AC	BC	ABC	D	AD	BD	ABD	CD	ACD	BCD	$ABCD$

表 3.5　3^3 设计的正交表列名表

列编号	1	2	3	4	5	6	7	8	9	10	11	12	13
列名	A	B	AB	A^2B	C	AC	A^2C	BC	B^2C	ABC	A^2B^2C	A^2BC	AB^2C

　　实际中, 高阶 (三阶及以上) 交互作用通常是微弱的, 可忽略, 并且一部分二阶交互作用也可忽略, 而这些可以忽略的列可以用来安排单因子或部分不能忽略的二阶交互作用, 从而可以用较小的正交表安排较多的因子的试验设计, 这给析因试验的部分实施提供了可能. 比如: 表 3.3 就是一完备型正交表, 如果不考虑交互作用, $L_9(3^4)$ 可以用来做 3^3 设计的 $\frac{1}{3}$ 的部分实施, 对应的就是 3 阶拉丁方设计, 任选 3 列安排行因子、列因子和拉丁因子, 而空余一列可以用来计算误差平方和, 从而进行统计分析. 又比如: 表 3.3 就是一完备型正交表, 如果不考虑交互作用, $L_9(3^4)$ 可以用来做 3^4 设计的 $\frac{1}{9}$ 的部分实施, 对应的就是 3 阶希腊-拉丁方设计, 四列分别另安排行因子、列因子、拉丁因子和希腊因子, 这时没有空余列, 如果在每一个试验点不重复试验, 会使误差平方和的自由度为 0, 没办法进行统计分析, 因而需要在每个试验点下重复试验, 更一般地, 用正交表做试验设计, 如果没有空白列, 通常要在每个试验点下重复试验才能作统计分析. 正交试验设计中, 怎么在较小的正交表中安排较多因子及部分二阶交互作用, 必须遵循列名不混杂的原则: ① 同一列不能安排两个及两个以上的因子或交互作用; ② 一列的列名或别名不能与其他列的列名或别名混杂. 所谓的别名指的是给定了一个正交设计的定义对比后, 由列名经过推导而得到的别名.

　　在表 3.6 中, 用正交表 $L_8(2^7)$ 安排了四个单因子 A, B, C, D 及 A, B, C 的两两交互作用. 在这个正交表中第 7 列理应安排 A, B, C 的三阶交互作用, 但这个高阶交互作用可忽略, 因而安排单因子 D, 相应的定义对比 $D = ABC$, 等式两边同乘 D 并指数模 2 得定义对比 $1 = ABCD$. 由定义对比两边同乘 AB, 可得 AB 别名为 CD, 同样可得 AC 别名为 BD, BC 别名为 AD, 此三列也可分别安排 CD, BD, AD, 在此表中忽略了 A, B, C 的别名 (不同的三阶交互作用), 这样安排确保了列名不混杂.

表 3.6　2^4 设计的 $\frac{1}{2}$ 实施表头设计

列编号	1	2	3	4	5	6	7	
列名	A	B	AB	C	AC	BC	ABC	
部分实施	A	B	AB	C	AC	BC	D	定义对比
别名			CD		BD	AD		$1 = ABCD$

　　在表 3.7 中, 用正交表 $L_{27}(3^{13})$ 安排了四个单因子 A, B, C, D 及部分的两两

交互作用. 在这个正交表中第 10 列理应安排 A, B, C 的三阶交互作用, 但这个高阶交互作用可忽略, 因而安排单因子 D, 相应的定义对比 $D = ABC$, 等式两边同乘 D^2 并指数模 3 得定义对比 $1 = ABCD^2$. 由定义对比, 两边同乘 A^2B^2C, 再化为标准列名, 可得第 11 列的别名为 CD, 因而第 11 列可安排交互作用 CD. 由定义对比, 两边同乘 AB^2C^2 (列 12 另一种表示), 都化为标准列名, 可得 A^2BC 别名为 AD, 第 12 列的别名为 AD, 因而第 12 列可安排交互作用 AD. 类似地, 可得第 13 列的别名为 BD, 因而第 13 列可安排交互作用 BD. 同样地, 可推导得第 3, 6, 8 列别名分别为 C^2D, B^2D, A^2D, 也可安排这三个交互作用. 而三阶交互作用别名在此表中忽略了, 可以验证这样安排确保了列名不混杂.

表 3.7　 3^4 设计的 $\dfrac{1}{3}$ 实施表头设计

列编号	1	2	3	4	5	6	7	8	9	10	11	12	13
列名	A	B	AB	A^2B	C	AC	A^2C	BC	B^2C	ABC	A^2B^2C	A^2BC	AB^2C
部分实施	A	B	AB	A^2B	C	AC	A^2C	BC	B^2C	D	CD	AD	BD
别名			C^2D			B^2D		A^2D					
定义对比							$1 = ABCD^2$						

　　具体地, 优先安排需要对正交表改造 (后面会讲到) 以后才能安排的单因子, 或安排有交互作用的两个单因子; 接下来安排这两个因子的交互作用, 可能要用到多列, 具体到哪些列由所用的正交表的表头设计来安排; 然后, 如果还有单个因子, 也优先考虑有交互作用或需要改造以后才能安排的单因子, 再引入由正交表中各列列名之间关系确定的新因子.

3.3　正交表的改造

　　前面讨论的正交表也称为完备正交表, 有以下良好的性质: ① 单因子的偏差平方和等于每一列的偏差平方和 (基于这一列的数字水平计算出的偏差平方和); ② 交互作用因子的偏差平方和等于用于安排此交互作用的列的偏差平方和的和, 它的自由度也有类似结论; ③ 误差平方和等于没有安排任何因子空白列的偏差平方和的和, 它的自由度也有类似结论, 基于正交表这些性质容易完成统计分析. 然而, 这些正交表也有它的局限性, 它要求每个因子有相同的水平, 实际的试验设计中不同因子可能有不同的水平, 为了适应此情况, 必须对完备正交表改造, 这一节介绍完备正交表改造的四种常用方法: 并列法、拟水平法、组合法和赋闲列法.

3.3.1　并列法

　　在 p^k 设计的完备正交表中, 合并两个单因子列及它们的交互作用列, 将这两个单因子列所构成的 p^2 个有序数对映射为 p^2 个不同数字, 构成新的一列, 可以

用来安排 p^2 个水平的单因子; 合并三个单因子及它们的交互作用列, 将这三个单因子列所构成的 p^3 个有序数对映射为 p^3 个不同数字, 构成新的一列, 可以用来安排 p^3 个水平的单因子, 以此类推, 可以改造 p^k 设计的完备正交表为混合水平正交表, 可能包含水平数为 $p, p^2, p^3, \cdots$, 并且改造以后的表还是正交表, 即满足正交表的两个条件, 有上述良好的统计分析性质, 使得统计分析容易实施. 由于此改造方法是合并若干列为一列, 因而称为并列法, 由此方法改造而得的列, 可安排较高水平因子, 其偏差平方和等于这若干列的偏差平方和的和, 自由度也是, 改造后的列与其他列的交互作用应放在这若干列与其他列的交互作用列上.

3.3.2　拟水平法

并列法改造, 只能将较低水平的正交表改造为能安排较高 (原水平数的整数指幂) 水平因子, 实际中, 可能要改造较高水平的正交表, 能安排较低水平因子, 拟水平法就可以做到. 比如: 在 3 水平正交表中, 经拟水平法改造后, 能安排 2 水平因子, 具体地, 将第 1 列中数字作如下映射:

$$1 \to 1, \quad 2 \to 2, \quad 3 \to 2,$$

这样的映射是不唯一的, 这里对改造后 2 水平因子的第 2 个水平 (可能对结果影响更显著) 安排了更多的试验. 显然, 经改造以后得到的表不再是正交表, 因为在改造以后这一列中数字 2 重复出现次数是数字 1 重复出现次数的 2 倍, 不满足正交表的条件 (1), 因而用改造以后的表作统计分析也不再具有正交表的优良性质. 更一般地, 用拟水平法对 p^k 设计的正交表改造, 可将 p 水平的列改造成水平数小于 p 并且自由度也小于 $p-1$ 的列, 与改造前的列自由度也不匹配, 并且可证明由改造以后的列计算出来的偏差平方和 $SS_{改造后}$ 与由改造以前的列计算出来的偏差平方和 $SS_{改造前}$ 也不相等, 在作方差分析时, 这两者的差 $SS_{改造前} - SS_{改造后}$ 只与误差项有关, 应归入误差平方和, 相应的自由度的改变量 $f_{改造前} - f_{改造后}$ 也应归入误差平方和的自由度, 接下来的方差分析与正交试验设计就大同小异. 改造以后的列与其他列的交互作用应安排在改造前的列与其他列的交互作用列上, 交互作用偏差平方和小于按这些交互作用列计算出的偏差平方和的和, 并且自由度也有类似结论, 因而减少的偏差平方和与自由度应分别计入误差平方和与误差自由度.

3.3.3　组合法

如果在一个试验中采用 p 水平正交表安排试验, 而考察的因子除了有 p 水平的因子外, 还有水平数小于 p 的两个因子, 这两个因子的自由度的和恰好是 $p-1$, 并且不考虑这两个因子的交互作用, 那么可以用组合法来安排试验. 组合法通常是将 p 水平正交表的单因子列中不同数字映射为要安排的两个因子的不同组合, 并且确保这两个因子的不同水平都出现, 不同组合的第 1 个数字构成新的一列安排第 1 个因子, 不同组合的第 2 个数字构成新的一列安排第 2 个因子. 比如: 在 3 水平正交表中, 将第 1 列用组合法改造后, 能安排两个 2 水平因子, 具体地将第 1 列中数字作如下映射:

$$1 \to (1,1), \quad 2 \to (1,2), \quad 3 \to (2,1).$$

这样的映射也是不唯一的, 通常地, 经改造以后而得到的表不再是正交表, 因为改造以后的列中不同数字重复次数不再相等, 不满足正交表的条件 (1), 因而用改造以后的表作统计分析也不再具有正交表的优良性质, 并且由改造以后这两列计算出的偏差平方和仅包含所安排因子的水平变动, 还包含误差项. 比如, 在上面举的例子中, 新增的第 1 列中数字 1 重复次数是数字 2 重复次数的 2 倍, 而新增的第 2 列恰好相反. 更一般地, 用拟水平法对 p^k 设计的正交表改造, 可将 p 水平的列改造成水平数小于 p 的若干不考虑交互作用的列, 并且这若干列自由度恰好等于 $p-1$. 一般地, 可证明由改造以后的若干列计算出来的偏差平方和 $SS_{改造后}$ 与由改造以前的列计算出来的偏差平方和 $SS_{改造前}$ 也不相等, 但自由度是匹配的, 即 $f_{改造前} - f_{改造后} = 0$, 因而 $SS_{改造前} - SS_{改造后}$ 也不应归入误差平方和, 接下来的方差分析与正交试验设计就大同小异. 改造以后的列与其他列的交互作用应安排在改造前的列与其他列的交互作用列上.

3.3.4 赋闲列法

赋闲列法是将水平数较小的正交表的某些列加以改造, 使改造后的新列能安排较多水平的因子. 具体地, 在 p 水平的正交表中, 选择两列, 并将这两列所构成的 p^2 个不同的有序数组映射为大于 p 而小于 p^2 个不同数字 (对应于水平), 构成新的一列, 用来安排新的因子. 但这样改造以后的表不一定是正交表, 并且可证明由这两列的交互作用列计算出的偏差平方和既反映了因子水平变动, 也掺杂了误差项, 为了确保不混杂, 这些交互作用列既不能用来安排新的因子, 也不能来计算误差平方和, 因而称这些列为赋闲列. 比如, 在 2 水平正交表中, 可以选择第 2 列与第 3 列同行数组作以下的映射:

$$(1,1) \to 1, \quad (1,2) \to 2, \quad (2,1) \to 3, \quad (2,2) \to 2,$$

第 2 列与第 3 列的交互作用第 1 列为赋闲列. 这样的映射也是不唯一的, 通常对感兴趣 (可能对结果影响更显著) 的水平重复试验更多次数, 在这里 2 水平可能是感兴趣水平.

3.4 基于 MATLAB 的自编代码

在正交试验设计中, 方差分析后, 探寻最优水平组合, 估计最优水平组合均值的点估计及区间估计, 有重大的实践意义, 执行下面的代码就可给出相应的结果.

探寻最优水平组合

```
%==================找出最优水平组合、点估计及区间估计===============
%==================剔除不显著因子后再作一次方差分析=================
 significant_factor_index=find(p<alpha);%找出p值小于alpha的行编号;
 significant_factor_name=...
           var_name(sum(model_matrix(significant_factor_index,:),1)>0);
 %找出p值小于alpha的列编号;
 model_matrix=model_matrix(significant_factor_index,:);
 %剔除不显著因子后的模型;
 [p,~,stats,~] = ...
        anovan(y,Group,'model',model_matrix,'varname',var_name);
%简化模型后再作一次方差分析;
%====================找出最优组合及均值估计=====================
y_star=reshape(y,rep_n,[]);
resid=reshape(stats.resid,rep_n,[]);
mu_hat=mean(y_star,1)-mean(resid,1);
%所有试验点(组合)均值的估计向量;
if Best_indicator==1%找出最优组合;
    [Best_mu_hat,Best_Combination]=max(mu_hat);
else
    [Best_mu_hat,Best_Combination]=min(mu_hat);
end
Best_Combination_name=[];
for ii=1:length(significant_factor_name)
    for jj=1:length(var_name)
        if significant_factor_name{ii}==var_name{jj}
            Col_jj = Group(:,jj);
            Best_Combination_name=[Best_Combination_name,...
                             significant_factor_name{ii},...
                             num2str(Col_jj(rep_n*...
                                Best_Combination))];
                %最优组合里的单因子名和相应水平编号组成字符串;
        end
    end
end

disp('=====================================================')
disp(['最优水平组合是',Best_Combination_name,'; ']);
disp(['最优水平组合的估计是',num2str(Best_mu_hat),'; ']);
```

```
%=====================最优组合的均值置信区间估计=====================
[L_row_n,~]=size(L);%计算这个表有多少行，即试验总次数;
Linear_Combination_coeff=1/L_row_n*ones(L_row_n,1);
%所有因变量的平均(y_hat)，只取其系数向量;
for ii=1:length(significant_factor_index)
    Col_set=Group(:,model_matrix(ii,:)==1);
    indictator=ones(L_row_n,1);
    [row_n,col_n]=size(Col_set);
    %===========单个因子的效应所对应的系数向量的计算===========
    if col_n==1               %最优组合里单个因子的主效应;
        A = Col_set;
        I=(A==A(Best_Combination));
        Linear_Combination_coeff=Linear_Combination_coeff+...
            I/sum(I)-1/L_row_n*ones(L_row_n,1);
    else
    %========%交互作用因子的交互效应所对应的系数向量的计算========
        for jj=1:col_n        %最优组合里交互因子的交互效应;
            A = Col_set(:,jj);
            I=(A==A(Best_Combination));
            Linear_Combination_coeff=Linear_Combination_coeff-I/sum(I);
            indictator=indictator.*(A==A(Best_Combination));
        end
        Linear_Combination_coeff=Linear_Combination_coeff+...
                                indictator/sum(indictator)+...
                                1/L_row_n*ones(L_row_n,1);
    end
end
Mse=stats.mse;f_e=stats.dfe;%误差均方和与误差自由度;
delta=sqrt(sum(Linear_Combination_coeff.^2)*Mse*finv(1-alpha,1,f_e));
%计算置信区间的半径;
disp(['最优组合',Best_Combination_name,'的均值的置信水平',...
    num2str(100*(1-alpha)),'%置信区间',...
 '[',num2str(Best_mu_hat-delta),',',...
    num2str(Best_mu_hat+delta),'].']);
```

3.5　例　题

例子 3.1　提高某种化工产品产量的试验, 其中响应变量是产量, 试验的目的是对诸因子 (包括感兴趣的交互作用) 重要性作出分析, 四个二水平因子包括: 反

应温度 A (A_1: 60°C, A_2: 80°C)、反应时间 B (B_1: 2.5 小时, B_2: 3.5 小时); 两种原料配比 C (C_1: 1.1: 1, C_2: 1.2: 1)、真空度 D (D_1: 0.7×10^5Pa, D_2: 0.8×10^5Pa), 根据生产经验, 除交互作用 AB 可能显著外, 不需要考虑其他的交互作用.

解　这是一个 2^4 设计的试验问题, 理论上要用正交表 $L_{16}(2^{15})$, 有 16 个试验点, 不重复试验, 也需要做 16 次试验, 但不需要考虑高阶交互效应, 只需要考虑二阶交互效应 AB, 因而可考虑用较小的正交表来安排试验. 四个二水平单因子和一个二阶交互效应, 应选用一张至少有 5 列的二水平正交表, $L_8(2^7)$ 可能是符合这个要求的最小正交表, 它包含 8 个试验点, 是 2^4 设计的 1/2 实施. 正交表选定后, 应遵照列名不混杂的原则来设计表头, 优先安排有交互作用的因子 A 和 B 在第 1 列和第 2 列, 那么它们的交互作用安排在第 1 列和第 2 列的交互作用列第 3 列, 从余下的 4 列任意挑选 2 列 (第 4 列和第 7 列) 安排单因子 C 和 D, 这样安排有 1 个定义对比 $ABCD = 1$, 由定义对比可得第 1(A) 列、2(B) 列和 4(C) 列的别名是三阶交互效应, 即高阶交互效应, 可忽略, 第 3 列 (AB) 别名 CD(不需要考虑), 从而确保了列名不混杂.

试验结果如表 3.8.

表 3.8　某种化工产品产量的试验结果

表头设计		A	B	AB	C			D	试验结果
列号 试验号		1	2	3	4	5	6	7	y_i/kg
1		1	1	1	1	1	1	1	86
2		1	1	1	2	2	2	2	95
3		1	2	2	1	1	2	2	91
4		1	2	2	2	2	1	1	94
5		2	1	2	1	2	1	2	91
6		2	1	2	2	1	2	1	96
7		2	2	1	1	2	2	1	83
8		2	2	1	2	1	1	2	88

运行下列代码, 整理可得此问题的方差分析表 (表 3.9), 因子 C 及交互作用 AB 是显著的, 删除不显著因子后, 得到简化模型, 再作一次方差分析, 用各试验点观察值减去相应误差的估计, 可得各试验点均值的点估计值, 试验点的均值的点估计统计量是服从于正态分布的响应变量的线性组合, 是试验点均值无偏估计, 因而可推导出最优水平组合均值的区间估计.

```
load('Example_3_1.mat');
y=Example_3_1;%列向量因变量;
level_n=2;%设定所用到正交表中水平数;
```

```
factor_n=3;%设定所用到正交表中因子数;
L=General_Orth_table(level_n,factor_n)+1;%正交表;
rep_n=1;%在每个试验点的重复次数, 如果没有重复, 赋值1;
L=kron(L,ones(rep_n,1));%对表L的每一行都重复rep_n次;
Group=L(:,[1,2,4,7]);
%因子A,B,C,D分别安排在正交表的1,2,4,7列;
var_name={'A','B','C','D'};%给出单因子名称;
model_matrix=[eye(4);1 1 0 0];
%设定模型, 模型包含单因子A,B,C,D和交互作用AB;
alpha=0.05;%给出显著性水平;
%========================= 多因子方差分析 =========================
[p,table,~,~] = anovan(y,Group,'model',model_matrix,'varname',...
    var_name);
f = Anova_LaTex2(table,'方差分析','anova_3_1');
%生成方差分析表的LaTex代码;
f = Anova2Excel(table,'方差分析_3_1');
%保存方差分析表为Excel格式;
%=============== 找出最优水平组合、点估计及区间估计 ===============
Best_indicator=1
%根据实际确定, 最优组合示性指标为1, 响应变量取值越大越优;
%根据实际确定, 最优组合示性指标为0, 响应变量取值越小越优;
orthogonal_analysis;
=================================================================
```

最优水平组合是A1B2C2;

最优水平组合的估计是95.75;

最优组合A1B2C2的均值的置信水平95%置信区间 [91.5555,99.9445].

表 3.9　方差分析表

来源	平方和	自由度	均方和	F 值	p 值
A	8	1	8	3.2	0.2155
B	18	1	18	7.2	0.1153
C	60.5	1	60.5	24.2	0.0389*
D	4.5	1	4.5	1.8	0.3118
$A*B$	50	1	50	20	0.0465*
误差	5	2	2.5		

例子 3.2　在微生物培养基成分优化试验中, 响应变量是产量 (相当于对照的百分比), 试验的目的是对诸因子与某些感兴趣的交互作用的重要性作出分析, 并

找出优化的培养基成分, 所采用的因子水平如下:

A　黄豆饼粉 + 蛋白胨 (%),　$A_1 : 0.5 + 0.5$,　$A_2 : 1 + 1$,　$A_3 : 1.5 + 1.5$;

B　葡萄糖 (%),　　　　　　$B_1 : 4.5$,　　$B_2 : 6.5$,　　$B_3 : 8.5$;

C　KH_2PO_4 (%),　　　　　$C_1 : 0$,　　　$C_2 : 0.01$,　$C_3 : 0.03$;

D　碳源 1 号 (%),　　　　 $D_1 : 0.5$,　　$D_2 : 1.5$,　$D_3 : 2.5$;

E　容量 (mL),　　　　　　$E_1 : 30$,　　 $E_2 : 60$,　　$E_3 : 90$.

根据以往经验, 交互作用 AC 存在的可能性极大, 希望通过试验验证, 而交互作用 AB 和 AE 存在可能性不大, 但无绝对把握断定它们不存在, 希望在不太增加试验次数的前提下, 能通过试验结果看一看它们是否存在. 试验结果保存在电子文档 Example3_2.mat 中, 是 27 维的列数据, 对应于 3^5 设计 1/9 部分实施, 具体设计见表 3.10.

表 3.10　微生物培养基成分优化试验

因子	A	B	AB	C	AC		E	AE		D		
列号	1	2	3	4	5	6	7	8	9	10	11	12	13

解　这是一个 3^5 设计的试验问题, 理论上要用三水平正交表 $L_{243}(3^{121})$, 不重复试验, 也需要做 243 次试验, 实践中难以完成, 但不需要考虑高阶交互效应, 且只需要考虑二阶交互效应 AC, 如果能安排下, 再考虑安排交互作用 AB 和 AE, 因而可考虑用较小的正交表来安排试验. 为了不违背列名不混杂的原则, 首先必须满足: 要安排的因子的自由度小于整个用来做试验的正交表的自由度, 可计算得因子的自由度

$$f_{因} = f_A + f_B + f_C + f_D + f_E + f_{AC} = 2 \times 5 + 4 = 14,$$

至少有 14 个自由度的最小的三水平正交表为 $L_{27}(3^{13})$, 这个正交表有 26 个自由度, 还可以顺带安排交互作用 AB 和 AE, 以验证这两个交互作用是否存在, 具体的表头设计如表 3.10: 优先安排有交互作用的因子 A 和 B 在第 1 列和第 2 列, 那么它们的交互作用安排在第 3 列和第 4 列, 因子 C 有交互作用, 安排在第 5 列, 其与因子 A 的交互作用安排在第 6 列和第 7 列, 单因子 E 和 D 分别安排在第 8 列和第 11 列, 交互作用列在第 9 列和第 10 列, 在忽略高阶交互作用假定下, 可得到每列的列名或别名都不与其他列的列名或别名相同, 这样的设计满足列名不混杂的原则.

　　运行下列代码, 整理可得此问题的方差分析表 (表 3.11), 交互作用 AB 和交互作用 AE 的检验统计量的值均小于 1, 是不显著的, 从模型中删除这两个交互作

用作方差分析, 整理得方差分析表, 因子 A、因子 C、因子 E 和交互作用 AC 是显著的, 删除不显著因子 B 和 D, 得到简化模型, 再作一次方差分析, 用各试验点观察值减去相应误差的估计, 可得各试验点均值点估计值, 试验点的均值的点估计统计量是服从正态分布的响应变量的线性组合, 是试验点均值无偏估计, 因而可推导出最优水平组合均值的区间估计.

```
clc;clear;
%=================输入因变量、单因子水平编号及设定模型==============
load('Example_3_2.mat')%下载因变量(列向量);
y=Example_3_2;%输入因变量向量;
level_n=3;%设定所用到正交表中水平数;
factor_n=3;%设定所用到正交表中因子数;
L = General_Orth_table(level_n,factor_n)+1;%正交表;
rep_n=1;%在每个试验点的重复次数, 如果没有重复, 赋值1;
L=kron(L,ones(rep_n,1));%对表L的每一行都重复rep_n次;
L_row_n=rep_n*level_n^factor_n;%计算这个表有多少行, 即试验总次数;
Group=[L(:,1),L(:,2),L(:,5),L(:,8),L(:,11)];
%因子水平编号, 用矩阵表示: [L(:,1),L(:,2),L(:,5),L(:,8),L(:,11)];
var_name={'A','B','C','E','D'};
%给出单因子名称: {'A','B','C','E','D'};
model_matrix=[eye(5);1 0 1 0 0;1 1 0 0 0;1 0 0 1 0];
%设定模型: [eye(5);1 0 1 0 0];
alpha=0.05;%给出显著性水平
%=========================多因子方差分析=========================
[p,table,~,~] = anovan(y,Group,'model',model_matrix,'varname',...
    var_name);
Del_ind=[];
for i=1:length(p)
    if table{i+1,6}<1
        Del_ind=[Del_ind,i];
    end
end
model_matrix(Del_ind,:)=[];
%检验统计量的值小于1的因子或交互作用从模型中删除, 重新作方差分析;
[p,table,~,~] = anovan(y,Group,'model',model_matrix,'varname',...
    var_name);
table = Anova_LaTex2(table,'方差分析','anova_3_2');
%生成方差分析表的LaTex代码;
f = Anova2Excel(table,'方差分析_3_2');
%保存方差分析表为Excel格式;
```

```
%===============找出最优水平组合、点估计及区间估计===============
Best_indicator=1;
%根据实际确定，Best_indicator取1，响应变量取值越大越优；
%根据实际确定，Best_indicator取0，响应变量取值越小越优；
orthogonal_analysis;
===========================================================
```

最优水平组合是 **A3C2E1**；

最优水平组合的估计是 **1.2981**；

最优组合 **A3C2E1** 的均值的置信水平 95% 置信区间 [**1.1215, 1.4748**].

表 3.11　方差分析表

来源	平方和	自由度	均方和	F 值	p 值
A	0.8952	2	0.4476	33.55	<0.001**
B	0.0503	2	0.0252	1.8859	0.194
C	0.23	2	0.115	8.6205	0.0048**
E	0.1074	2	0.0537	4.0247	0.046*
D	0.0623	2	0.0311	2.334	0.1392
$A*C$	0.3096	4	0.0774	5.8021	0.0078**
误差	0.1601	12	0.0133		

例子 3.3　为了考察 4 个因子 A, B, C, D 及其交互作用 AB 和 AC 对聚氨酯合成橡胶的扩张强度的影响, 选取 A 的 4 个水平和 B, C, D 各 2 个水平做试验, 采用并列法做试验设计, 数据保存在电子文档 Example_3_3.mat 中.

解　选用二水平正交表 $L_{16}(2^{15})$ 来安排试验, 有 16 个试验点, 不重复试验, 只需要做 16 次试验, 工作量不大, 并且此表有 15 列, 总自由度 15, 而所有因子和交互作用的自由度为

$$f_{因} = f_A + f_B + f_C + f_D + f_{AB} + f_{AC} = 3 + 3 \times 1 + 3 + 3 = 14,$$

或许可以安排, 具体的表头设计如表 3.12 所示.

基于正交表 $L_{16}(2^{15})$, 优先安排有交互作用且需要改造以后才能安排的因子 A, 对正交表第 1—3 列用并列法改造后安排 4 水平因子 A, 第 1 列和第 2 列的同行数组作以下映射改造为新的一列:

$$(1,1) \to 1, \quad (1,2) \to 2, \quad (2,1) \to 3, \quad (2,2) \to 4,$$

因子 B 安排在第 4 列, 因子 A (第 1—3 列) 与 B (第 4 列) 的交互作用就在第 5—7 列, 是第 1—3 列与第 4 列的交互作用列, 因子 C 安排在第 8 列, 它与 A 的

交互作用安排在第 8 列与第 1—3 列的交互作用列第 9—11 列, 第 12 列安排因子 D, 这样的设计满足列名不混杂的原则.

表 3.12　聚氨酯合成橡胶的扩张强度试验

因子	A			B	AB			C	AC			D			
列号	1	2	3	4	5	6	7	8	9	10	11	12	13	14	15

　　运行下列代码, 整理可得此问题的方差分析表 (表 3.13), 因子 D 不是显著的, 删除不显著因子 D, 得到简化模型, 再作一次方差分析, 用各试验点观察值减去相应误差的估计, 可得各试验点均值的点估计值, 试验点均值的点估计统计量是服从于正态分布的响应变量的线性组合, 是试验点均值无偏估计, 因而可推导出最优水平组合均值的区间估计.

```
clc;clear;
%=================输入因变量、单因子水平编号及设定模型==============
load Example_3_3;
y=Example_3_3;%输入因变量向量;
level_n=2;%设定所用到正交表中水平数;
factor_n=4;%设定所用到正交表中因子数;
L = General_Orth_table(level_n,factor_n)+1;%正交表;

%====================== 并列法改造正交表 ======================
L ((((L(:,1)==1)&(L(:,2)==1)),16)=1;
%第1列和2列的同行数组(1, 1)映射为1, 并安排在第16列;
L (((L(:,1)==1)&(L(:,2)==2)),16)=2;
%第1列和2列的同行数组(1, 2)映射为2, 并安排在第16列;
L (((L(:,1)==2)&(L(:,2)==1)),16)=3;
%第1列和2列的同行数组(2, 1)映射为3, 并安排在第16列;
L (((L(:,1)==2)&(L(:,2)==2)),16)=4;
%第1列和2列的同行数组(2, 2)映射为4, 并安排在第16列;

rep_n=1;%在每个试验点的重复次数, 如果没有重复, 赋值1;
L=kron(L,ones(rep_n,1));%对表L的每一行都重复rep_n次;
L_row_n=rep_n*level_n^factor_n;%计算这个表有多少行, 即试验总次数;
%================================================================
Group=[L(:,16),L(:,4),L(:,8),L(:,12)];%因子水平编号, 用矩阵表示;
var_name={'A','B','C','D'};%给出单因子名称, 用数组表示;
model_matrix=[eye(4);1 1 0 0;1 0 1 0];%设定模型;
alpha=0.05;%给出显著性水平;
%======================= 多因子方差分析======================
```

```
[p,table,~,~] = anovan(y,Group,'model',model_matrix,'varname',...
    var_name);
f = Anova_LaTex2(table,'方差分析','anova_3_3');
%生成方差分析表的LaTex代码;
f = Anova2Excel(table,'方差分析_3_3');
%保存方差分析表为Excel格式;
%=============找出最优水平组合、点估计及区间估计===============
Best_indicator=1;
%根据实际确定，Best_indicator取1，响应变量取值越大越优;
%根据实际确定，Best_indicator取0，响应变量取值越小越优;
orthogonal_analysis;
==========================================================================
最优水平组合是A3B2C2;
最优水平组合的估计是241.25;
最优组合A3B2C2的均值的置信水平95%置信区间[209.1085,273.3915].
```

表 3.13　方差分析表

来源	平方和	自由度	均方和	F 值	p 值
A	4018.1875	3	1339.3958	14.1392	0.0282*
B	2185.5625	1	2185.5625	23.0717	0.0172*
C	3393.0625	1	3393.0625	35.8186	0.0093**
D	430.5625	1	430.5625	4.5452	0.1228
$A*B$	6644.1875	3	2214.7292	23.3796	0.0139*
$A*C$	4203.6875	3	1401.2292	14.792	0.0265*
误差	284.1875	3	94.7292		

例子 3.4　三甲酯合成试验, 要考察的因子有 3 个, 其中 A 是 2 个水平, B 和 C 为 3 个水平, 这三个因子相互间不存在交互作用, 响应变量是产量, 试采用拟水平法做试验设计, 数据见电子文档 Example_3_4.mat.

解　选用三水平正交表 $L_9(3^4)$ 来安排试验, 有 9 个试验点, 不重复试验, 只需要做 9 次试验, 工作量不大, 并且此表有 4 列三水平列, 总自由度 8, 而所有因子的自由度为

$$f_{因} = f_A + f_B + f_C = 1 + 2 + 2 = 5,$$

或许可以安排这三个因子, 基于正交表 $L_9(3^4)$, 优先安排需要改造以后才能安排的因子 A, 对第 1 列用拟水平法作改造, 1 水平映射为 1 水平, 2 水平和 3 水平都映射为 2 水平, 改造后这列就是一个 2 水平列, 用来安排因子 A, 而第 2 列和第

3 列分别安排因子 B 和因子 C, 第 4 列空白列, 这样的设计满足列名不混杂的原则.

运行下列代码, 整理可得此问题的方差分析表 (表 3.14), 删除不显著因子 C, 得到简化模型, 再作一次方差分析, 用各试验点观察值减去相应误差的估计, 可得各试验点的均值点估计值, 试验点的均值的点估计统计量是服从正态分布的响应变量的线性组合, 是试验点均值无偏估计, 因而可推导出最优水平组合均值的区间估计.

表 3.14　方差分析表

来源	平方和	自由度	均方和	F 值	p 值*
A	10.125	1	10.125	28.4321	0.0129*
B	124.82	2	62.41	175.2543	<0.001**
C	5.1667	2	2.5833	7.2543	0.0709
误差	1.0683	3	0.3561		

```
clc;clear;
%==================输入因变量、单因子水平编号及设定模型==============
load Example_3_4.mat %下载数据;
y=Example_3_4;%输入因变量向量;
level_n=3;%设定所用到正交表中水平数;
factor_n=2;%设定所用到正交表中因子数;
L = General_Orth_table(level_n,factor_n)+1;%正交表;

L((L(:,1)==1),5)=1;%对正交表改造,第1列的数字1映射为1,并安排在第5列;
L((L(:,1)==2),5)=2;%对正交表改造,第1列的数字2映射为2,并安排在第5列;
L((L(:,1)==3),5)=2;%对正交表改造,第1列的数字3映射为2,并安排在第5列;

rep_n=1;%在每个试验点的重复次数,如果没有重复,赋值1;
L=kron(L,ones(rep_n,1));%对表L的每一行都重复rep_n次;
L_row_n=rep_n*level_n^factor_n;%计算这个表有多少行,即试验总次数;

Group=[L(:,5),L(:,2),L(:,3)];%因子水平编号(用数字表示),用矩阵表示;
var_name={'A','B','C'};%给出单因子名称;
model_matrix=eye(3);%设定模型;
alpha=0.05;%给出显著性水平;

%=========================多因子方差分析=========================
[p,table,~,~] = anovan(y,Group,'model',model_matrix,'varname',...
    var_name);
```

```
f = Anova_LaTex2(table,'方差分析','anova_3_4');
%生成方差分析表的LaTex代码;
f = Anova2Excel(table,'方差分析_3_4');
%保存方差分析表为Excel格式;
%===============找出最优水平组合、点估计及区间估计===============
Best_indicator=1;
%根据实际确定，Best_indicator取1，响应变量取值越大越优;
%根据实际确定，Best_indicator取0，响应变量取值越小越优;
orthogonal_analysis;
====================================================================
最优水平组合是A1B3;
最优水平组合的估计是90.0333;
最优组合A1B3的均值的置信水平95%置信区间[87.8938,92.1729].
```

　　例子 3.5　农药"亚胺合成乳油"产量试验的因子及水平如下:

　　　　A 硫化物: 羟基,　　　　$A_1 : 1 : 1,$　　　$A_2 : 1.05 : 1,$　　　$A_3 : 1.1 : 1;$

　　　　B 硫酸加入量,　　　　$B_1 : 40,$　　　　$B_2 : 50,$　　　　$B_3 : 60;$

　　　　C 氯化锌成分,　　　　$C_1 : 12.5,$　　　$C_2 : 7.5;$

　　　　D 硫酸加入起温 (℃),　$D_1 : 30,$　　　　$D_2 : 40,$　　　　$D_3 : 50;$

　　　　E 保温温度 (℃),　　　$E_1 : 65,$　　　　$E_2 : 75;$

　　　　D 保温时间 (h),　　　　$D_1 : 2,$　　　　$D_2 : 1.5,$　　　　$D_3 : 1;$

这些因子间相互独立, 试采用赋闲列法做试验设计, 数据见电子文档 Example_3_5.
mat.

　　解　选用二水平正交表 $L_{16}(2^{15})$ 来安排试验, 有 16 个试验点, 不重复试验,
只需要做 16 次试验, 工作量不大, 并且此表有 15 列二水平列, 总自由度 15, 而所
有因子和交互作用的自由度为

$$f_{因} = f_A + f_B + f_C + f_D + f_E + f_F = 2 \times 1 + 4 \times 2 = 10,$$

或许可以安排, 因子 A 的第 2 水平如果要重点考察, 可用赋闲列法对第 2, 3 列同
行数组作如下改造:

$$(1,1) \to 1, \quad (1,2) \to 2, \quad (2,1) \to 3, \quad (2,2) \to 2,$$

改造以后得到的新列用来安排 3 水平因子 A, 但特别要注意的是, 由第 1 列
(第 2, 3 列的交互作用列) 计算得到的平方混杂了因子 A 的水平变动和误差,

因而不能再安排其他的因子, 要作为赋闲列安排, 类似地, 对第 4, 5 列、第 6, 7 列、第 10, 11 列也做赋闲列改造后安排因子 B, F 和 D, 并且第 4, 5 列交互作用列、第 6, 7 列交互作用列、第 10, 11 列交互作用列都是第 1 列, 只需要将第 1 列赋闲就可以了, 充分利用了这个表来做试验设计, 而因子 C 和因子 E 分别安排第 8 列和第 9 列, 第 12—15 列空白列, 这样的设计满足列名不混杂的原则.

运行下列代码, 因为因子 A 和因子 D 的检验统计量都小于 1, 其平方和自由度归入误差项后进行方差分析, 整理可得此问题的方差分析表 (表 3.15), 删除不显著因子 B 和 E (显著性水平 0.05), 得到简化模型, 再作一次方差分析, 用各试验点观察值减去相应误差的估计, 可得各试验点均值点估计值, 试验点的均值的点估计统计量是服从正态分布的响应变量的线性组合, 是试验点均值的无偏估计, 因而可推导出最优水平组合均值的区间估计.

表 3.15 方差分析表

来源	平方和	自由度	均方和	F 值	p 值
B	17.5367	2	8.7684	4.4144	0.0511
C	25.452	1	25.452	12.8138	0.0072**
E	6.0516	1	6.0516	3.0467	0.1191
F 值	33.2992	2	16.6496	8.3822	0.0109*
赋闲	9.738	1	9.738	4.9026	0.0577
误差	15.8904	8	1.9863		

```
clc;clear;
%==================输入因变量、单因子水平编号及设定模型==============
load Example_3_5;
y=Example_3_5;%输入因变量向量;
level_n=2;%设定所用到正交表中水平数;
factor_n=4;%设定所用到正交表中因子数;
L = General_Orth_table(level_n,factor_n)+1;%正交表;

L ((((L(:,2)==1)&(L(:,3)==1)),16)=1;
%第2列和3列的同行数组(1, 1)映射为1, 并安排在第16列;
L (((L(:,2)==1)&(L(:,3)==2)),16)=2;
%第2列和3列的同行数组(1, 2)映射为2, 并安排在第16列;
L (((L(:,2)==2)&(L(:,3)==1)),16)=3;
%第2列和3列的同行数组(2, 1)映射为3, 并安排在第16列;
L (((L(:,2)==2)&(L(:,3)==2)),16)=2;
%第2列和3列的同行数组(2, 2)映射为2, 并安排在第16列;
```

```
L (((L(:,4)==1)&(L(:,5)==1)),17)=1;
L (((L(:,4)==1)&(L(:,5)==2)),17)=2;
L (((L(:,4)==2)&(L(:,5)==1)),17)=3;
L (((L(:,4)==2)&(L(:,5)==2)),17)=2;

L (((L(:,6)==1)&(L(:,7)==1)),18)=1;
L (((L(:,6)==1)&(L(:,7)==2)),18)=2;
L (((L(:,6)==2)&(L(:,7)==1)),18)=3;
L (((L(:,6)==2)&(L(:,7)==2)),18)=2;

L (((L(:,10)==1)&(L(:,11)==1)),19)=1;
L (((L(:,10)==1)&(L(:,11)==2)),19)=2;
L (((L(:,10)==2)&(L(:,11)==1)),19)=3;
L (((L(:,10)==2)&(L(:,11)==2)),19)=2;

rep_n=1;%在每个试验点的重复次数，如果没有重复，赋值1;
L=kron(L,ones(rep_n,1));%对表L的每一行都重复rep_n次;
L_row_n=rep_n*level_n^factor_n;%计算这个表有多少行，即试验总次数;

Group=[L(:,17),L(:,8),L(:,9),L(:,18),L(:,1)];
%因子水平编号(用数字表示)，用矩阵表示;
%赋闲列一定要列出，尽管不是因子列,如果不列出,导致误差均方和计算错误;
var_name={'B','C','E','F','赋闲'};%给出单因子名称;
model_matrix=eye(5);%设定模型;
alpha=0.05;%给出显著性水平;

%======================= 多因子方差分析 =======================
[p,table,~,~] = anovan(y,Group,'model',model_matrix,'varname',...
    var_name);
f = Anova_LaTex2(table,'方差分析','anova_3_5');
%生成方差分析表的LaTex代码;
f = Anova2Excel(table,'方差分析_3_5');
%保存方差分析表为Excel格式;
%=============== 找出最优水平组合、点估计及区间估计 ===============
Best_indicator=1;
%根据实际确定，Best_indicator取1，响应变量取值越大越优;
%根据实际确定，Best_indicator取0，响应变量取值越小越优;
orthogonal_analysis;
%============================================================
```

最优水平组合是C1F2;

最优水平组合的估计是95.74;

最优组合C1F2的均值的置信水平95%置信区间[93.7519,97.7281].

3.6 习题及解答

练习 3.1 对某种塑料稳定剂——有机锡的合成条件进行研究, 目的是提高有机锡的产量. 现考察如表 3.16 所示的 5 个二水平因子.

表 3.16 有机锡的合成条件

因子	1 水平	2 水平
A: 催化剂种类	甲	乙
B: 催化剂用量/g	1	1.5
C: 配比	1.5:1	2.5:1
D: 溶剂用量/mL	10	20
E: 反应时间/h	2	1.5

用 $L_8(2^7)$ 安排试验, 表头设计如表 3.17 所示.

表 3.17 表头设计

因子	A	B		C	D	E	
列号	1	2	3	4	5	6	7

8 次试验结果, 产量 (单位: kg) 分别为 92.3, 90.4, 87.3, 88.0, 87.3, 84.8, 83.4, 84.0, 设数据服从正态分布.

(1) 写出试验的统计模型;

(2) 对数据作统计分析, 找出使产量为最高的条件;

(3) 对最优条件下的平均产量作区间估计 ($\alpha = 0.05$).

解 这是一个 2^5 设计的试验问题, 理论上要用正交表 $L_{32}(2^{31})$, 有 32 个试验点, 不重复试验, 也需要做 32 次试验, 但本题不需要考虑交互效应, 采用 $L_8(2^7)$ 正交表, 它包含 8 个试验点, 是 2^5 设计的 1/4 实施.

(1) 由正交表可知, 本试验不考虑因子间的交互效应. 因此, 满足如下的统计模型:

$$\begin{cases} y_1 = \mu + a_1 + b_1 + c_1 + b_1 + e_1 + \epsilon_1, \\ y_2 = \mu + a_1 + b_1 + c_2 + b_2 + e_2 + \epsilon_2, \\ y_3 = \mu + a_1 + b_2 + c_1 + b_1 + e_2 + \epsilon_3, \\ y_4 = \mu + a_1 + b_2 + c_2 + b_2 + e_1 + \epsilon_4, \\ y_5 = \mu + a_2 + b_1 + c_1 + b_2 + e_1 + \epsilon_5, \\ y_6 = \mu + a_2 + b_1 + c_2 + b_1 + e_2 + \epsilon_6, \\ y_7 = \mu + a_2 + b_2 + c_1 + b_2 + e_2 + \epsilon_7, \\ y_8 = \mu + a_2 + b_2 + c_2 + b_1 + e_1 + \epsilon_8, \\ \text{诸 } \epsilon_1, \cdots, \epsilon_8 \overset{\text{i.i.d.}}{\sim} N(0, \sigma^2), \\ \text{约束条件: } a_1 + a_2 = 0, \quad b_1 + b_2 = 0, \\ \qquad\qquad c_1 + c_2 = 0, \quad d_1 + d_2 = 0, \quad e_1 + e_2 = 0. \end{cases}$$

(2) 运行下列代码, 整理可得此问题的方差分析表 (表 3.18), 因子 A 及因子 C 是显著的, 因子 B、因子 D 以及因子 E 是不显著的.

```
load('Exercise_3_1.mat');
y=Exercise_3_1;%列向量因变量;
level_n=2;%设定所用到正交表中水平数;
factor_n=3;%设定所用到正交表中因子数;
L=General_Orth_table(level_n,factor_n)+1;%正交表;
rep_n=1;%在每个试验点的重复次数, 如果没有重复, 赋值1;
L=kron(L,ones(rep_n,1));%对表L的每一行都重复rep_n次;
Group=L(:,[1,2,4,5,6]);
%因子A,B,C,D分别安排在正交表的1,2,4,5,6列;
var_name={'A','B','C','D','E'};%给出单因子名称;
model_matrix=eye(5);
%设定模型, 模型包含单因子A,B,C,D,E, 无交互作用;
alpha=0.05;%给出显著性水平;
%============================多因子方差分析========================
[p,table,~,~] = anovan(y,Group,'model',model_matrix,'varname',...
    var_name);
f = Anova_LaTex2(table,'方差分析','exercise_anova_3_1');
%生成方差分析表的LaTex代码;
f = Anova2Excel(table,'方差分析_3_1');
```

%保存方差分析表为Excel格式;

表 3.18 方差分析表

来源	平方和	自由度	均方和	F 值	p 值
A	42.7813	1	42.7813	90.7825	0.0108*
B	18.3012	1	18.3012	38.8355	0.0248*
C	1.2013	1	1.2013	2.5491	0.2514
D	0.0613	1	0.0613	0.13	0.753
E	4.0612	1	4.0612	8.618	0.0991
误差	0.9425	2	0.4713		

(3) 删除不显著因子后, 得到简化模型, 再作一次方差分析, 用各试验点观察值减去相应误差的估计, 可得各试验点均值点估计值, 试验点的均值的点估计统计量是服从正态分布的响应变量的线性组合, 是试验点均值无偏估计, 因而可推导出最优水平组合均值的区间估计.

```
%===============找出最优水平组合、点估计及区间估计================
Best_indicator=1
%根据实际确定, 最优组合示性指标为1, 响应变量取值越大越优;
%根据实际确定, 最优组合示性指标为0, 响应变量取值越小越优;
orthogonal_analysis;
=======================================================================
```

最优水平组合是A1B1;
最优水平组合的估计是91.0125;
最优组合A1B1的均值的置信水平95%置信区间[89.2503,92.7747].

练习 3.2 为了提高钢材的强度, 对热处理工艺条件进行了试验, 其因子水平如表 3.19 所示.

表 3.19 热处理工艺条件

因子	1 水平	2 水平	3 水平
A: 淬火温度/℃	840	850	860
B: 回火温度/℃	410	430	450
C: 回火时间/min	40	60	80

用 $L_9(3^4)$ 安排试验, 表头设计如表 3.20 所示.

表 3.20 表头设计

因子	A		B	C
列号	1	2	3	4

9 次试验结果 (强度) 分别为 190, 200, 175, 165, 183, 212, 196, 178, 187, 设数据服从正态分布.

(1) 写出试验的统计模型;

(2) 对数据作统计分析, 找出最优条件 ($\alpha = 0.10$);

(3) 对最优条件下的平均强度作区间估计 ($\alpha = 0.10$).

解　这是一个 3^3 设计的试验问题, 理论上要用正交表 $L_{27}(3^{13})$, 有 27 个试验点, 不重复试验, 也需要做 27 次试验, 但本题不需要考虑交互效应, 采用 $L_9(3^4)$ 正交表, 它包含 9 个试验点, 是 3^3 设计的 1/3 实施.

(1) 由正交表可知, 本试验不考虑因子间的交互效应. 因此, 满足如下的统计模型:

$$
\begin{cases}
y_1 = \mu + a_1 + b_1 + c_1 + \epsilon_1, & y_2 = \mu + a_1 + b_2 + c_2 + \epsilon_2, \\
y_3 = \mu + a_1 + b_3 + c_3 + \epsilon_3, & y_4 = \mu + a_2 + b_2 + c_3 + \epsilon_4, \\
y_5 = \mu + a_2 + b_3 + c_1 + \epsilon_5, & y_6 = \mu + a_2 + b_1 + c_2 + \epsilon_6, \\
y_7 = \mu + a_3 + b_3 + c_2 + \epsilon_7, & y_8 = \mu + a_3 + b_1 + c_3 + \epsilon_8, \\
y_9 = \mu + a_3 + b_2 + c_1 + \epsilon_9, & 诸\ \epsilon_1, \cdots, \epsilon_9 \overset{\text{i.i.d.}}{\sim} N(0, \sigma^2), \\
约束条件: a_1 + a_2 + a_3 = 0, & b_1 + b_2 + b_3 = 0, \\
\quad c_1 + c_2 + c_3 = 0.
\end{cases}
$$

(2) 运行下列代码, 整理可得此问题的方差分析表 (表 3.21), 给定显著性水平 0.010, 因子 C 是显著的, 因子 A 以及因子 B 是不显著的.

```
load('Exercise_3_2.mat');
y=Exercise_3_2;%列向量因变量;
level_n=3;%设定所用到正交表中水平数;
factor_n=2;%设定所用到正交表中因子数;
L=General_Orth_table(level_n,factor_n)+1;%正交表;
rep_n=1;%在每个试验点的重复次数, 如果没有重复, 赋值1;
L=kron(L,ones(rep_n,1));%对表L的每一行都重复rep_n次;
Group=L(:,[1,3,4]);
%因子A、B、C分别安排在正交表的1, 3, 4列;
var_name={'A','B','C'};%给出单因子名称;
model_matrix=eye(3);
%设定模型, 模型包含单因子A,B,C,D,E, 无交互作用;
alpha=0.10;%给出显著性水平;
%============================= 多因子方差分析 =====================
```

```
[p,table,~,~] = anovan(y,Group,'model',model_matrix,'varname',...
    var_name);
f = Anova_LaTex2(table,'方差分析','exercise_anova_3_2');
%生成方差分析表的LaTex代码;
f = Anova2Excel(table,'方差分析_3_2');
%保存方差分析表为Excel格式;
```

表 3.21　方差分析表

来源	平方和	自由度	均方和	F 值	p 值
A	4.6667	2	2.3333	0.0526	0.95
B	162.6667	2	81.3333	1.8346	0.3528
C	1352	2	676	15.2481	0.0615
误差	88.6667	2	44.3333		

(3) 删除不显著因子后, 得到简化模型, 再作一次方差分析, 用各试验点观察值减去相应误差的估计, 可得各试验点均值点估计值, 试验点的均值的点估计统计量是服从正态分布的响应变量的线性组合, 是试验点均值无偏估计, 因而可推导出最优水平组合均值的区间估计.

```
%==============找出最优水平组合、点估计及区间估计==================
Best_indicator=1
%根据实际确定, 最优组合示性指标为1, 响应变量取值越大越优;
%根据实际确定, 最优组合示性指标为0, 响应变量取值越小越优;
orthogonal_analysis;
================================================================
最优水平组合是C2;
最优水平组合的估计是202.6667;
最优组合C2的均值的置信水平90%置信区间[195.3385,209.9949].
```

练习 3.3 选用行数最少的正交表给出下列试验问题的表头设计:

(1) 5 个二水平因子 A, B, C, D, E, 且考察交互效应 AB;

(2) 7 个二水平因子 A, B, C, D, E, F, G, 且考察交互效应 AB, AC, AD, BC, BD, CD, CF, DF;

(3) 6 个三水平因子 A, B, C, D, E, F, 且考察交互效应 BD, BE, DF;

(4) 8 个三水平因子 A, B, C, D, E, F, G, H, 且考察交互效应 EC, EH.

解 (1) 这是一个 2^5 设计的试验问题, 理论上要用三水平正交表 $L_{32}(2^{31})$, 有 32 个试验点, 不重复试验, 也需要做 32 次试验, 实践中难以完成, 但不需要考虑高阶交互效应, 只需要考虑二阶交互效应 AB, 因而可考虑用较小的正交表来安排试验. 为了不违背列名不混杂的原则, 首先必须满足: 实际安排因子的自由度和小于整个用来做试验的正交表的自由度, 可计算得因子的自由度和为

$$f_{因} = f_A + f_B + f_C + f_D + f_E + f_{AB} = 1 \times 5 + 1 = 6,$$

至少有 6 个自由度的最小的二水平正交表为 $L_8(2^7)$, 这个正交表有 7 个自由度, 具体的表头设计如表 3.22 所示.

表 3.22　表头设计

列号	1	2	3	4	5	6	7	定义对比
因子 (理论)	A	B	AB	C	AC	BC	ABC	
因子 (实际)	A	B	AB	C	E		D	$ACE = 1,\ ABCD = 1$

这是 2^5 设计的 1/4 实施.

(2) 这是一个 2^7 设计的试验问题, 理论上要用三水平正交表 $L_{128}(2^{127})$, 有 128 个试验点, 不重复试验, 也需要做 128 次试验, 实践中难以完成, 但不需要考虑高阶交互效应, 只需要考虑二阶交互效应 $AB, AC, AD, BC, BD, CD, CF$ 和 DF, 因而可考虑用较小的正交表来安排试验. 为了不违背列名不混杂的原则, 首先必须满足: 实际安排因子或交互作用的自由度小于整个用来做试验的正交表的自由度, 可计算得因子和交互作用的自由度为

$$\begin{aligned} f_{因} &= f_A + f_B + f_C + f_D + f_E + f_F + f_G + f_{AB} + f_{AC} \\ &\quad + f_{AD} + f_{BC} + f_{BD} + f_{CD} + f_{CF} + f_{DF} \\ &= 1 \times 7 + 8 \times 1 = 15, \end{aligned}$$

至少有 15 个自由度的最小的二水平正交表为 $L_{16}(2^{15})$, 这个正交表有 15 个自由度, 具体的表头设计如表 3.23 所示.

表 3.23

列号	1	2	3	4	5	6	7	8	定义对比
因子 (理论)	A	B	AB	C	AC	BC	ABC	D	
因子 (实际)	A	B	AB	C	AC	BC	DF	D	$1 = ABCDF$

列号	9	10	11	12	13	14	15	定义对比
因子 (理论)	AD	BD	ABD	CD	ACD	BCD	$ABCD$	$1 = ACDE$
因子 (实际)	AD	BD	CF	CD	E	G	F	$1 = BCDG$

在这个表头设计中, 优先安排有较多交互作用的二水平因子 A, B, C, D 在等分列第 1, 2, 4, 8 列, 那么相应的它们的二阶交互作用 $AB, AC, BC, AD, BD,$

CD 就分别在 $3, 5, 6, 9, 10, 12$ 列, E, G, F 分别安排在理论上的高阶交互作用列第 $13, 14, 15$ 列, 定义了三个对比, 由对比 $1 = ABCDF$, 可得第 7 列 ABC 别名为 DF, 第 11 列 ABD 别名为 CF. 这是 2^7 设计的 $1/8$ 实施. 由于没有空白列, 因而要重复试验.

(3) 这是一个 3^6 设计的试验问题, 理论上要用三水平正交表 $L_{729}(3^{364})$, 有 729 个试验点, 不重复试验, 也需要做 729 次试验, 实践中难以完成, 但不需要考虑高阶交互效应, 只需要考虑二阶交互效应 BD, BE, DF, 因而可考虑用较小的正交表来安排试验. 为了不违背列名不混杂的原则, 首先必须满足: 实际安排因子或交互作用的自由度小于整个用来做试验的正交表的自由度, 可计算得因子和交互作用的自由度为

$$f_{\text{因}} = f_A + f_B + f_C + f_D + f_E + f_F$$

$$+ f_{BD} + f_{BE} + f_{DF}$$

$$= 2 \times 6 + 4 \times 3 = 24,$$

至少有 24 个自由度的最小的三水平正交表为 $L_{27}(3^{13})$, 这个正交表有 26 个自由度, 考虑表头设计如表 3.24 所示.

表 3.24 表头设计

列号	1	2	3	4	5	6	7	定义对比
因子 (理论)	A	B	AB	A^2B	C	AC	A^2C	
因子 (实际)	B	D	BD	B^2D	E	BE	B^2E	
列号	8	9	10	11	12	13		定义对比
因子 (理论)	BC	B^2C	ABC	A^2B^2C	A^2BC	AB^2C		
因子 (实际)								

优先安排有两个交互作用的三水平因子 B 和 D 分别在第 $1, 2$ 列, 它们交互作用在 $3, 4$ 列, 因子 E 在第 5 列, B 与 E 的交互作用在第 $6, 7$ 列, 因子 F 无论安排在第 8—13 列中任何一列, 它与 D(第 2 列) 的交互作用列都会出现在第 1—7 列中一列, 违反了列名不混杂原则, 因而要进一步考虑用 $L_{81}(3^{40})$, 这个安排起来相对容易, 作为练习完成, 这是一个 3^6 设计的 $1/9$ 实施.

(4) 这是一个 3^8 设计的试验问题, 理论上要用三水平正交表 $L_{6561}(3^{3280})$, 有 6561 个试验点, 不重复试验, 也需要做 6561 次试验, 实践中难以完成, 但不需要考虑高阶交互效应, 只需要考虑二阶交互效应 EC, EH, 因而可考虑用较小的正交表来安排试验. 为了不违背列名不混杂的原则, 首先必须满足: 实际安排因子或交互作用的自由度小于整个用来做试验的正交表的自由度, 可计算得因子的自由度和为

$$f_{困} = f_A + f_B + f_C + f_D + f_E + f_F$$

$$+ f_G + f_H + f_{EC} + f_{EH}$$

$$= 2 \times 8 + 4 \times 2 = 24,$$

至少有 24 个自由度的最小的三水平正交表为 $L_{27}(3^{13})$, 这个正交表有 26 个自由度, 具体的表头设计如表 3.25 所示.

表 3.25　表头设计

列号	1	2	3	4	5	6	7	定义对比
因子 (理论)	A	B	AB	A^2B	C	AC	A^2C	$1 = A^2BC, 1 = BC$
因子 (实际)	E	C	EC	E^2C	H	EH	E^2H	$1 = A^2B^2C^2D$
列号	8	9	10	11	12	13		定义对比
因子 (理论)	BC	B^2C	ABC	A^2B^2C	A^2BC	AB^2C		$1 = ABC^2F$
因子 (实际)	A	B	D	F	G			$1 = AB^2C^2G$

在这个表头设计中, 优先安排有两个交互作用的三水平因子 E 在等分列第 1 列, 三水平因子 C 在等分列第 2 列, 它们的交互作用在第 3, 4 列, 类似地, 安排三水平因子 H 在等分列第 5 列, 它与 E 的交互作用在第 6, 7 列, 从余下的列中选择第 8—12 列分别安排 A, B, D, F, G, 定义了五个对比. 这是 3^8 设计的 1/243 实施.

练习 3.4　为了提高粘棉混纺纱的质量——减少棉结粒数, 考察如表 3.26 所示的因子水平并且要考察交互效应 AB, AC, BC.

表 3.26　因子水平

因子	1 水平	2 水平
A: 金属针布	日本产	青岛产
B: 产量水平/kg	6	10
C: 锡林速度/(r/min)	238	320

用 $L_8(2^7)$ 安排试验, A, B, C 分别置于第 1, 2, 4 列上, 测得 8 次试验结果 (单位面积上的平均棉结粒数) 分别为 0.30, 0.35, 0.20, 0.30, 0.15, 0.50, 0.15, 0.40. 设数据服从正态分布.

(1) 指出交互效应所在的列;

(2) 写出试验的统计模型;

(3) 对数据作统计分析, 找出最优生产条件 ($\alpha = 0.05$);

(4) 对最优条件下的平均棉结粒数作区间估计 ($\alpha = 0.05$).

解　(1) 这是一个 2^3 设计的试验问题, 理论上要用三水平正交表 $L_8(2^7)$, 具体的表头设计如表 3.27 所示.

表 3.27 试验设计安排

列号	1	2	3	4	5	6	7
因子	A	B	AB	C	AC	BC	

(2) 由题意可知, 本试验考虑两因子间的交互效应 AB, AC, BC. 因此, 满足如下的统计模型:

$$
\begin{cases}
y_1 = \mu + a_1 + b_1 + c_1 + (ab)_{11} + (ac)_{11} + (bc)_{11} + \epsilon_1, \\
y_2 = \mu + a_1 + b_1 + c_2 + (ab)_{11} + (ac)_{12} + (bc)_{12} + \epsilon_2, \\
y_3 = \mu + a_1 + b_2 + c_1 + (ab)_{12} + (ac)_{11} + (bc)_{21} + \epsilon_3, \\
y_4 = \mu + a_1 + b_2 + c_2 + (ab)_{12} + (ac)_{12} + (bc)_{22} + \epsilon_4, \\
y_5 = \mu + a_2 + b_1 + c_1 + (ab)_{21} + (ac)_{21} + (bc)_{11} + \epsilon_5, \\
y_6 = \mu + a_2 + b_1 + c_2 + (ab)_{21} + (ac)_{22} + (bc)_{12} + \epsilon_6, \\
y_7 = \mu + a_2 + b_2 + c_1 + (ab)_{22} + (ac)_{21} + (bc)_{21} + \epsilon_7, \\
y_8 = \mu + a_2 + b_2 + c_2 + (ab)_{22} + (ac)_{22} + (bc)_{22} + \epsilon_8, \\
\text{诸 } \epsilon_1, \cdots, \epsilon_8 \overset{\text{i.i.d.}}{\sim} N(0, \sigma^2), \\
\text{约束条件: } a_1 + a_2 = 0, \quad b_1 + b_2 = 0, \quad c_1 + c_2 = 0, \\
\qquad (ab)_{11} + (ab)_{12} = 0, \quad (ab)_{21} + (ab)_{22} = 0, \\
\qquad (ac)_{11} + (ac)_{12} = 0, \quad (ac)_{21} + (ac)_{22} = 0, \\
\qquad (bc)_{11} + (bc)_{12} = 0, \quad (bc)_{21} + (bc)_{22} = 0.
\end{cases}
$$

(3) 运行下列代码, 整理可得此问题的方差分析 (表 3.28), 因子 A、因子 B、因子 C 以及它们之间的交互效应都是不显著的.

```
load('Exercise_3_4.mat');
y=Exercise_3_4;%列向量因变量;
level_n=2;%设定所用到正交表中水平数;
factor_n=3;%设定所用到正交表中因子数;
L=General_Orth_table(level_n,factor_n)+1;%正交表;
rep_n=1;%在每个试验点的重复次数, 如果没有重复, 赋值1;
L=kron(L,ones(rep_n,1));%对表L的每一行都重复rep_n次;
Group=L(:,[1,2,4]);
%因子A,B,C分别安排在正交表的第1,2,4列;
```

```
var_name={'A','B','C'};%给出单因子名称；
model_matrix=[eye(3);1 1 0 ;1 0 1; 0 1 1];
%设定模型，模型包含单因子A,B,C以及交互作用AB,AC,BC;
alpha=0.05;%给出显著性水平；
%============================== 多因子方差分析 =====================
[p,table,~,~] = anovan(y,Group,'model',model_matrix,'varname',...
    var_name);
f = Anova_LaTex2(table,'方差分析','exercise_anova_3_4');
%生成方差分析表的LaTex代码；
f = Anova2Excel(table,'方差分析_3_4');
%保存方差分析表为Excel格式；
```

表 3.28　方差分析表

来源	平方和	自由度	均方和	F 值	p 值
A	0.0003	1	0.0003	0.1111	0.7952
B	0.0078	1	0.0078	2.7778	0.344
C	0.0703	1	0.0703	25	0.1257
$A*B$	0.0003	1	0.0003	0.1111	0.7952
$A*C$	0.0253	1	0.0253	9	0.2048
$B*C$	0.0003	1	0.0003	0.1111	0.7952
误差	0.0028	1	0.0028		

但检查可发现，因子 A、因子 A 与因子 B 的交互作用，以及因子 B 与因子 C 的交互作用小于 1，从模型中删除，再作方差分析和找最优生产条件，即运行下面的代码：

```
model_matrix([1 4 6],:)=[];
%设定模型，模型包含单因子B,C以及交互作用AC;
[p,table,~,~] = anovan(y,Group,'model',model_matrix,'varname',...
    var_name);
f = Anova_LaTex2(table,'方差分析','exercise_anova_3_4');
%生成方差分析表的LaTex代码；
%============= 找出最优水平组合、点估计及区间估计 ==============
Best_indicator=0
%根据实际确定，最优组合示性指标为1，响应变量取值越大越优；
%根据实际确定，最优组合示性指标为0，响应变量取值越小越优；
orthogonal_analysis;
```

可得方差分析表 (表 3.29)，因而在显著性水平 0.05 下，因子 B、因子 C、因子 A 与因子 C 的交互作用均是显著的，最优水平组合是 A2B2C1.

表 3.29 方差分析表

来源	平方和	自由度	均方和	F 值	p 值
B	0.0078	1	0.0078	8.3333	0.0447*
C	0.0703	1	0.0703	75	<0.001**
$A*C$	0.0253	1	0.0253	27	0.0065**
误差	0.0038	4	0.0009		

(4) 运行上面代码可得: 最优水平组合的均值估计是 0.1125; 最优组合 A2B2C1 的均值的置信水平 95% 的置信区间为 $[0.052388, 0.17261]$.

练习 3.5 选择提高活塞外圆光洁度的磨削参数试验中, 考察如表 3.30 所示的因子水平.

表 3.30

因子	1 水平	2 水平	3 水平
A: 导轮转速/(r/min)	25	30	35
B: 导轮倾斜角/(°)	2.2	2.5	2.8
C: 金刚钻水平偏移/mm	9	10	11
D: 导轮修正器水平角/(°)	1.8	2	2.2

用 $L_9(3^4)$ 安排试验, A, B, C, D 这 4 个因子依次置于第 1, 2, 3, 4 列上, 用光洁度指标 R_α 表示试验结果, 其值越小, 则光洁度越高, 现在每个水平组合下重复进行两次试验. 结果如表 3.31 所示 (数据经过变换, $y_i = R_\alpha \times 100 - 2$, 并设数据服从正态分布).

表 3.31 活塞外圆光洁度

水平组合号	1	2	3	4	5	6	7	8	9
第一次重复结果	3	8	12	0	10	11	7	10	11
第二次重复结果	3	8	9	0	12	12	7	12	13

(1) 写出试验的统计模型;

(2) 对数据作统计分析, 找出使光洁度为最高的条件 ($\alpha = 0.05$);

(3) 对最优条件下的平均光洁度作区间估计 ($\alpha = 0.05$).

解 (1) 这是一个 3^4 设计的试验问题, 理论上要用正交表 $L_{81}(2^{40})$, 本题采用 $L_9(3^4)$ 正交表, 由其自由度可知其不能安排四个因子之间的交互效应, 因此, 满足如下的统计模型:

$$
\begin{cases}
y_{ijkml} = \mu + \tau_i + \beta_j + \gamma_k + \eta_m + \epsilon_{ijkml}, \\
i, j, k, m = 0, 1, 2, \quad l = 1, 2, \\
\text{诸 } \epsilon_{ijkml} \overset{\text{i.i.d.}}{\sim} N(0, \sigma^2), \\
\text{约束条件: } \sum_i \tau_i = 0, \quad \sum_j \beta_j = 0, \\
\qquad\qquad\quad \sum_k \gamma_k = 0, \quad \sum_m \eta_m = 0.
\end{cases}
$$

$$\text{注意: } i, j, k \text{ 和 } l \text{ 不相互独立.}$$

(2) 运行下列代码, 整理可得此问题的方差分析表 (表 3.32), 给定显著性水平 0.05, 因子 A、因子 B 以及因子 C 是非常显著的, 而因子 D 不显著.

表 3.32　方差分析表

来源	平方和	自由度	均方和	F 值	p 值
A	28.7778	2	14.3889	11.7727	0.0031**
B	220.4444	2	110.2222	90.1818	<0.001**
C	24.7778	2	12.3889	10.1364	0.005**
D	10.1111	2	5.0556	4.1364	0.0532
误差	11	9	1.2222		

```
load('Exercise_3_5.mat');
y=Exercise_3_5;%列向量因变量;
level_n=3;%设定所用到正交表中水平数;
factor_n=2;%设定所用到正交表中因子数;
L=General_Orth_table(level_n,factor_n)+1;%正交表;
rep_n=2;%在每个试验点的重复次数, 如果没有重复, 赋值1;
L=kron(L,ones(rep_n,1));%对表L的每一行都重复rep_n次;
Group=L(:,[1,2,3,4]);
%因子A, B, C, D分别安排在正交表的第1,2,3,4列;
var_name={'A','B','C','D'};%给出单因子名称
model_matrix=eye(4);
%设定模型, 模型包含单因子A,B,C,D, 无交互作用;
alpha=0.05;%给出显著性水平
%==========================多因子方差分析======================
[p,table,~,~] = anovan(y,Group,'model',model_matrix,'varname',...
    var_name);
f = Anova_LaTex2(table,'方差分析','exercise_anova_3_5');
%生成方差分析表的LaTex代码;
f = Anova2Excel(table,'方差分析_3_5');
```

```
%保存方差分析表为Excel格式;
```

(3) 删除不显著因子后, 得到简化模型, 再作一次方差分析, 用各试验点观察值减去相应误差的估计, 可得各试验点均值点估计值, 试验点的均值的点估计统计量是服从正态分布的响应变量的线性组合, 是试验点均值无偏估计, 因而可推导出最优水平组合均值的区间估计.

```
%============== 找出最优水平组合、点估计及区间估计 ==================
Best_indicator=0
%根据实际确定, 最优组合示性指标为1, 响应变量取值越大越优;
%根据实际确定, 最优组合示性指标为0, 响应变量取值越小越优;
orthogonal_analysis;
=================================================================
最优水平组合是A2B1C2;
最优水平组合的估计是1.0556;
最优组合A2B1C2的均值的置信水平95%置信区间[-0.84591,2.957].
```

练习 3.6 在运输带覆盖胶扩大顺丁胶的试验中, 考察 3 个三水平因子 A, B, C, 用 $L_9(3^4)$ 安排试验, A, B, C 依次置于第 1, 2, 4 列, 9 次试验中第 8 个结果 y 丢失, 9 个结果依次为 5.4, 3.6, 1.06, 1.3, 2.0, 0.5, 3.3, y_8, 0.6(设数据服从正态分布).

(1) 估计 y_8;

(2) 作方差分析 ($\alpha = 0.05$).

解 (1) 试验设计中, 总是要想办法控制随机误差, 使随机误差的平方和最小, 用数值优化的方法可得到 y_8 的填补值. 在 MATLAB 中, 我们用 NaN 表示 y_8 的值, 然后作方差分析, 软件会自动用一个数值填补 y_8, 使得随机误差的平方和最小. 但要注意的是, 由于 y_8 缺失, 总的自由度小于 1, 相应的误差平方和的自由度也小于 1.

(2) 运行下列代码, 整理可得此问题的方差分析表 (表 3.33), 给定显著性水平 0.05, 因子 A、因子 B 以及因子 C 都是不显著的.

```
load('Exercise_3_6.mat');
y=Exercise_3_6;%列向量因变量;
level_n=3;%设定所用到正交表中水平数;
factor_n=2;%设定所用到正交表中因子数;
L=General_Orth_table(level_n,factor_n)+1;%正交表;
rep_n=2;%在每个试验点的重复次数, 如果没有重复, 赋值1;
L=kron(L,ones(rep_n,1));%对表L的每一行都重复rep_n次;
Group=L(:,[1,2,4]);
%因子A,B,C分别安排在正交表的1,2,4列;
```

```
var_name={'A','B','C'};%给出单因子名称;
model_matrix=eye(3);
%设定模型，模型包含单因子A,B,C，无交互作用;
alpha=0.05;%给出显著性水平;
%=============================多因子方差分析=====================
[p,table,~,~] = anovan(y,Group,'model',model_matrix,'varname',...
    var_name);
f = Anova_LaTex2(table,'方差分析','exercise_anova_3_6');
%生成方差分析表的LaTex代码;
f = Anova2Excel(table,'方差分析_3_6');
%保存方差分析表为Excel格式;
```

表 3.33　方差分析表

来源	平方和	自由度	均方和	F 值	p 值
A	7.5313	2	3.7656	30.5487	0.1269
B	10.2668	2	5.1334	41.6445	0.1089
C	3.1929	2	1.5965	12.9512	0.1928
误差	0.1233	1	0.1233		

练习 3.7　在活性碳酸钙的选择试验中，考察 $A, B, C, D, E, F, G, H, I, J$ 等 10 个因子，其中 A 为四水平，其余为二水平. 将 $L_{16}(2^{15})$ 的第 1, 2 列并列成四水平. 安排 A，其余因子依次安排于第 4, 5, 6, 10, 11, 12, 13, 14, 15 列，在每个条件下重复进行三次试验，结果如表 3.34 所示 (设数据服从正态分布).

表 3.34　活性碳酸钙的选择试验

水平组合号	1	2	3	4	5	6	7	8	9	10	11	12	13	14	15	16
第一次重复结果	55	58	70	67	57	30	52	49	55	39	42	61	57	47	54	52
第二次重复结果	56	64	68	71	60	51	54	50	55	39	39	56	58	45	58	54
第三次重复结果	55	60	69	68	63	46	50	50	42	41	40	41	58	47	46	56

(1) 对数据作统计分析，找出使指标最高的条件 ($\alpha = 0.05$);

(2) 求最优条件下平均指标的区间估计 ($\alpha = 0.05$).

解　本题采用并列法在正交表 $L_{16}(2^{15})$ 中安排四水平因子 A，第 1 列和第 2 列的同行数组作以下映射改造为新的一列:

$$(1,1) \rightarrow 1, \quad (1,2) \rightarrow 2, \quad (2,1) \rightarrow 3, \quad (2,2) \rightarrow 4.$$

(1) 运行下列代码，整理可得此问题的方差分析表 (表 3.35)，给定显著性水平 0.05，因子 C, D, F, I 是不显著的，其余因子均显著.

```
clc;clear;
%====================输入因变量、单因子水平编号及设定模型============
load Exercise_3_7;
y=Exercise_3_7;%输入因变量向量;
level_n=2;%设定所用到正交表中水平数;
factor_n=4;%设定所用到正交表中因子数;
L = General_Orth_table(level_n,factor_n)+1;%正交表;

%=====================并列法改造正交表=========================
L ((((L(:,1)==1)&(L(:,2)==1)),16)=1;
%第1列和第2列的同行数组(1, 1)映射为1, 并安排在第16列;
L ((((L(:,1)==1)&(L(:,2)==2)),16)=2;
%第1列和第2列的同行数组(1, 2)映射为2, 并安排在第16列;
L ((((L(:,1)==2)&(L(:,2)==1)),16)=3;
%第1列和第2列的同行数组(2, 1)映射为3, 并安排在第16列;
L ((((L(:,1)==2)&(L(:,2)==2)),16)=4;
%第1列和第2列的同行数组(2, 2)映射为4, 并安排在第16列;

rep_n=3;%在每个试验点的重复次数;
L=kron(L,ones(rep_n,1));%对表L的每一行都重复rep_n次;
L_row_n=rep_n*level_n^factor_n;%计算这个表有多少行, 即试验总次数;
%=================================================================
Group=[L(:,16),L(:,4),L(:,5),L(:,6),L(:,10),L(:,11),...
L(:,12),L(:,13),L(:,14),L(:,15)];
%因子水平编号, 用矩阵表示;
var_name={'A','B','C','D','E','F','G','H','I','J'};
%给出单因子名称, 用数组表示;
model_matrix=eye(10);%设定模型;
alpha=0.05;%给出显著性水平;
%============================ 多因子方差分析 =====================
[p,table,~,~] = anovan(y,Group,'model',model_matrix,'varname',...
    var_name);
f = Anova_LaTex2(table,'方差分析','exercise_anova_3_7');
%生成方差分析表的LaTex代码;
f = Anova2Excel(table,'方差分析_3_7');
%保存方差分析表为Excel格式;
```

(2) 删除不显著因子, 得到简化模型, 再作一次方差分析, 用各试验点观察值减去相应误差的估计, 可得各试验点均值点估计值, 试验点的均值的点估计统计量是服从正态分布的响应变量的线性组合, 是试验点均值无偏估计, 因而可推导出最优水平组合均值的区间估计.

```
%================找出最优水平组合、点估计及区间估计=================
Best_indicator=1;
%根据实际确定，Best_indicator取1，响应变量取值越大越优;
%根据实际确定，Best_indicator取0，响应变量取值越小越优;
orthogonal_analysis;
=============================================================
```

最优水平组合是 A1B2E2G1H1J1;
最优水平组合的估计是 66.5625;
最优组合 A1B2E2G1H1J1 的均值的置信水平 95% 置信区间 [61.9117,71.2133].

表 3.35　方差分析表

来源	平方和	自由度	均方和	F 值	p 值
A	1956.7292	3	652.2431	24.785	<0.001**
B	150.5208	1	150.5208	5.7197	0.0223*
C	46.0208	1	46.0208	1.7488	0.1946
D	77.5208	1	77.5208	2.9458	0.0949
E	221.0208	1	221.0208	8.3987	0.0064**
F	35.0208	1	35.0208	1.3308	0.2565
G	391.0208	1	391.0208	14.8586	<0.001**
H	111.0208	1	111.0208	4.2187	0.0475*
I	20.0208	1	20.0208	0.7608	0.389
J	212.5208	1	212.5208	8.0757	0.0074**
误差	921.0625	35	26.3161		

练习 3.8　给出下列试验问题的表头设计及试验计划:

(1) A, B 四水平, C, D, E, F, G 二水平, 并考察交互效应 CE;

(2) A 八水平, B 四水平, C, D, E, F 二水平, 并考察交互效应 CD;

(3) A, B 四水平, C, D, E 二水平, 并考察交互效应 AB.

解　(1) 本题考虑采用较小的正交表来安排试验. 为了不违背列名不混杂的原则, 首先必须满足: 实际安排因子或交互作用的自由度小于整个用来做试验的正交表的自由度, 计算得诸因子的自由度和为

$$f_{\text{因}} = f_A + f_B + f_C + f_D + f_E + f_F + f_G + f_{CE} = 2 \times 3 + 1 \times 5 + 1 = 12,$$

至少有 12 个自由度的最小的二水平正交表为 $L_{16}(2^{15})$, 这个正交表有 15 个自由度, 具体的表头设计如表 3.36 所示.

表 3.36　表头设计

因子	A			C		B		D	E	F	G			CD	
列号	1	2	3	4	5	10	15	9	6	7	8	11	12	13	14

在表头设计中, 优先考虑安排需要改造才能安排的因子, 用并列法将第 1, 2 列和它们的交互作用第 3 列改造安排 4 水平因子 A, 具体地, 将第 1, 2 列的同行数组作以下映射后的数字为因子 A 的水平编号:

$$(1,1) \rightarrow 1, \quad (1,2) \rightarrow 2, \quad (2,1) \rightarrow 3, \quad (2,2) \rightarrow 4.$$

类似地, 改造第 5, 10 列和它们的交互作用第 15 列安排四水平因子 B. 接下来, 安排有交互作用的因子 C, D 分别在第 4, 9 列, 交互作用 CD 在第 4, 9 列的交互作用列第 13 列, 从余下的列中挑选第 6—8 列分别安排二水平因子 E, F, G.

(2) 计算得诸因子的自由度和为

$$f_{\text{因}} = f_A + f_B + f_C + f_D + f_E + f_F + f_{CD} = 7 + 3 + 1 \times 4 + 1 = 15,$$

至少有 15 个自由度的最小的二水平正交表为 $L_{16}(2^{15})$, 这个正交表有 15 个自由度, 但用该正交表安排会导致列名混杂. 因此, 将正交表扩大为 $L_{32}(2^{31})$, 具体的表头设计如表 3.37 所示.

表 3.37   表头设计

因子			A					B			E	F	G	H	
列号	1	2	3	4	5	6	7	8	16	24	9	10	11	12	13	14
因子	C	D											CD		
列号	15	17	18	19	20	21	22	23	25	26	27	28	29	30	31

在这个表中, 用并列法将第 1, 2, 4 列和它们的交互作用第 3, 5, 6, 7 列改造安排 8 水平因子 A, 具体地, 将第 1, 2, 4 列的同行数组作以下映射后的数字为因子 A 的水平编号:

$$(1,1,1) \rightarrow 1, \quad (1,1,2) \rightarrow 2, \quad (1,2,1) \rightarrow 3, \quad (1,2,2) \rightarrow 4,$$

$$(2,1,1) \rightarrow 5, \quad (2,1,2) \rightarrow 6, \quad (2,2,1) \rightarrow 7, \quad (2,2,2) \rightarrow 8.$$

用并列法将第 8, 16 列和它们的交互作用第 24 列改造安排 4 水平因子 B, 具体地, 将第 8, 16 列的同行数组作以下映射后的数字为因子 B 的水平编号:

$$(1,1) \rightarrow 1, \quad (1,2) \rightarrow 2, \quad (2,1) \rightarrow 3, \quad (2,2) \rightarrow 4.$$

接下来, 安排有交互作用的因子 C 和 D 分别在第 15 列和第 17 列, 它们的交互作用安排在第 15 列和第 17 列的交互作用列第 29 列, 从余下的列挑选第 9—12 列分别安排二水平因子 E, F, G, H.

(3) 计算得诸因子的自由度和为

$$f_{\text{因}} = f_A + f_B + f_C + f_D + f_E + f_{AB} = 3 \times 2 + 1 \times 3 + 3 \times 3 = 18,$$

至少有 18 个自由度的最小的二水平正交表为 $L_{32}(2^{31})$, 这个正交表有 31 个自由度, 具体的表头设计如表 3.38 所示.

表 3.38　表头设计

因子	A			B			AB									C
列号	1	2	3	4	8	12	5	6	7	9	10	11	13	14	15	16
因子	D	E														
列号	17	18	19	20	21	22	23	24	25	26	27	28	29	30	31	

在表头设计中, 优先考虑需要改造才能安排并有交互作用的因子, 用并列法将第 1, 2 列和它们的交互作用第 3 列改造安排 4 水平因子 A, 类似地, 改造第 4, 8 列和它们的交互作用第 12 列安排四水平因子 B. A 与 B 的交互作用应安排在第 1—3 列与第 4, 8, 12 列的交互作用列第 5—7, 9—11 和 13—15 列. 从余下的列中挑选第 16—18 列安排 C, D, E.

在上述三个题中, 设计不是唯一的, 满足列名不混杂的设计都是合理的. 由于有空白列, 不需要在每个试验点重复试验, 因子偏差平方和等于所占列的偏差平方和的和, 误差平方和等于空白列偏差平方和的和.

练习 3.9　型芯强度受 4 个因子影响, 试验选用的水平如表 3.39 所示.

表 3.39　因子水平

因子	1 水平	2 水平	3 水平
T: 金属型温度	220°C	250°C	
R: 树脂量	3%	5%	6%
H: 硬比剂量	30%	50%	
S: 试片尺寸	$10 \times 10 \times 60$	$20 \times 20 \times 60$	

考察交互效应 HR, HS, HT. 现用 $L_{16}(2^{15})$ 安排试验, 将第 1, 2, 3 列并列成四水平列放置 R, 又将 "4" 改用 3 水平做试验, T, H, S 分别置于第 4, 8, 13 列上, 指标值为抗折力的标准差. 16 次试验结果为 0.277, 0.122, 0.068, 0.554, 0.240, 0.479, 0.164, 0.548, 1.154, 0.504, 1.140, 2.558, 1.020, 0.744, 0.994, 2.281. 设数据服从正态分布, 对数据作统计分析并求出使指标达最小的条件 ($\alpha = 0.05$).

解　本题选用二水平正交表 $L_{16}(2^{15})$ 来安排试验, 因子 R 的第 2 水平如果要重点考察, 可用赋闲列法对第 2, 3 列同行数组作如下改造:

$$(1,1) \to 1, \quad (1,2) \to 2, \quad (2,1) \to 3, \quad (2,2) \to 2,$$

改造以后得到的新列用来安排 3 水平因子 R, 但特别要注意的是, 由第 1 列 (第 2, 3 列的交互作用列) 计算得到的平方和混杂了因子 R 的水平变动和误差, 因而不能再安排其他的因子, 要作为赋闲列安排, 因子 T, H, S 分别置于第 4, 8, 13 列上.

运行下列代码, 整理可得此问题的方差分析表 (表 3.40), 给定显著性水平 0.05, 可知因子 R 及 R 与 H 的交互效应 HR 是不显著的, 其余因子 T, H, S 以及交互效应 HT, HS 都是显著的.

```
clc;clear;
%======================输入因变量、单因子水平编号及设定模型========
load Exercise_3_9;
y=Exercise_3_9;%输入因变量向量;
level_n=2;%设定所用到正交表中水平数;
factor_n=4;%设定所用到正交表中因子数;
L = General_Orth_table(level_n,factor_n)+1;%正交表;

L ((((L(:,2)==1)&(L(:,3)==1))),16)=1;
%第2列和第3列的同行数组(1, 1)映射为1, 并安排在第16列;
L ((((L(:,2)==1)&(L(:,3)==2))),16)=2;
%第2列和第3列的同行数组(1, 2)映射为2, 并安排在第16列;
L ((((L(:,2)==2)&(L(:,3)==1))),16)=3;
%第2列和第3列的同行数组(2, 1)映射为3, 并安排在第16列;
L ((((L(:,2)==2)&(L(:,3)==2))),16)=2;
%第2列和第3列的同行数组(2, 2)映射为2, 并安排在第16列;

rep_n=1;%在每个试验点的重复次数, 如果没有重复, 赋值1;
L=kron(L,ones(rep_n,1));%对表L的每一行都重复rep_n次;
L_row_n=rep_n*level_n^factor_n;%计算这个表有多少行, 即试验总次数;

Group=[L(:,4),L(:,16),L(:,8),L(:,13),L(:,1)];
%因子水平编号(用数字表示), 用矩阵表示;
%赋闲列一定要列出, 尽管不是因子列,如果不列出,导致误差均方和计算错误;
var_name={'T','R','H','S','赋闲'};%给出单因子名称;
model_matrix=eye(5);%设定模型;
alpha=0.05;%给出显著性水平;

%============================ 多因子方差分析=======================
[p,table,~,~] = anovan(y,Group,'model',model_matrix,'varname',...
    var_name);
f = Anova_LaTex2(table,'方差分析','exercise_anova_3_9');
```

```
%生成方差分析表的LaTex代码;
f = Anova2Excel(table,'方差分析_3_9');
%保存方差分析表为Excel格式;
```

表 3.40　方差分析表

来源	平方和	自由度	均方和	F 值	p 值
T	0.8869	1	0.8869	36.0406	0.0018**
R	0.0336	2	0.0168	0.6822	0.5471
H	0.3671	1	0.3671	14.918	0.0119*
S	0.5059	1	0.5059	20.5573	0.0062**
赋闲	1.6272	1	1.6272	66.1248	<0.001**
$R*H$	0.0418	2	0.0209	0.8485	0.4816
$H*S$	0.6951	1	0.6951	28.2483	0.0032**
$T*H$	1.2194	1	1.2194	49.5514	<0.001**
误差	0.123	5	0.0246		

整理得方差分析表, 删除不显著因子 (显著性水平 0.05), 得到简化模型, 再作一次方差分析, 用各试验点观察值减去相应误差的估计, 可得各试验点均值点估计值, 试验点的均值的点估计统计量是服从正态分布的响应变量的线性组合, 是试验点均值无偏估计, 因而可推导出最优水平组合均值的区间估计.

```
%=============== 找出最优水平组合、点估计及区间估计 ==================
Best_indicator=0;
%根据实际确定, Best_indicator取1, 响应变量取值越大越优;
%根据实际确定, Best_indicator取0, 响应变量取值越小越优;
orthogonal_analysis;
==============================================================
最优水平组合是T2H1S2;
最优水平组合的估计是0.064437;
最优组合T2H1S2的均值的置信水平95%置信区间 [-0.15771,0.28658].
```

练习 3.10　用拟水平法给出下列试验问题的表头设计、试验计划、各偏差平方和的计算公式 (每个水平组合下只做一次试验).

(1) A, B, C, D 四水平, E 三水平;

(2) A, B, C 五水平, D 三水平;

(3) A 三水平, B, C, D 二水平, 交互效应 BC, BD;

(4) A, B, C 三水平, D 二水平, 交互效应 AB, BC, BD.

解　本题采用拟水平法, 在水平数较多的正交表上安排水平数较少的因子, 因此选用水平数最多的因子所对应的正交表来安排试验.

(1) 计算得诸因子的自由度和为

$$f_{因} = f_A + f_B + f_C + f_D + f_E = 3 \times 4 + 2 = 14,$$

至少有 14 个自由度的最小的四水平正交表为 $L_{16}(4^5)$, 这个正交表有 15 个自由度, 具体的表头设计如表 3.41 所示.

表 3.41   表头设计

因子	A	B	C	D	E
列号	1	2	3	4	5

基于正交表 $L_{16}(4^5)$, 对正交表第 5 列用拟水平法改造后安排 3 水平因子 E, 将第 5 列的 1 水平映射为 1 水平、2 水平映射为 2 水平、3 水平和 4 水平都映射为 3 水平, 而第 1—4 列分别安排 4 水平因子 A, B, C, D.

设 $T = \sum_i^{16} y_i$, $I_E = y_1 + y_8 + y_{10} + y_{15}$, $II_E = y_2 + y_7 + y_9 + y_{16}$, $III_E = y_3 + y_4 + y_5 + y_6 + y_{11} + y_{12} + y_{13} + + y_{14}$, 则有因子 E 的偏差平方和为

$$SS_E = \frac{I_E^2}{4} + \frac{II_E^2}{4} + \frac{III_E^2}{8} - \frac{T^2}{16},$$

又令 SS_i 为正交表各列的偏差平方和, 其中 $i = 1, \cdots, 5$, 则有其余因子的偏差平方和为

$$SS_A = SS_1, \quad SS_B = SS_2, \quad SS_C = SS_3, \quad SS_D = SS_4,$$

相应地, 误差平方和为

$$SS_e = SS_5 - SS_E.$$

(2) 计算得诸因子的自由度和为

$$f_{因} = f_A + f_B + f_C + f_D = 4 \times 3 + 2 = 14,$$

至少有 14 个自由度的最小的五水平正交表为 $L_{25}(5^6)$, 这个正交表有 24 个自由度, 具体的表头设计如表 3.42 所示.

表 3.42   表头设计

因子	A	B	C	D		
列号	1	2	3	4	5	6

基于正交表 $L_{25}(5^6)$, 对正交表第 4 列用拟水平法改造后安排 3 水平因子 D, 将第 4 列的 1 水平映射为 1 水平, 2 水平和 3 水平都映射为 2 水平, 4 水平和 5 水平都映射为 3 水平.

类似于 (1), 利用正交表 $L_{25}(5^6)$ 映射第 4 列后的新列可计算因子 D 的偏差平方和 SS_D, 同样地, 其余因子的偏差平方和为

$$SS_A = SS_1, \quad SS_B = SS_2, \quad SS_C = SS_3,$$

相应地, 误差平方和为

$$SS_e = SS_4 + SS_5 + SS_6 - SS_D.$$

(3) 计算得诸因子的自由度和为

$$f_{因} = f_A + f_B + f_C + f_D + f_{BC} + f_{BD} = 2 + 3 \times 1 + 1 \times 2 = 7,$$

至少有 7 个自由度的最小的三水平正交表为 $L_9(3^4)$, 但该正交表仅有 4 列, 不能同时安排因子 A, B, C, D 以及交互效应 BC, BD, 因此扩大正交表为 $L_{27}(3^{13})$, 这个正交表有 26 个自由度, 优先安排需要改造以后并有两个交互作用的单因子 B 在第 1 列, 安排需要改造以后并有交互作用的单因子 C 和 D 分别在第 2 列和第 5 列, B 和 C 的交互作用列为第 1 列和第 2 列的交互作用列第 3 列和第 4 列, B 和 D 的交互作用列为第 1 列和第 5 列的交互作用列第 6 列和第 7 列, 因子 A 从余下的列中任意选一列安排, 比如第 8 列, 具体的表头设计如表 3.43 所示.

表 3.43　表头设计

因子	B	C	BC		D	BD		A					
列号	1	2	3	4	5	6	7	8	9	10	11	12	13

基于正交表 $L_{27}(3^{13})$, 对正交表第 1 列、第 2 列以及第 5 列用拟水平法改造后安排 2 水平因子 B, C, D, 将正交表第 1 列, 第 2 列以及第 5 列的 1 水平映射为 1 水平, 2 水平和 3 水平都映射为 2 水平.

因此, 利用映射后的新列可计算因子 B, C, D 的偏差平方和 SS_B, SS_C, SS_D, 而交互效应 BC, BD 的偏差平方和计算如下:

$$SS_{BC} = \sum_{j=1}^{2} \frac{T_{B_1C_j}^2}{9} + \sum_{j=1}^{2} \frac{T_{B_2C_j}^2}{18} - \frac{T^2}{27} - SS_B - SS_C,$$

$$SS_{BD} = \sum_{j=1}^{2} \frac{T_{B_1D_j}^2}{9} + \sum_{j=1}^{2} \frac{T_{B_2D_j}^2}{18} - \frac{T^2}{27} - SS_B - SS_D,$$

其中 $T_{B_iC_j}, T_{B_iD_j}$ 分别表示在组合 B_iC_j 与 B_iD_j 下的观测值的和. 因子 A 的偏差平方和为 $SS_A = SS_8$, 相应地, 误差平方和为

$$SS_e = SS_3 + SS_4 + SS_6 + SS_7 + \sum_{j=9}^{13} SS_j - SS_{BC} - SS_{BD}.$$

(4) 计算得诸因子的自由度和为

$$f_因 = f_A + f_B + f_C + f_D + f_{AB} + f_{BC} + f_{BD}$$
$$= 2 \times 3 + 1 + 4 + 4 + 2 = 17,$$

至少有 17 个自由度的最小的三水平正交表为 $L_{27}(3^{13})$, 这个正交表有 26 个自由度. 用拟水平法改造第 2 列优先安排二水平单因子 D, 安排有多个交互作用的三水平因子 B 在第 1 列, B 和 D 的交互作用列为第 1 列和第 2 列的交互作用列第 3 列和第 4 列, 安排有交互作用的因子 C 在第 5 列, B 和 C 的交互作用列为第 1 列和第 5 列的交互作用列第 6 列和第 7 列, 安排因子 A 在第 8 列, B 和 A 的交互作用列为第 1 列和第 8 列的交互作用列第 10 列和第 12 列, 具体的表头设计如表 3.44 所示.

表 3.44 表头设计

因子	B	D	BD		C	BC		A		AB			
列号	1	2	3	4	5	6	7	8	9	10	12	11	13

基于正交表 $L_{27}(3^{13})$, 对正交表第 2 列用拟水平法改造后安排 2 水平因子 D, 将第 2 列的 1 水平映射为 1 水平, 2 水平和 3 水平都映射为 2 水平.

因此, 利用映射后的新列可计算因子 D 的偏差平方和 SS_D, 而交互效应 BD 的偏差平方和计算如下:

$$SS_{BD} = \sum_{i=1}^{3} \frac{T_{B_iD_1}^2}{9} + \sum_{j=1}^{3} \frac{T_{B_jD_2}^2}{12} - \frac{T^2}{27} - SS_B - SS_D,$$

其中 $T_{B_iD_j}$ 分别表示在组合 B_iD_j 下的观测值的和, 其余因子 A, B, C 与交互效应 AB, BC 的偏差平方和为

$$SS_A = SS_8, \quad SS_B = SS_1, \quad SS_{AB} = SS_{10} + SS_{12},$$

$$SS_C = SS_5, \quad SS_{BC} = SS_6 + SS_7,$$

相应地, 误差平方和为

$$SS_e = SS_9 + SS_{11} + SS_{13} + (SS_3 + SS_4 - SS_{BD}).$$

需要指出的是, 上述题的设计方案是不唯一的, 凡是满足列名不混杂的设计都是合理的.

练习 3.11　某试验问题中 A 为二水平, B, C, D 为四水平.

(1) 用 $L_{16}(2^{15})$ 如何安排试验? 如何求各因子的偏差平方和?

(2) 用 $L_{16}(4^5)$ 如何安排试验? 如何求各因子的偏差平方和?

解　计算得诸因子的自由度和为

$$f_{因} = f_A + f_B + f_C + f_D = 1 + 3 \times 3 = 10,$$

正交表 $L_{16}(2^{15})$ 和 $L_{16}(4^5)$ 的自由度均为 15, 因此, 两者均可尝试用于安排此试验.

(1) 本题采用水平数较少的正交表安排水平数较多的因子, 因此采用并列法将正交表 $L_{16}(2^{15})$ 进行改造. 优先考虑需要改造以后才能安排的因子, 第 1, 2 列及它们的交互列第 3 列用并列法改造后安排 B, 第 4, 8 列及它们的交互列第 12 列用并列法改造后安排 C, 第 5, 10 列及它们的交互列第 15 列用并列法改造后安排 D, 从余下的列中挑选一列安排因子 A, 这里挑选第 6 列, 具体的表头设计如表 3.45 所示.

表 3.45　表头设计

因子	B			C			D			A					
列号	1	2	3	4	8	12	5	10	15	6	7	9	11	13	14

将第 1 列和第 2 列的同行数组、第 4 列和第 8 列的同行数组以及第 5 列和第 15 列的同行数组分别作以下映射改造:

$$(1,1) \to 1, \quad (1,2) \to 2, \quad (2,1) \to 3, \quad (2,2) \to 4,$$

改造后的数字分别为 B, C, D 的水平编号. 各因子的偏差平方和分别为

$$SS_A = SS_6, \quad SS_B = SS_1 + SS_2 + SS_3,$$

$$SS_C = SS_4 + SS_8 + SS_{12}, \quad SS_D = SS_5 + SS_{10} + SS_{15}.$$

相应地, 误差平方和为空白列的平方和:

$$SS_e = SS_7 + SS_9 + SS_{11} + SS_{13} + SS_{14}.$$

(2) 本题采用水平数较多的正交表安排水平数较少的因子, 因此采用拟水平法将正交表 $L_{16}(4^5)$ 的某列改造成新列来安排因子 A. 具体的表头设计如表 3.46 所示.

表 3.46　表头设计

因子	A	B	C	D	
列号	1	2	3	4	5

基于正交表 $L_{16}(4^5)$, 对正交表第 1 列用拟水平法改造后安排 2 水平因子 A, 将第 1 列的 1 水平和 2 水平都映射为 1 水平, 3 水平和 4 水平都映射为 2 水平. 因此, 因子 A 的偏差平方和为

$$SS_A = \frac{I_A^2}{8} + \frac{II_A^2}{8} - \frac{T^2}{16},$$

其余因子的偏差平方和分别为

$$SS_B = SS_2, \quad SS_C = SS_3, \quad SS_D = SS_4,$$

相应地, 误差平方和为

$$SS_e = SS_5 + (SS_1 - SS_A).$$

练习 3.12 在研究矾钛合金重轨钢成分对性能影响的试验中考察 4 个三水平因子 V, T_i, C, S_i 及 1 个二水平因子 M_n, 选用正交表 $L_{16}(2^{15})$ 用赋闲列法安排试验, 表头设计如表 3.47 所示.

表 3.47　表头设计

因子	闲	T_i		V			M_n	C						S_i	
列号	1	2	3	4	5	6	7	8	9	10	11	12	13	14	15

试验结果 σ_i 为 51.5, 63.5, 65.5, 73.5, 59.5, 67.0, 59.5, 65.0, 66.5, 74.5, 75.5, 71.5, 70.0, 67.0, 74.5, 78.0. 设数据服从正态分布.

(1) 对数据作统计分析, 找出使试验结果为最小的条件 $(\alpha = 0.05)$;

(2) 对最优条件下平均 σ_i 作区间估计 $(\alpha = 0.05)$.

解 本题选用二水平正交表 $L_{16}(2^{15})$ 来安排试验, 因子 T_i 的第 2 水平如果要重点考察, 可用赋闲列法对第 2, 3 列同行数组作如下改造:

$$(1,1) \to 1, \quad (1,2) \to 2, \quad (2,1) \to 3, \quad (2,2) \to 2,$$

改造以后得到的新列用来安排 3 水平因子 T_i, 但特别要注意的是, 由第 1 列 (第 2, 3 列的交互作用列) 计算得到的偏差平方和混杂了因子 T_i 的水平变动和误差, 因而不能再安排其他的因子, 要作为赋闲列安排. 类似地, 对第 4, 5 列、第 8, 9 列、第 14, 15 列也做赋闲列改造后安排因子 V, C 和 S_i, 并且第 2, 3 列交互作用列、第 4, 5 列交互作用列、第 8, 9 列交互作用列、第 14, 15 列交互作用列都是第 1 列, 只需要将第 1 列赋闲就可以了, 充分利用了这个表来做试验设计, 而因子 M_n 安排第 7 列, 第 10—13 列空白列, 这样的设计满足列名不混杂的原则.

(1) 运行下列代码, 整理可得此问题的方差分析表 (表 3.48), 给定显著性水平 0.05, 因子 V, M_n, C 是显著的, 而因子 T_i 和因子 S_i 不显著.

表 3.48   方差分析表

来源	平方和	自由度	均方和	F 值	p 值
T	1.4063	2	0.7031	0.1067	0.9008
V	118.2813	2	59.1406	8.9734	0.0222*
M	78.7656	1	78.7656	11.9512	0.0181*
C	138.6563	2	69.3281	10.5192	0.0162*
S	43.2813	2	21.6406	3.2835	0.1228
赋闲	9.4531	1	9.4531	1.4343	0.2847
误差	32.9531	5	6.5906		

```
clc;clear;
%=====================输入因变量、单因子水平编号及设定模型========
load Exercise_3_12;
y=Exercise_3_12;%输入因变量向量;
level_n=2;%设定所用到正交表中水平数;
factor_n=4;%设定所用到正交表中因子数;
L = General_Orth_table(level_n,factor_n)+1;%正交表;

L (((L(:,2)==1)&(L(:,3)==1)),16)=1;
%第2列和第3列的同行数组(1, 1)映射为1, 并安排在第16列;
L (((L(:,2)==1)&(L(:,3)==2)),16)=2;
%第2列和第3列的同行数组(1, 2)映射为2, 并安排在第16列;
L (((L(:,2)==2)&(L(:,3)==1)),16)=3;
%第2列和第3列的同行数组(2, 1)映射为3, 并安排在第16列;
L (((L(:,2)==2)&(L(:,3)==2)),16)=2;
%第2列和第3列的同行数组(2, 2)映射为2, 并安排在第16列;

L (((L(:,4)==1)&(L(:,5)==1)),17)=1;
L (((L(:,4)==1)&(L(:,5)==2)),17)=2;
L (((L(:,4)==2)&(L(:,5)==1)),17)=3;
L (((L(:,4)==2)&(L(:,5)==2)),17)=2;

L (((L(:,8)==1)&(L(:,9)==1)),18)=1;
L (((L(:,8)==1)&(L(:,9)==2)),18)=2;
L (((L(:,8)==2)&(L(:,9)==1)),18)=3;
L (((L(:,8)==2)&(L(:,9)==2)),18)=2;
```

```
L (((L(:,14)==1)&(L(:,15)==1)),19)=1;
L (((L(:,14)==1)&(L(:,15)==2)),19)=2;
L (((L(:,14)==2)&(L(:,15)==1)),19)=3;
L (((L(:,14)==2)&(L(:,15)==2)),19)=2;

rep_n=1;%在每个试验点的重复次数，如果没有重复，赋值1;
L=kron(L,ones(rep_n,1));%对表L的每一行都重复rep_n次;
L_row_n=rep_n*level_n^factor_n;%计算这个表有多少行，即试验总次数;

Group=[L(:,16),L(:,17),L(:,7),L(:,18),L(:,19),L(:,1)];
%因子水平编号(用数字表示)，用矩阵表示;
%赋闲列一定要列出,尽管不是因子列,如果不列出,导致误差均方和计算错误;
var_name={'T','V','M','C','S','赋闲'};%给出单因子名称;
model_matrix=eye(6);%设定模型;
alpha=0.05;%给出显著性水平;

%============================ 多因子方差分析 =====================
[p,table,~,~] = anovan(y,Group,'model',model_matrix,'varname',...
    var_name);
f = Anova_LaTex2(table,'方差分析','exercise_anova_3_12');
%生成方差分析表的LaTex代码;
f = Anova2Excel(table,'方差分析_3_12');
%保存方差分析表为Excel格式;
```

(2) 整理得方差分析表, 删除不显著因子 T 和 S(显著性水平 0.05), 得到简化模型, 再作一次方差分析, 用各试验点观察值减去相应误差的估计, 可得各试验点均值点估计值, 试验点的均值的点估计统计量是服从正态分布的响应变量的线性组合, 是试验点均值无偏估计, 因而可推导得出最优水平组合均值的区间估计.

```
%===============找出最优水平组合、点估计及区间估计==================
Best_indicator=0;
%根据实际确定，Best_indicator取1，响应变量取值越大越优;
%根据实际确定，Best_indicator取0，响应变量取值越小越优;
orthogonal_analysis;
==========================================================
最优水平组合是V1M1C1;
最优水平组合的估计是54.2083;
最优组合V1M1C1的均值的置信水平95%置信区间[49.2527,59.1639].
```

练习 3.13 用赋闲列法给出如下试验问题的表头设计及试验计划、诸偏差平方和的计算公式 (假定每个水平组合下重复 m 次试验):

(1) A, B 三水平, C, D, E, F, G, H 二水平, 交互效应 CD;

(2) A, B 三水平, C, D, E, F, G 二水平, 交互效应 AC, BD;

(3) A, B 四水平, C, D 三水平, E, F 二水平.

解　本题采用赋闲列法, 对水平数较少的正交表改造后安排水平数较多的因子, 因此选用水平数最少的因子所对应的正交表来安排试验.

(1) 计算得诸因子的自由度和为

$$f_{因} = f_A + f_B + f_C + f_D + f_E + f_F + f_G + f_H + f_{CD}$$

$$= 2 \times 2 + 6 \times 1 + 1 = 11,$$

至少有 11 个自由度的最小的二水平正交表为 $L_{16}(2^{15})$, 这个正交表有 15 个自由度, 优先安排需要改造后才能安排的因子, 对 2, 3 列用下列赋闲列法改造安排三水平因子 A,

$$(1,1) \to 1, \quad (1,2) \to 2, \quad (2,1) \to 3, \quad (2,2) \to 2,$$

类似地, 对第 4, 5 列用赋闲列法改造安排三水平因子 B, 并且第 2, 3 列交互作用列、第 4, 5 列交互作用列都是第 1 列, 只需要将第 1 列赋闲就可以了. 再安排有交互作用的二水平因子 C 和 D 分别在第 6, 8 列, 它们交互作用 CD 安排在第 6, 8 列的交互作用列第 14 列, 从余下的列中挑选四列安排二水平因子 E, F, G, H, 并且将改造后的表的每一行重复 m 次. 具体的表头设计如表 3.49 所示.

表 3.49　表头设计

因子	闲	A		B		C	E	D	F	G	H			CD	
列号	1	2	3	4	5	6	7	8	9	10	11	12	13	14	15

各因子的偏差平方和为

$$SS_A = SS_2 + SS_3, \quad SS_B = SS_4 + SS_5, \quad SS_C = SS_6,$$

$$SS_D = SS_8, \quad SS_E = SS_7, \quad SS_F = SS_9,$$

$$SS_G = SS_{10}, \quad SS_H = SS_{11}, \quad SS_{CD} = SS_{14},$$

其中, 对任意 $j = 1, \cdots, 15,$

$$SS_j = \frac{I_j^2 + II_j^2}{8m} - \frac{T^2}{16m} = \frac{(I_j - II_j)^2}{16m},$$

相应地, 误差平方和为空白列的偏差平方和的和:

$$SS_e = SS_{12} + SS_{13} + SS_{15}.$$

(2) 计算得诸因子的自由度和为

$$f_因 = f_A + f_B + f_C + f_D + f_E + f_F + f_G + f_{AC} + f_{BD}$$
$$= 2 \times 2 + 5 \times 1 + 2 + 2 = 13,$$

至少有 13 个自由度的最小的二水平正交表为 $L_{16}(2^{15})$, 这个正交表有 15 个自由度, 然而, 基于列名不混杂的原则, 这个正交表安排不下, 因为用赋闲列安排 A 和 B, 至少要用 5 列, 交互效应 AC, BD 至少要用 6 列, C, D, E, F, G 要占用 5 列, 合起来至少用掉 16 列, 用正交表 $L_{16}(2^{15})$ 不可能安排, 考虑用更大的正交表 $L_{32}(2^{31})$, 具体的表头设计如表 3.50 所示.

表 3.50 表头设计

因子	闲	A		B		E	F	C	闲	AC		G				D
列号	1	2	3	4	5	6	7	8	9	10	11	12	13	14	15	16
因子	闲			BD												
列号	17	18	19	20	21	22	23	24	25	26	27	28	29	30	31	

在表头设计时, 优先考虑需要改造并有交互作用的单因子 A, 用以下赋闲列法改造第 2, 3 列安排三水平因子 A,

$$(1,1) \to 1, \quad (1,2) \to 2, \quad (2,1) \to 3, \quad (2,2) \to 2,$$

类似地, 用赋闲列法改造第 4, 5 列安排三水平因子 B, 第 2, 3 列的交互列及第 4、5 列的交互列都是第 1 列, 第 1 列赋闲. 二水平因子 C 安排在第 8 列, A 与 C 的交互作用应安排在第 2, 3 列与 8 列的交互作用列第 10, 11 列, 并且因子 C 所在第 8 列与第 1 列的交互作用列第 9 列也要赋闲, 类似地, 安排二水平因子 D 在第 16 列, 交互作用 BD 在第 20, 21 列, 第 17 列赋闲, 从余下的列选第 6, 7, 12 列安排二水平因子 E, F, G,

各因子的偏差平方和为

$$SS_A = SS_2 + SS_3, \quad SS_B = SS_4 + SS_5, \quad SS_C = SS_8,$$

$$SS_D = SS_{16}, \quad SS_E = SS_6, \quad SS_F = SS_7,$$

$$SS_G = SS_{12}, \quad SS_{AC} = SS_{10} + SS_{11}, \quad SS_{BD} = SS_{20} + SS_{21},$$

其中, 对任意 $j = 1, \cdots, 31$,

$$SS_j = \frac{I_j^2 + II_j^2}{16m} - \frac{T^2}{32m} = \frac{(I_j - II_j)^2}{32m},$$

误差平方和为空白列偏差平方和的和:

$$SS_e = SS_{13} + SS_{14} + SS_{15} + SS_{18} + SS_{19} + \sum_{j=22}^{31} SS_j.$$

(3) 计算得诸因子的自由度和为

$$f_{\text{因}} = f_A + f_B + f_C + f_D + f_E + f_F = 2 \times 3 + 2 \times 2 + 2 \times 1 = 12,$$

至少有 12 个自由度的最小的二水平正交表为 $L_{16}(2^{15})$, 这个正交表有 15 个自由度, 优先考虑用以下赋闲列法改造第 2, 3 列安排三水平因子 C,

$$(1,1) \to 1, \quad (1,2) \to 2, \quad (2,1) \to 3, \quad (2,2) \to 2,$$

类似地, 用赋闲列法改造第 4, 5 列安排三水平因子 D, 第 2, 3 列的交互列及第 4, 5 列的交互列都是第 1 列, 第 1 列赋闲. 采用并列法, 将第 6 列和第 9 列及它们的交互列改造安排四水平因子 A, 第 6 列和第 9 列同行数组作如下映射得因子 A 水平编号,

$$(1,1) \to 1, \quad (1,2) \to 2, \quad (2,1) \to 3, \quad (2,2) \to 4,$$

类似地, 基于并列法改造第 7 列和第 10 列及它们的交互作用列安排四水平因子 B. 具体的表头设计如表 3.51 所示.

表 3.51 表头设计

因子	闲	C		D		A			B			E	F	
列号	1	2	3	4	5	6	9	15	7	10	13	8	11	12	14

各因子的偏差平方和的和:

$$SS_A = SS_6 + SS_9 + SS_{15}, \quad SS_B = SS_7 + SS_{10} + SS_{13}, \quad SS_C = SS_2 + SS_3,$$

$$SS_D = SS_4 + SS_5, \quad SS_E = SS_8, \quad SS_F = SS_{11},$$

其中, 对任意 $j = 1, \cdots, 15$,

$$SS_j = \frac{I_j^2 + II_j^2}{8m} - \frac{T^2}{16m} = \frac{(I_j - II_j)^2}{16m},$$

误差平方和为

$$SS_e = SS_{12} + SS_{14}.$$

第4章   不完全区组设计

单因子试验的目的是检验某一感兴趣因子 (处理因子) 的诸水平效应是否存在显著差异, 总是希望除了感兴趣因子水平有可能变化外, 其他条件尽量保持不变, 使得上述检验的结论更为可信. 实际中不可避免地还存在另一个因子 (区组因子) 对试验结果有显著影响, 两因子可加效应模型通常用来处理此类问题, 也就是在每个区组中包含全部处理, 这就是完全区组设计. 然而受限于人力、物力、财力等, 希望进一步减少试验次数, 也可能由于区组太小, 容纳不下全部处理, 比如: 某一类稀有的原材料不够用于所有的不同条件 (水平) 下化学反应实验. 解决上述问题, 可以通过不完全区组设计.

4.1   平衡不完全区组设计

当不知道处理因子的诸水平 (简称处理) 哪些更重要时, 应该视有待比较的诸处理同等重要, 这就要用到平衡不完全区组设计.

4.1.1   平衡不完全区组设计的概念

定义 4.1   将 v 个处理安排到 b 个区组中的一种试验设计方法称为平衡不完全区组设计, 若满足以下几个条件:

(1) 每个区组包含 k 个处理 (k 为区组大小);

(2) 每个处理在 r 个区组中出现 (r 为处理的重复数);

(3) 每对处理在 λ 个区组中相遇 (λ 为相遇数).

显然, 若 $k = v$, 那么就是随机化完全区组设计, 若 $k < v$, 那么就是平衡不完全区组设计 (英文缩写 BIBD), 特别地, $b = v$, 称为对称平衡不完全区组设计. 上述三个条件是构成平衡不完全区组设计的必要条件, 缺少任何一个条件都不可能构成平衡不完全区组设计. 我们可以用一个 $v \times b$ 的关联矩阵 (或称设计矩阵)N 来表示平衡不完全区组设计, 其第 (i, j) 元素 $n_{ij} = 1$, 如果第 i 个处理包含于第 j 个区组, 否则 $n_{ij} = 0$. 显然, 对应于平衡不完全区组设计的三个条件, 关联矩阵

N 有以下三条性质:

(1) N 的每一列元素之和等于 k, 即 $\sum_{i=1}^{v} n_{ij} = k$, $j = 1, \cdots, b$;

(2) N 的每一行元素之和等于 r, 即 $\sum_{j=1}^{b} n_{ij} = r$, $i = 1, \cdots, v$;

(3) N 的任意两行的内积等于 λ, 即 $\sum_{j=1}^{b} n_{i_1 j} n_{i_2 j} = \lambda$, $i_1 \neq i_2$.

因为关联矩阵的元素非 0 即 1, 所以上述三条性质可以简述为: 关联矩阵 N 的同列内积为 k, 同行内积为 r, 不同行内积为 λ, 由上述三条性质易得 NN' 是 $v \times v$ 的矩阵, 其对角线上元素为 r, 对角线以外元素为 λ, 并容易证明关联矩阵 N 是行满秩.

例子 4.1　为了比较不同的催化剂对化学反应速度的影响, 选用 4 种催化剂 (分别记作 A, B, C, D), 4 个化工原料的批次, 但原料的每批次只能供 3 种催化剂做试验, 这个试验问题的设计方法 (表 4.1) 就是一个平衡不完全区组设计.

表 4.1　平衡不完全区组设计例子

区组 (原料批次)	处理 (催化剂品种)
1	A, C, D
2	A, B, C
3	B, C, D
4	A, B, D

由定义 4.1 可得一些参数值为: 处理数 $v = 4$, 区组数 $b = 4$, 区组大小 $k = 3$ 和处理重复数 $r = 3$, 相遇数 $\lambda = 2$, 比如: 处理 A 与处理 B 在第 2 个区组与第 4 个区组相遇. 这个设计也可以用表 4.2 更清楚地表述, 在这个表中 "*" 点处做了试验, 而在空白格子点处没安排做试验, 显见是一个不完全区组设计, 但它又满足平衡不完全区组设计的定义 4.1 的三个条件, 所以是平衡不完全区组设计. 这个设计也可用关联矩阵表示为

$$N = \begin{bmatrix} 1 & 1 & 0 & 1 \\ 0 & 1 & 1 & 1 \\ 1 & 1 & 1 & 0 \\ 1 & 0 & 1 & 1 \end{bmatrix}.$$

用关联矩阵表示平衡不完全区组设计, 方便编程实现此类设计的数据分析.

表 4.2　平衡不完全区组设计例子 (续表)

处理	区组			
	1	2	3	4
A	*	*		*
B		*	*	*
C	*	*	*	
D	*		*	*

4.1.2 平衡不完全区组设计的参数间的关系

在上述关于平衡不完全区组设计的定义 4.1 中, v, b, k, r, λ 为参数, 那么这些参数间有什么关系? 下面的定理 4.1 给出了答案.

定理 4.1 平衡不完全区组设计的参数间的关系:

(1) $bk = rv$;

(2) $r(k-1) = \lambda(v-1)$;

(3) 平衡不完全区组设计成为随机化完全区组设计的充分必要条件是 $k = v, \lambda = r = b$.

(1) 式左右两边都表示试验总次数, 只是分别从行或列的角度计算出来的试验总次数. (2) 式左端表示第一个处理 (其他处理可得类似结论) 所在的 r 个区组中除了第一个处理外其他处理的个数, 从另一角度也可以这样理解: 第一个处理与其他 $v-1$ 个处理中任何一个处理肯定在这 r 个区组中相遇 λ. (2) 式右端 $\lambda(v-1)$ 表示第一个处理与其余 $v-1$ 个处理总的相遇次数, 也就是第一个处理所在的 r 个区组中除了第一个处理外其他处理的个数. (3) 中由 $k = v$ 及上述性质 (1), 容易推出 $b = r$, 即每一个处理在每一个区组中都重复出现, 因而平衡不完全区组设计成为随机化完全区组设计, 反之也成立. 不满足上述关系 (1) 和 (2) 中任一关系的设计不会构成平衡不完全区组设计. 下面不加证明给出关于平衡不完全区组设计的参数间关系的其他一些定理.

定理 4.2 (费希尔不等式) 在平衡不完全区组设计中, $b \geqslant v$ 或 $r \geqslant k$.

用关联矩阵的性质容易证明这个定理, 在平衡不完全区组设计中, 由定理 4.1 的性质 (1), 可得 $b \geqslant v$ 与 $r \geqslant k$ 是等价的, $b \geqslant v$ 或 $r \geqslant k$ 只是平衡不完全区组设计的必要条件, 如果这个条件不满足, 即处理数超过区组数平衡不完全区组设计是不存在的.

定理 4.3 若一个对称的平衡不完全区组设计的参数 v 是偶数, 则 $r - \lambda$ 必是一个完全平方数.

这个定理的逆否命题可以用来判断一个设计是不是对称的平衡不完全区组设计, 即当 v 是偶数但 $r - \lambda$ 不是一个完全平方数时, 一个对称的设计 $(v = b)$ 一定不是平衡不完全区组设计.

定理 4.4 (费希尔) 对称的平衡不完全区组设计的任何两个区组恰好有 λ 个处理是相同.

4.2 平衡不完全区组设计的统计分析 (区组内分析)

4.2.1 参数估计

令 y_{ij} 表示第 i 个处理在第 j 个区组中的试验结果, 假定处理因子与区组因子无交互作用, 平衡不完全区组设计的线性模型可以表示为

$$
\begin{cases}
y_{ij} = \mu + \tau_i + \beta_j + \varepsilon_{ij}, \quad i = 1, \cdots, v, \quad j = 1, \cdots, b, \\
\varepsilon_{ij} \overset{\text{i.i.d.}}{\sim} N(0, \sigma^2), \\
\text{约束条件: } \sum_{i=1}^{v} \tau_i = 0, \sum_{j=1}^{b} \beta_j = 0,
\end{cases}
\tag{4.1}
$$

其中 μ 是一般平均, τ_i 是第 i 个处理效应, β_j 是第 j 个区组效应. 表面上看, 这个模型与两因子可加主效应模型相同 (随机化完全区组设计), 但需要提醒的是: 处理编号 i 与区组编号 j 是不独立的, 因为并不是所有的处理在所有的区组都出现, 即不同的 i, j 的取值是不同的, 试验总次数 n 并不是 vb, 而是 kb 或 rv.

接下来, 用最小二乘法估计线性模型 (4.1) 的 μ 和诸 τ_i, 可得

$$
\hat{\mu} = \bar{y}..,
\tag{4.2}
$$

$$
\hat{\tau}_i = \frac{k}{v\lambda} Q_i, \quad i = 1, \cdots, v,
\tag{4.3}
$$

其中第 i 个处理的调整总和

$$
Q_i = y_{i\cdot} - \frac{1}{k} \sum_{j=1}^{b} n_{ij} y_{\cdot j},
\tag{4.4}
$$

它等于第 i 个处理未调整总和减去包含此处理的所有区组的均值的和, 调整的目的是尽可能消除不同区组之间的差异而导致的未调整诸处理总和之间的差异. 结合模型 (4.1) 的约束条件, 易证明式 (4.2) 给出的 $\hat{\mu}$ 是 μ 的无偏估计. 由 (4.3) 给出的 $\hat{\tau}_i$ 是 τ_i 的无偏估计, 因为

$$
E(Q_i) = E(y_{i\cdot}) - \frac{1}{k} \sum_{j=1}^{b} n_{ij} E(y_{\cdot j})
$$

$$
= r\mu + r\tau_i + \sum_{j=1}^{b} n_{ij}\beta_j - \frac{1}{k} \sum_{j=1}^{b} n_{ij} \left(k\mu + \sum_{l=1}^{v} n_{lj}\tau_l + k\beta_j \right)
$$

$$
= r\mu + r\tau_i + \sum_{j=1}^{b} n_{ij}\beta_j - \sum_{j=1}^{b} n_{ij}\mu - \frac{1}{k} \sum_{j=1}^{b} n_{ij} \sum_{l=1}^{v} n_{lj}\tau_l - \sum_{j=1}^{b} n_{ij}\beta_j,
$$

由关联矩阵 $\boldsymbol{N}$ 性质 (1) 有 $\sum_{j=1}^{b} n_{ij} = r$, 所以有

$$
E(Q_i) = r\tau_i - \frac{1}{k} \sum_{j=1}^{b} n_{ij} \sum_{l=1}^{v} n_{lj}\tau_l
$$

$$= r\tau_i - \frac{1}{k}\sum_{j=1}^{b} n_{ij}n_{ij}\tau_i - \frac{1}{k}\sum_{j=1}^{b} n_{ij}\sum_{l\neq i} n_{lj}\tau_l,$$

由关联矩阵 $\boldsymbol{N}$ 性质有 $\sum_{j=1}^{b} n_{ij}n_{ij} = r$, $\sum_{j=1}^{b} n_{ij}\sum_{l\neq i} n_{lj}\tau_l$ 表示包含第 i 处理的区组中, 与第 i 个处理相遇 λ 次的其他处理效应之和 (重复相遇重复计算) $\lambda\sum_{l\neq i} \tau_l$, 由模型 (4.1) 约束条件, 可得这个和为 $-\lambda\tau_i$, 从而有

$$E(Q_i) = r\tau_i - \frac{r}{k}\tau_i + \frac{\lambda}{k}\tau_i,$$

结合定理 4.1 的第 2 个式子可得 $E(Q_i) = \frac{\lambda v}{k}\tau_i$, 即

$$E(\hat{\tau}_i) = E\left(\frac{k}{\lambda v}Q_i\right) = \tau_i,$$

从而证明了 $\hat{\tau}_i = \frac{k}{\lambda v}Q_i$ 是 τ_i 的无偏估计. 也可计算 Q_i 的方差 $D(Q_i)$ 如下:

$$D(Q_i) = D\left(y_{i\cdot} - \frac{1}{k}\sum_{j=1}^{b} n_{ij}y_{\cdot j}\right)$$

$$= D\left(y_{i\cdot} - \frac{1}{k}\sum_{j=1}^{b} n_{ij}\sum_{l} y_{lj}\right)$$

$$= D\left(\left(1 - \frac{1}{k}\right)y_{i\cdot} - \frac{1}{k}\sum_{j=1}^{b} n_{ij}\sum_{l\neq i} y_{lj}\right)$$

$$= \frac{r(k-1)^2}{k^2}\sigma^2 + \frac{r(k-1)}{k^2}\sigma^2$$

$$= \frac{r(k-1)}{k}\sigma^2,$$

从而

$$D(Q_i) = \frac{r(k-1)}{k}\sigma^2 = \frac{\lambda(v-1)}{k}\sigma^2, \tag{4.5}$$

$$D(\hat{\tau}_i) = \frac{kr(k-1)}{\lambda^2 v^2}\sigma^2 = \frac{k(v-1)}{\lambda v^2}\sigma^2. \tag{4.6}$$

4.2.2 方差分析

对于平衡不完全区组设计, 方差分析要检验的统计假设为

$$H_0 : \tau_1 = \cdots = \tau_r = 0,$$

$$H_1 : \tau_1, \cdots, \tau_r \text{ 至少有一个不为 } 0.$$

类似于前面的正交类的方差分析, 将总偏差平方和作如下的分解:

$$SS_T = SS_{处理\,(调整)} + SS_{区组} + SS_e,$$

其中总偏差平方和

$$SS_T = \sum_i \sum_j (y_{ij} - \bar{y}_{..})^2 = \sum_i \sum_j y_{ij}^2 - \frac{y_{..}^2}{n},$$

类似于因子平方和的计算, 区组平方和

$$SS_{区组} = \sum_i \sum_j (y_{ij} - \bar{y}_{.j})^2 = \sum_{j=1}^b \frac{y_{.j}^2}{k} - \frac{y_{..}^2}{n}.$$

由 "偏" 回归的思想, 可得调整的处理因子平方和

$$SS_{处理\,(调整)} = \sum_{i=1}^v \hat{\tau}_i Q_i = \frac{k}{v\lambda} \sum_{i=1}^v Q_i^2,$$

这里的调整处理和就是为了消除平衡不完全区组设计中不同区组差异的干扰. 从而在原假设 H_0 成立的情况下, 可以构造检验统计量及推导出其分布如下:

$$F = \frac{MS_{处理\,(调整)}}{MS_e} \overset{H_0}{\sim} F(f_{处理\,(调整)}, f_e),$$

其中调整处理因子均方和 $MS_{处理\,(调整)} = \frac{SS_{处理\,(调整)}}{f_{处理\,(调整)}}$, 误差均方和 $MS_e = \frac{SS_e}{f_e}$ 是方差 σ^2 的无偏估计, 调整处理因子自由度 $f_{处理\,(调整)} = v - 1$, 误差自由度 $f_e = n - v - b + 1$. 整理可得平衡不完全区组设计的方差分析见表 4.3.

表 4.3　平衡不完全区组设计的处理效应方差分析表

来源	平方和	自由度	均方和	F 值
处理 (调整)	$SS_{处理\,(调整)}$	$v-1$	$\dfrac{SS_{处理\,(调整)}}{v-1}$	$\dfrac{MS_{处理\,(调整)}}{MS_e}$
区组	$SS_{区组}$	$b-1$	$\dfrac{SS_{区组}}{b-1}$	
误差	SS_e	$n-v-b+1$	$\dfrac{SS_e}{n-v-b+1}$	
总	SS_T	$n-1$		

在对称平衡不完全区组设计 $(v = b)$ 中, 可将处理因子看作区组因子, 而将区组因子看作处理因子, 用最小二乘法估计线性模型 (4.1) 的诸 β_j, 可得

$$\hat{\beta}_j = \frac{r}{b\lambda} Q'_j, \quad j = 1, \cdots, b, \tag{4.7}$$

其中第 j 个区组的调整总和

$$Q'_j = y_{.j} - \frac{1}{r} \sum_{i=1}^{v} n_{ij} y_{i.}, \tag{4.8}$$

它等于未调整第 j 个区组总和减去包含在第 j 个区组的处理的均值的和, 调整的目的是尽可能消除不同处理之间的差异而导致的未调整诸区组总和之间的差异. 也可证明 $\hat{\beta}_j$ 是 β_j 的无偏估计. 关于区组效应的方差分析见表 4.4.

表 4.4 对称平衡不完全区组设计的区组效应方差分析表

来源	平方和	自由度	均方和	F 值
区组 (调整)	$SS_{区组 (调整)} = \frac{r}{b\lambda} \sum_{j=1}^{b} Q_j'^2$	$b-1$	$\dfrac{SS_{区组 (调整)}}{b-1}$	$\dfrac{MS_{区组 (调整)}}{MS_e}$
处理	$SS_{处理} = \sum_{i=1}^{v} \dfrac{y_{i.}^2}{r} - \dfrac{y_{..}^2}{n}$	$v-1$	$\dfrac{SS_{处理}}{v-1}$	
误差	SS_e	$n-v-b+1$	$\dfrac{SS_e}{n-v-b+1}$	
总	SS_T	$n-1$		

4.2.3 多重比较

平衡不完全区组设计的统计分析中, 当处理因子显著时, 为了得出哪些水平之间存在显著的差异, 还需要对诸处理效应做比较, 包括对比、邓肯多重比较及图基多重比较.

设对比 $C = \sum_{i=1}^{v} c_i Q_i, \sum_i c_i = 0$, 检验假设 $H_0: \sum_{i=1}^{v} c_i \tau_i = 0$ 统计量及其分布 (在原假设成立的情况下)

$$F = \frac{SS_C}{MS_e} \overset{H_0}{\sim} F(1, f_e),$$

其中 $SS_C = \dfrac{k}{\lambda(v-1)} \dfrac{C^2}{\sum_i c_i^2}$, 且结合式 (4.5) 可证明 $\dfrac{SS_C}{\sigma^2} \overset{H_0}{\sim} \chi^2(1)$, 给定了显著性水平 α, 上述假设检验的拒绝域为 $\{F | F > F_\alpha(1, f_e)\}$.

类似于单因子的邓肯多重比较, 用诸估计量 $\hat{\tau}_i$ 可对诸 τ_i 做出邓肯多重比较, 这时的误差的标准差估计量为 $\sqrt{\dfrac{k(v-1)MS_e}{\lambda v^2}}$ (在式 (4.6) 中方差 σ^2 用它的无偏估计 MS_e 代替), 当 v 足够大时, 也可以用 $\sqrt{\dfrac{kMS_e}{\lambda v}}$ 近似. 类似地, 也可以做平衡不完全区组设计的图基多重比较.

4.3   平衡不完全区组设计的统计分析 (区组间分析)

4.2 节讨论的平衡不完全区组设计的统计分析, 只考虑了区组固定效应, 是将区组间的差异消除以后来讨论的. 但是, 如果在一个平衡不完全区组设计中所采用的区组是从无限多个或很多个可供选择的区组中随机选择出来, 这时区组效应就是随机效应, 即在模型 (4.1) 中除了误差项 ε_{ij} 是随机项, 第 j 个区组效应 $\beta_j(j=1,\cdots,b)$ 也是随机项, 合并各个区组的响应变量建模, 相应的模型如下:

$$\begin{cases} y_{.j} = k\mu + \sum_{i=1}^{v} n_{ij}\tau_i + \left(k\beta_j + \sum_{i=1}^{v} n_{ij}\varepsilon_{ij}\right), \\ \varepsilon_{ij} \overset{\text{i.i.d.}}{\sim} N(0,\sigma^2), \\ \beta_j \overset{\text{i.i.d.}}{\sim} N(0,\sigma_\beta^2), \\ \text{诸 } \varepsilon_{ij}, \beta_j \text{ 相互独立}, \\ \text{约束条件: } \sum_{i=1}^{v} \tau_i = 0, \end{cases} \tag{4.9}$$

其中 $\tau_i(i=1,\cdots,v)$ 是第 i 个处理效应, 关联矩阵元素 $n_{ij}=1$, 如果 i 个处理出现在 j 个区组, 否则为 0. 容易推得 "误差项" (可以这样理解) $k\beta_j + \sum_{i=1}^{v} n_{ij}\varepsilon_{ij} \sim N(0, k^2\sigma_\beta^2 + k\sigma^2)$.

基于最小二乘法, 可得模型 (4.9) 中 μ 和 τ_i 最小二乘估计如下:

$$\tilde{\mu} = \bar{y}_{..}, \tag{4.10}$$

$$\tilde{\tau}_i = \frac{\sum_j n_{ij}y_{.j} - kr\bar{y}_{..}}{r - \lambda}. \tag{4.11}$$

结合模型 (4.9) 的约束条件, 易证明式 (4.10) 给出的 $\tilde{\mu}$ 是 μ 的无偏估如下:

$$\begin{aligned} E(\bar{y}_{..}) &= \frac{1}{bk} \sum_{j=1}^{b} E(y_{.j}) \\ &= \frac{1}{bk} \sum_{j=1}^{b} \left(k\mu + \sum_{i=1}^{v} n_{ij}\tau_i\right) \\ &= \mu + \sum_{i=1}^{v} \tau_i \sum_{j=1}^{b} n_{ij} \end{aligned}$$

$$= \mu + \sum_{i=1}^{v} r\tau_i$$

$$= \mu.$$

由 (4.11) 给出的 $\tilde{\tau}_i$ 是 τ_i 的无偏估计, 因为

$$E(y_{.j}) = k\mu + \sum_{i=1}^{v} n_{ij}\tau_i,$$

所以有

$$E(\tilde{\tau}_i) = \frac{\sum_{j=1}^{b} n_{ij} E(y_{.j}) - kr E(\bar{y}_{..})}{r - \lambda}$$

$$= \frac{\sum_{j=1}^{b} n_{ij} \sum_{l=1}^{v} n_{lj} \tau_l}{r - \lambda}$$

$$= \frac{\sum_{j=1}^{b} n_{ij} n_{ij} \tau_i + \sum_{j=1}^{b} n_{ij} \sum_{l \neq i} n_{lj} \tau_l}{r - \lambda},$$

由关联矩阵 $\boldsymbol{N}$ 性质有 $\sum_{j=1}^{b} n_{ij} n_{ij} = r$, $\sum_{j=1}^{b} n_{ij} \sum_{l \neq i} n_{lj} \tau_l$ 表示包含第 i 处理的区组中, 与第 i 个处理相遇 λ 次的其他处理效应之和 (重复相遇重复计算)$\lambda \sum_{l \neq i} \tau_l$, 由模型 (4.9) 约束条件, 可得这个和为 $-\lambda\tau_i$, 从而有

$$E(\tilde{\tau}_i) = \frac{r\tau_i - \lambda\tau_i}{r - \lambda} = \tau_i.$$

也可计算 $\tilde{\tau}_i$ 的方差 $D(\tilde{\tau}_i)$ 如下:

$$D(\tilde{\tau}_i) = \frac{1}{(r-\lambda)^2} D\left(\sum_{j=1}^{b} n_{ij} y_{.j} - kr\bar{y}_{..}\right)$$

$$= \frac{1}{(r-\lambda)^2} D\left(\sum_{j=1}^{b} n_{ij} \left(1 - \frac{kr}{rv}\right) y_{.j} - \sum_{j=1}^{b} (1 - n_{ij}) \frac{kr}{rv} y_{.j}\right)$$

$$= \frac{k^2 \sigma_\beta^2 + k\sigma^2}{(r-\lambda)^2} \left(r\left(1 - \frac{k}{v}\right)^2 - (b-r)\frac{k^2}{v^2}\right)$$

$$= \frac{k(v-1)}{v(r-\lambda)}(k\sigma_\beta^2 + \sigma^2),$$

这里最后一步用到定理 4.1 经代数运算推导可得, 从而

$$D(\tilde{\tau}_i) = \frac{k(v-1)}{v(r-\lambda)}(k\sigma_\beta^2 + \sigma^2). \tag{4.12}$$

无论区组效应是固定的还是随机的, 得到的诸处理效应的区组内估计 $\hat{\tau}_i$ (见式 (4.3)) 或 $\tilde{\tau}_i$ (见式 (4.11)) 都是 τ_i 的无偏估计, 所以这两个估计的加权估计也是 τ_i 的无偏估计, 易得加权估计类中方差最小的一估计为

$$\tau_i^* = a_1\hat{\tau}_i + a_2\tilde{\tau}_i, \tag{4.13}$$

其中 a_1 和 a_2 分别是以相应的精度 (方差的倒数) 计算得的权重 (归一化), 具体地,

$$a_1 = \frac{\dfrac{1}{D(\hat{\tau}_i)}}{\dfrac{1}{D(\hat{\tau}_i)} + \dfrac{1}{D(\tilde{\tau}_i)}}, \quad a_2 = \frac{\dfrac{1}{D(\tilde{\tau}_i)}}{\dfrac{1}{D(\hat{\tau}_i)} + \dfrac{1}{D(\tilde{\tau}_i)}}.$$

由式 (4.6) 给出的方差 $D(\hat{\tau}_i)$ 和由式 (4.12) 给出的方差 $D(\tilde{\tau}_i)$ 都涉及 σ^2, 可以用 σ^2 的无偏估计 MS_e 代入计算, 而方差 $D(\tilde{\tau}_i)$ 中的 σ_β^2 估计量[2] 为

$$\hat{\sigma}_\beta^2 = \begin{cases} \dfrac{(MS_{\text{区组 (调整)}} - MS_e)(b-1)}{v(r-1)}, & MS_{\text{区组 (调整)}} > MS_e, \\ 0, & MS_{\text{区组 (调整)}} \leqslant MS_e. \end{cases} \tag{4.14}$$

4.4　部分平衡不完全区组设计

在不完全区组设计中, 平衡性的要求有些苛刻, 往往会导致过多的试验次数及过多的区组. 比如: 在区组大小 $k=3$ 的区组中比较 $v=8$ 个处理, 由定理 4.1 的结论 (2) 可得 $\lambda = \dfrac{2}{7}r$, 要使得相遇数 λ 取整数, 相应的处理重复数 r 必须是 7 的整数倍, 而由定理 4.1 的结论 (1), r 取 7 或 14 是不可以的, 因为会导致区组数 b 取非整数, r 取 21 可以, 但此时 $b=56$, $n=168$, 即需要 56 个区组及重复试验 168 次, 不胜负担. 为解决此问题, 放松平衡性要求到部分平衡, 即不要求任意一对处理相遇次数相等, 而只要求某些处理对相遇某个次数 λ_1, 另一些处理对相遇另一个次数 λ_2, ……

定义 4.2　设有 v 个处理, 在它们之间定义了 m 个结合关系, 将 v 个处理安排到 b 个区组中的一种试验设计方法称为部分平衡不完全区组设计 (PBIBD), 若满足以下几个条件:

(1) 每个处理在同一区组至多出现一次;

(2) 每个处理在 r 个区组中出现 (r 为处理的重复数);

(3) 任意一对处理具有第 i $(i = 1, \cdots, m)$ 种结合关系, 即它们在 λ_i 个区组中相遇.

显然, 在定义 4.2 中, 当结合关系数 $m = 1$ 时, 部分平衡不完全区组设计就是平衡不完全区组设计. 每个部分平衡不完全区组设计都包含两类参数: 区组参数和结合参数. 区组参数包括处理数 v、区组数 b、重复数 r、区组大小 k 以及具有第 i 个种关系的处理对的相遇数 $\lambda_i (i = 1, \cdots, m)$. 结合参数包括 n_i 和 P^i_{jk}, n_i 表示每个处理恰好属于 n_i 个第 i 结合类, 即另有 n_i 个处理与它构成第 i 个结合类的处理对, P^i_{jk} 表示若两个处理具有第 i 种结合关系, 则与其中之一具有第 j 种结合关系, 而与另一处理具有第 k 种结合关系的处理的个数, 其中 $1 \leqslant i, j \leqslant m$.

本节只给出具有两个结合类的部分平衡不完全区组设计的统计分析方法 (区组内), 相应的线性模型如下:

$$
\begin{cases}
y_{ij} = \mu + \tau_i + \beta_j + \varepsilon_{ij}, \\
\varepsilon_{ij} \overset{\text{i.i.d.}}{\sim} N(0, \sigma^2), \\
\text{约束条件: } \sum_{i=1}^{v} \tau_i = 0, \sum_{j=1}^{b} \beta_j = 0,
\end{cases}
\tag{4.15}
$$

其中一般平均 μ, 第 i 个处理效应 τ_i, 第 j 个区组效应 β_j, 都是未知参数, 处理编号 i 与区组编号 j 是不独立的, 因为并不是所有的处理在所有的区组都出现, 这是一个可加效应模型, 不适用于处理因子与区组因子存在交互作用的情形.

类似于平衡不完全区组设计, 经过相对复杂的计算, 也可得到诸处理效应 τ 的最小二乘估计

$$
\hat{\tau}_i = \frac{1}{r(k-1)}[(k - C_2)Q_i + (C_1 - C_2)S_1(Q_i)], \quad i = 1, \cdots, v,
\tag{4.16}
$$

其中 Q_i 为第 i 个处理的调整总和, 与平衡不完全区组设计情形下有相同的表达式:

$$
Q_i = y_{i\cdot} - \frac{1}{k}\sum_{j=1}^{b} n_{ij} y_{\cdot j},
$$

对一切与处理 i 具有第 1 种关系的处理 s 和 $S_1(Q_i)$ 表示为

$$
S_1(Q_i) = \sum_s Q_s,
$$

$$
C_1 = (k\Delta)^{(-1)}[\lambda_1(rk - r + \lambda_2) + (\lambda_1 - \lambda_2)(\lambda_2 P^1_{12} - \lambda_1 P^2_{12})],
$$

$$
C_2 = (k\Delta)^{(-1)}[\lambda_2(rk - r + \lambda_1) + (\lambda_1 - \lambda_2)(\lambda_2 P^1_{12} - \lambda_1 P^2_{12})],
$$

而

$$\Delta = k^{-2}\{(rk - r + \lambda_1)(rk - r + \lambda_2)$$

$$+ (\lambda_1 - \lambda_2)[(r(k-1)(P_{12}^1 - P_{12}^2) + \lambda_2 P_{12}^1) - \lambda_1 P_{12}^2]\},$$

对于部分平衡不完全区组设计, 方差分析要检验诸处理效应是否存在显著差异的统计假设:

$$H_0 : \tau_1 = \cdots = \tau_r = 0,$$

$$H_1 : \tau_1, \cdots, \tau_r \ \text{至少有一个不为} \ 0.$$

类似于平衡不完全区组设计的方差分析, 将总偏差平方和作如下的分解:

$$SS_T = SS_{\text{处理 (调整)}} + SS_{\text{区组}} + SS_e,$$

其中总偏差平方和与区组平方和的计算同平衡不完全区组设计的总偏差平方和与区组平方和, 而由 "偏" 回归思想得调整的处理因子平方和

$$SS_{\text{处理 (调整)}} = \sum_{i=1}^{v} \hat{\tau}_i Q_i,$$

从而在原假设 H_0 成立的情况下, 可以构造检验统计量及推导出其分布如下:

$$F = \frac{MS_{\text{处理 (调整)}}}{MS_e} \overset{H_0}{\sim} F(f_{\text{处理 (调整)}}, f_e),$$

其中调整处理因子均方和 $MS_{\text{处理 (调整)}} = \dfrac{SS_{\text{处理 (调整)}}}{f_{\text{处理 (调整)}}}$, 误差均方和 $MS_e = \dfrac{SS_e}{f_e}$ 是方差 σ^2 的无偏估计, 调整处理因子自由度 $f_{\text{处理 (调整)}} = v - 1$, 误差自由度 $f_e = n - v - b + 1$. 整理可得部分平衡不完全区组设计的方差分析见表 4.5.

表 4.5 部分平衡不完全区组设计的处理效应方差分析表

来源	平方和	自由度	均方和	F 值
处理 (调整)	$SS_{\text{处理 (调整)}} = \sum_{i=1}^{v} \hat{\tau}_i Q_i$	$v - 1$	$\dfrac{SS_{\text{处理 (调整)}}}{v - 1}$	$\dfrac{MS_{\text{处理 (调整)}}}{MS_e}$
区组	$SS_{\text{区组}} = \sum_{j=1}^{b} \dfrac{y_{\cdot j}^2}{k} - \dfrac{y_{\cdot\cdot}^2}{n}$	$b - 1$	$\dfrac{SS_{\text{区组}}}{b - 1}$	
误差	$SS_e = SS_T - SS_{\text{处理 (调整)}} - SS_{\text{区组}}$	$n - v - b + 1$	$\dfrac{SS_e}{n - v - b + 1}$	
总	SS_T	$n - 1$		

4.5 尤登方设计

构造平衡不完全区组设计通常不那么容易, 而借助于拉丁方可以容易做到. 无论对行区组而言, 还是对列区组而言, 拉丁方设计都是完全区组设计. 如果从一个拉丁方设计中划去至少一列 (或行) 并将行 (或列) 因子看作区组因子, 仍然成为一个平衡不完全区组设计的话, 那么称这个不完全拉丁方为一个尤登 (Youden) 方, 相应的设计称为尤登方设计.

例如, 从如下的 5 阶拉丁方

$$
\begin{array}{ccccc}
A & B & C & D & E \\
E & A & B & C & D \\
D & E & A & B & C \\
C & D & E & A & B \\
B & C & D & E & A
\end{array}
$$

划去最后一列, 得

$$
\begin{array}{cccc}
A & B & C & D \\
E & A & B & C \\
D & E & A & B \\
C & D & E & A \\
B & C & D & E
\end{array}
$$

这就是一个尤登方, 其中每一行对应一区组, $b=5$, 有 5 个处理 A, B, C, D 和 E, 每个区组里包含 4 个处理, 每个处理在 4 个区组中重复出现, 比如: 处理 A 在第 1, 3, 4 和 5 区组中出现, 任何一对处理在 3 个区组中相遇, 比如: A 和 B 在第 1, 4 和 5 区组中相遇, 这对应参数 $v=b=5$, $k=r=4$ 和 $\lambda=3$ 的平衡不完全区组设计, 可用表 4.6 表述. 但需要指出的是, 对上述的 5 阶拉丁方划去最后两列, 得

$$
\begin{array}{ccc}
A & B & C \\
E & A & B \\
D & E & A \\
C & D & E \\
B & C & D
\end{array}
$$

就不再是一个尤登方, 因为 A 与 B 在第 1 和 2 区组中相遇, 而 A 和 C 只在第 1 区组中相遇, 不满足平衡不完全区组的定义 4.1 中的第 (3) 条 (任何一对处理的相遇数相等).

表 4.6 尤登方 (5 阶拉丁方删除最后一列) 对应的平衡不完全区组设计

处理	区组				
	1	2	3	4	5
A	*	*	*	*	
B	*	*	*		*
C	*	*		*	*
D	*		*	*	*
E		*	*	*	*

尤登方设计的区组数和处理数是相应拉丁方的阶数, 因而是一个对称的平衡不完全区组设计, 类似于拉丁方设计, 相应的线性统计模型是

$$\begin{cases} y_{ij} = \mu + \alpha_i + \tau_j + \varepsilon_{ij}, \quad i = 1, \cdots, v, \quad j = 1, \cdots, b, \\ \varepsilon_{ij} \stackrel{\text{i.i.d.}}{\sim} N(0, \sigma^2), \\ \text{约束条件:} \sum_i \alpha_i = 0, \sum_j \tau_j = 0, \end{cases} \tag{4.17}$$

尤登方设计的统计分析方法和平衡不完全区组设计情形相同.

4.6 自 编 代 码

MATLAB 没有提供作平衡不完全区组设计方差分析的代码, 本节提供自编代码或函数执行平衡不完全区组设计方差分析和参数估计, 并输出一些常用的统计量, 进一步用来做多重比较.

平衡不完全区组方差分析代码

```
function [table,stats]=BIB(y,alpha,name)
%=======下面的代码是作平衡不完全区组设计(BIB)的方差分析==============
%table方差分析表;
%stats常用统计量结构数组;
%alpha给出显著性水平;
%name是处理名, 用元胞数组输入;
%y是v行b列的因变量矩阵, 试验点没有试验, 数值不确定, 用NaN代替;
%y是向量, 变形为方阵, 处理在行, 区组在列;
y=reshape(y,sqrt(numel(y)),[]);
N=1-isnan(y);
%得到关联矩阵, 关联矩阵元素为1, 表示做了试验, 为0, 表示没有做试验;
k=sum(N(:,1));%每个区组包含k个处理;
r=sum(N(1,:));%每个处理在r个区组中出现;
```

```
lamda=sum(N(1,:).*N(2,:));%相遇数;
y(isnan(y))=0;%没有做试验的点上赋值0;
[v,b]=size(y);%有v个处理，b个区组;
Col_sum=sum(y,1);%计算得未调整的每个区组总和;
Row_sum=sum(y,2);%计算得未调整的每个处理总和;
T_sum=sum(Col_sum);%计算得总和;
Row_sum_star=zeros(size(Row_sum));%提前分配空间;
Col_sum_star=zeros(size(Col_sum));%提前分配空间;

%===================%计算得调整后的每个处理总和====================
for i=1:v
    Row_sum_star(i)=Row_sum(i)-sum(Col_sum(N(i,:)==1)/k);
end

%===================计算得调整后的每个区组总和=====================
for j=1:b
    Col_sum_star(j)=Col_sum(j)-sum(Row_sum(N(:,j)==1)/r);
end

%====================计算未知参数的估计值=========================
mu_hat=T_sum/(b*k);%一般均值的估计;
fprintf('一般均值的估计是%g; \n\t',mu_hat);
tao_i_hat=k/(lamda*v)*Row_sum_star;%处理效应的估计;
fprintf('第%d处理效应的估计是%g; \n\t',[1:v;tao_i_hat']);

%==================计算得平方和、自由度、均方和====================
SS_T=sum(sum(y.^2))-T_sum^2/(b*k);%总的平方和;
SS_row=sum(Row_sum.^2/r)-T_sum^2/(b*k);%未调整的处理平方和;
SS_col=sum(Col_sum.^2/k)-T_sum^2/(b*k);%未调整的区组平方和;
SS_row_star=k/(lamda*v)*sum(Row_sum_star.^2);%调整的处理平方和;
SS_col_star=r/(lamda*b)*sum(Col_sum_star.^2);%调整的区组平方和;
SS_e=SS_T-SS_row_star-SS_col;%误差平方和;
% SS_e=SS_T-SS_row-SS_col_star
df_row=v-1;%处理自由度;
df_col=b-1;%区组自由度;
df_T=b*k-1;%总的自由度;
df_e=df_T-df_row-df_col;%误差自由度;
MS_row_star=SS_row_star/df_row;%调整的处理均方和;
MS_col_star=SS_col_star/df_col;%调整的区组均方和;
MS_e=SS_e/df_e;%调整的误差均方和;
```

```
F_row_star=MS_row_star/MS_e;%调整的处理因子统计量的值;
F_col_star=MS_col_star/MS_e;%调整的区组因子统计量的值;

%=====================生成方差分析表如下=====================
Source={'来源';'处理(调整)';'处理(未调整)';'区组(未调整)';...
        '区组(调整)';'误差';'总'};
SS={'平方和';SS_row_star;SS_row;SS_col;SS_col_star;SS_e;SS_T};
df={'自由度';df_row;df_row;df_col;df_col;df_e;df_T};
MS={'均方和';MS_row_star;' ';' ';MS_col_star;MS_e;' '};
F={'F值';F_row_star;' ';' ';F_col_star;' ';' '};
Prob={'p值';1-fcdf(F_row_star,df_row,df_e);' ';' ';...
      1-fcdf(F_col_star,df_col,df_e);' ';' '};
table={};
table(:,1)=Source;         table(:,2)=SS;
table(:,3)=df;             table(:,4)=MS;
table(:,5)=F;              table(:,6)=Prob;
%=====================处理因子的多重比较=====================
stats.source= 'anova1';
stats.gnames=name;
stats.n=r*ones(1,v);
stats.means=tao_i_hat';
stats.df=df_e;
stats.s=sqrt(r*k*MS_e/lamda/v);
C_Tukey = multcompare(stats,'alpha',alpha);
%图基多重比较;
disp('=================图基多重比较结果=====================')
disp(C_Tukey);
C_Duncan = Duncan_com(stats,'Duncan.xlsx',alpha);
%邓肯多重比较;
```

平衡不完全区组设计 (区组间分析) 处理效应估计代码

```
function table=BIB_among(y)
%======下面的代码是作平衡不完全区组设计(BIB)的方差分析==============
%y是向量,变形为方阵,处理在行,区组在列;
y=reshape(y,sqrt(numel(y)),[]);
N=1-isnan(y);
%得到关联矩阵,关联矩阵元素为1,表示做了试验,为0,表示没有做试验;
k=sum(N(:,1));%每个区组包含k个处理;
r=sum(N(1,:));%每个处理在r个区组中出现;
lamda=sum(N(1,:).*N(2,:));%相遇数;
```

```
y(isnan(y))=0;%没有做试验的点上赋值0;
[v,b]=size(y);%有v个处理，b个区组;
Col_sum=sum(y,1);%计算得未调整的每个区组总和;
Row_sum=sum(y,2);%计算得未调整的每个处理总和;
T_sum=sum(Col_sum);%计算得总和;
Row_sum_star=zeros(size(Row_sum));%提前分配空间
S_i=zeros(v,1);%提前分配空间;
tao_i_wave=zeros(v,1);%提前分配空间;
tao_i_hat=zeros(v,1);%提前分配空间;
y_mean=sum(Row_sum)/b/k;
%===================%计算得调整后的每个处理总和===================
for i=1:v
    S_i(i)=sum(Col_sum(N(i,:)==1));%第i个处理出现的区组(列)的和;
    Row_sum_star(i)=Row_sum(i)-S_i(i)/k;%调整处理和
    tao_i_hat(i)=k/(lamda*v)*Row_sum_star(i);%处理效应的估计
    tao_i_wave(i)=(S_i(i)-k*r*y_mean)/(r-lamda);
    %区组间处理效应的估计;
end
%==================计算得平方和、自由度、均方和==================
SS_T=sum(sum(y.^2))-T_sum^2/(b*k);%总的平方和;
SS_col=sum(Col_sum.^2/k)-T_sum^2/(b*k);%未调整的区组平方和;
SS_row_star=k/(lamda*v)*sum(Row_sum_star.^2);%调整的处理平方和;
SS_e=SS_T-SS_row_star-SS_col;%误差平方和;
df_row=v-1;%处理自由度;
df_col=b-1;%区组自由度;
df_T=b*k-1;%总的自由度;
df_e=df_T-df_row-df_col;%误差自由度;
MS_e=SS_e/df_e;%调整的误差均方和;

SS=k*sum(Row_sum_star.^2)/v/lamda+sum(sum(y).^2)/...
    k-sum(sum(y,2).^2)/k;
MS=SS/(b-1);
sigma_beta_2=(MS-MS_e)*(b-1)/v/(r-1);
sigma_beta_2=sigma_beta_2*(sigma_beta_2>0);
denominator=(r-lamda)*MS_e+lamda*v*(MS_e+k*sigma_beta_2);
numerator=k*Row_sum_star*(MS_e+k*sigma_beta_2)+...
    (S_i-k*r*y_mean)*MS_e;
tao_i_star=numerator/denominator;%组合估计;
% ========================输出估计值表格========================
table=[tao_i_hat,tao_i_wave,tao_i_star];
```

部分平衡不完全区组设计方差分析代码

```
function table=PBIB(y)
%=======下面的代码是作部分平衡不完全区组设计(PBIBD)的方差分析
      ========
%table方差分析表;
%y是v行b列的因变量矩阵, 试验点没有试验, 数值不确定, 用NaN代替;
%y是向量, 变形为方阵, 处理在行, 区组在列;
y=reshape(y,sqrt(numel(y)),[]);
N=1-isnan(y);
[v,b]=size(y);%有v个处理, b个区组;
%得到关联矩阵, 关联矩阵元素为1, 表示做了试验, 为0, 表示没有做试验;
k=sum(N(:,1));%每个区组包含k个处理;
r=sum(N(1,:));%每个处理在r个区组中出现;
lamda=[];%赋初始值;
lamda_ind=[];%赋初始值;
for i=1:v
    for j=i+1:v
        lamda=[lamda,sum(N(i,:).*N(j,:))];%相遇数;
        lamda_ind=[lamda_ind,[i;j]];
        %相遇数对应于哪两个处理的相遇数;
    end
end
lamda0=lamda;
[lamda,u_ind]=unique(lamda);%lamda结合关系
[lamda,aa]=sort(lamda,'descend');
u_ind=u_ind(aa);
lamda_ind=lamda_ind(:,u_ind);
n1=sum(lamda0(1:v-1)==lamda(1));%第一结合类个数;
n2=sum(lamda0(1:v-1)==lamda(2));%第二结合类个数;
l1=lamda(1);l2=lamda(2);
%================= 矩阵P_jk_1和P_jk_2计算 =====================
if numel(lamda)==2 %此代码适用于只有2种结合关系
    for i=1:2
        d1=lamda_ind(1,i);d2=lamda_ind(2,i);
        d3=setdiff(1:v,lamda_ind(:,i));
        A(1,1)=sum((N(d3,:)*N(d1,:)'==l1).*(N(d3,:)*N(d2,:)'==l1));
        A(1,2)=sum((N(d3,:)*N(d1,:)'==l1).*(N(d3,:)*N(d2,:)'==l2));
        A(2,1)=sum((N(d3,:)*N(d1,:)'==l2).*(N(d3,:)*N(d2,:)'==l1));
        A(2,2)=sum((N(d3,:)*N(d1,:)'==l2).*(N(d3,:)*N(d2,:)'==l2));
        P{i,1}=A;
```

```
        end
else
    error('此代码不适应此类型数据')
end
P1=P{1,1};P2=P{2,1};
%======================%计算得平方和============================
y(isnan(y))=0;%没有做试验的点上赋值0;
Col_sum=sum(y,1);%计算得未调整的每个区组总和;
Row_sum=sum(y,2);%计算得未调整的每个处理总和;
T_sum=sum(Col_sum);%计算得总和;
SS_T=sum(sum(y.^2))-T_sum^2/(b*k);%总的平方和
SS_row=sum(Row_sum.^2/r)-T_sum^2/(b*k);%未调整的处理平方和
SS_col=sum(Col_sum.^2/k)-T_sum^2/(b*k);%未调整的区组平方和
Q=zeros(size(Row_sum));%提前分配空间
S_Q=Q;%提前分配空间
Col_sum_star=zeros(size(Col_sum));%提前分配空间

%================%计算得调整后的每个处理总和Q_i==================
for i=1:v
    Q(i)=Row_sum(i)-sum(Col_sum(N(i,:)==1)/k);
end
for i=1:v
    S_Q(i)=sum(Q(N*N(i,:)'==l1,:));
end
%====================计算未知参数的估计值======================
Delta=1/k^2*((r*k-r+l1)*(r*k-r+l2)+(l1-l2)*(r*(k-1)*(P1(1,2)-...
    P2(1,2))+l2*P1(1,2)-l1*P2(1,2)));
C1=1/(k*Delta)*(l1*(r*k-r+l2)+(l1-l2)*(l2*P1(1,2)-l1*P2(1,2)));
C2=1/(k*Delta)*(l2*(r*k-r+l1)+(l1-l2)*(l2*P1(1,2)-l1*P2(1,2)));
tau_i_hat=1/(r*(k-1))*((k-C2)*Q+(C1-C2)*S_Q);%处理效应估计
mu_hat=T_sum/(b*k);%一般均值的估计;
fprintf('一般均值的估计是%g; \n\t',mu_hat);
fprintf('第%d处理效应的估计是%g; \n\t',[1:v;tau_i_hat']);

%================计算得平方和、自由度、均方和==================
SS_row_star=tau_i_hat'*Q;%调整的处理平方和;
SS_e=SS_T-SS_row_star-SS_col%误差平方和;
% SS_e=SS_T-SS_row-SS_col_star
df_row=v-1;%处理自由度;
df_col=b-1;%区组自由度;
```

```
df_T=b*k-1;%总的自由度;
df_e=df_T-df_row-df_col;%误差自由度;
MS_row_star=SS_row_star/df_row;%调整的处理均方和;
MS_e=SS_e/df_e;%调整的误差均方和;
F_row_star=MS_row_star/MS_e;%调整的处理因子统计量的值;

%===================== 制作方差分析表如下 =====================
Source={'来源';'处理(调整)';'区组';'误差';'总'};
SS={'平方和';SS_row_star;SS_col;SS_e;SS_T};
df={'自由度';df_row;df_col;df_e;df_T};
MS={'均方和';MS_row_star;' ';MS_e;' '};
F={'F值 ';F_row_star;' ';' ';' '};
Prob={'p值';1-fcdf(F_row_star,df_row,df_e);' ';' ';' '};
table={};
table(:,1)=Source;    table(:,2)=SS;
table(:,3)=df;        table(:,4)=MS;
table(:,5)=F;         table(:,6)=Prob;
```

尤登方设计方差分析代码

```
function table=You_deng(y,Index)
%======下面的代码是作尤登方设计的方差分析=====================
%观察值矩阵;
%处理(拉丁因子)水平索引矩阵,拉丁字母A对应1,以此类推;
%处理(拉丁因子)水平索引矩阵元素表示对应试验点是哪个处理;

%================== 对应平衡不完全区组设计的参数 ==============
 [b,v]=size(Index);%b个区组;
 n=b*v;
 k=v;%每个区组包含k个处理;
 r=v;%每个处理在r个区组中出现;
 v=b;%有v个处理;
lamda=r*(k-1)/(v-1);%相遇数;

%========%计算得未调整的每个处理总和=======================
Col_sum=sum(y,1);%计算得未调整的列因子每个水平下的总和;
Row_sum=sum(y,2);%计算得未调整的每个区组总和;
Latin_sum=zeros(v,1);
for i=1:v
    Latin_sum(i)=sum(y(Index==i));
end
```

```
T_sum=sum(Col_sum);%计算得总和;
Row_sum_star=zeros(size(Row_sum));
Latin_sum_star=zeros(size(Latin_sum));

%=========%计算得调整后的每个区组总和========================
for i=1:b
    Row_sum_star(i)=Row_sum(i)-sum(Latin_sum(Index(i,:))/r);
end
%=========计算得调整后的每个处理总和========================
for j=1:v
    [aa,~]=find(Index==j);
    Latin_sum_star(j)=Latin_sum(j)-sum(Row_sum(aa)/r);
end
mu_hat=T_sum/n;%一般均值的估计;
tao_i_hat=k/(lamda*v)*Row_sum_star;%区组效应的估计;
SS_T=sum(sum(y.^2))-T_sum^2/n;%总的平方和;
SS_row=sum(Row_sum.^2/k)-T_sum^2/n;%未调整的区组平方和;
SS_Latin=sum(Latin_sum.^2/r)-T_sum^2/n;%未调整的处理平方和;
SS_col=sum(Col_sum.^2/b)-T_sum^2/n;%未调整的列平方和;
SS_row_star=r/(lamda*b)*sum(Row_sum_star.^2);%调整的区组平方和;
SS_Latin_star=k/(lamda*v)*sum(Latin_sum_star.^2);%调整的处理平方和;
SS_e=SS_T-SS_row_star-SS_col-SS_Latin;%误差平方和;
% SS_e=SS_T-SS_row-SS_col-SS_Latin_star
df_row=b-1;%区组自由度;
[b,v]=size(Index);
df_col=v-1;%列自由度;
df_Latin=b-1;%处理自由度;
df_T=b*k-1;%总的自由度;
df_e=df_T-df_row-df_col-df_Latin;%误差自由度;
MS_row_star=SS_row_star/df_row;%调整的区组均方和;
MS_Latin_star=SS_Latin_star/df_Latin;%调整的处理均方和;
MS_col=SS_col/df_col;%未调整的列均方和;
MS_e=SS_e/df_e;%调整的误差均方和;
F_row_star=MS_row_star/MS_e;%调整的区组因子统计量的值;
F_Latin_star=MS_Latin_star/MS_e;%调整的处理因子统计量的值;
F_col=MS_col/MS_e;%列因子统计量的值;

%=========================制作方差分析表如下==================
Source={'来源';'处理(调整)';'区组(未调整)';'区组(调整)';...
        '列(未调整)';'误差';'总'};
```

```
% RowNames={};
SS={'平方和';SS_Latin_star;SS_row;SS_row_star;SS_col;SS_e;SS_T};
df={'自由度';df_Latin;df_row;df_row;df_col;df_e;df_T};
MS={'均方和';MS_Latin_star;' ';MS_row_star;MS_col;MS_e;' '};
F={'F值 ';F_Latin_star;' ';F_row_star;F_col;' ';' '};
Prob={'p值';1-fcdf(F_Latin_star,df_Latin,df_e);' ';...
      1-fcdf(F_row_star,df_row,df_e);...
      1-fcdf(F_col,df_col,df_e);' ';' '};
table={};
table(:,1)=Source;        table(:,2)=SS;
table(:,3)=df;            table(:,4)=MS;
table(:,5)=F;             table(:,6)=Prob;
```

4.7　例　题

例子 4.2　在生产某种规格的钢管时其内径是一个重要的指标. 钢管可由 7 种不同的合金钢 (处理因子) 制造, 试验要求考察合金钢的类型 (A, B, C, D, E, F, G, 区组因子) 对所生产的钢管内径的影响. 受条件限制, 一定时间内只能动用 7 台机床, 并且每台机床只能对 3 种不同的合金钢进行加工. 试验结果见表 4.7 (数值表示 10 根钢管的内径平均值, 单位: mm).

表 4.7　钢管内径

处理	区组						
	1	2	3	4	5	6	7
A	5	4	9				
B			12	9	9		
C	7			6		8	
D			7			5	3
E	4				6		5
F		10			12	9	
G		4		4			3

解　在 MATLAB 命令行窗口运行以下代码, 整理可得方差分析和诸参数的估计. 从平衡不完全区组设计的方差分析表 (表 4.8) 可得: 处理是十分显著的 (给定显著性水平 0.01), 而区组是显著的 (给定显著性水平 0.05), 即合金钢类型与机床对钢管内径都有显著影响.

```
>> clc%清除窗口;
>> clear%清除工作窗口所有变量;
```

```
>> name={'A';'B';'C';'D';'E';'F';'G'};%处理名;
>> load('Example_4_2.mat')
>> [table,stats]=BIB(Example_4_2,0.01,name)
%平衡不完全区组分析，输出方差分析表和一些常用统计量的结构数组;
>> f = Anova_LaTex2(table,'平衡不完全区组设计的方差分析表',...
   'BIBD_anova');
>> f = Anova2Excel(table,'平衡不完全区组设计的方差分析表')
```
一般均值的估计是6.71429;
第1(A)处理效应的估计是-1.14286;
第2(B)处理效应的估计是2.28571;
第3(C)处理效应的估计是0.857143;
第4(D)处理效应的估计是-2.28571;
第5(E)处理效应的估计是-1.28571;
第6(F)处理效应的估计是3.71429;
第7(G)处理效应的估计是-2.14286;

表 4.8　平衡不完全区组设计的方差分析表

来源	平方和	自由度	均方和	F 值	p 值
处理 (调整)	75.9048	6	12.6508	13.6239	<0.001**
处理 (未调整)	118.9524	6			
区组 (未调整)	72.9524	6			
区组 (调整)	29.9048	6	4.9841	5.3675	0.0166*
误差	7.4286	8	0.9286		
总	156.2857	20			

　　处理 (合金钢类型) 对钢管内径有显著影响，接下来基于多重比较讨论哪些水平之间存在显著差异. 运行上面的代码，整理可得处理因子的图基多重比较结果，给定显著水平 0.01, 处理因子的 1 (A) 水平、4 (D) 水平、5 (E) 水平、7 (G) 水平与 6 (F) 水平均有十分显著差异, 2 (B) 水平与 4 (D) 水平也有显著差异, 这些结论也直观地反映在图 4.1 上.

==================图基多重比较结果==========================

```
1.0000    2.0000    -7.9939    -3.4286    1.1368    0.0484
1.0000    3.0000    -6.5654    -2.0000    2.5654    0.3683
1.0000    4.0000    -3.4225     1.1429    5.7082    0.8435
1.0000    5.0000    -4.4225     0.1429    4.7082    1.0000
1.0000    6.0000    -9.4225    -4.8571   -0.2918    0.0069**
1.0000    7.0000    -3.5654     1.0000    5.5654    0.9048
2.0000    3.0000    -3.1368     1.4286    5.9939    0.6865
2.0000    4.0000     0.0061     4.5714    9.1368    0.0099**
```

2.0000	5.0000	-0.9939	3.5714	8.1368	0.0394
2.0000	6.0000	-5.9939	-1.4286	3.1368	0.6865
2.0000	7.0000	-0.1368	4.4286	8.9939	0.0120
3.0000	4.0000	-1.4225	3.1429	7.7082	0.0733
3.0000	5.0000	-2.4225	2.1429	6.7082	0.3059
3.0000	6.0000	-7.4225	-2.8571	1.7082	0.1114
3.0000	7.0000	-1.5654	3.0000	7.5654	0.0904
4.0000	5.0000	-5.5654	-1.0000	3.5654	0.9048
4.0000	6.0000	-10.5654	-6.0000	-1.4346	0.0017**
4.0000	7.0000	-4.7082	-0.1429	4.4225	1.0000
5.0000	6.0000	-9.5654	-5.0000	-0.4346	0.0057**
5.0000	7.0000	-3.7082	0.8571	5.4225	0.9498
6.0000	7.0000	1.2918	5.8571	10.4225	0.0021**

邓肯多重比较的结果如下:
D水平对G水平的2级极差0.1429 < 显著极差临界值2.99018, 无显著差异;
D水平对E水平的3级极差1 < 显著极差临界值3.1542, 无显著差异;
D水平对A水平的4级极差1.1429 < 显著极差临界值3.24252, 无显著差异;
D水平对C水平的5级极差3.1429 < 显著极差临界值3.29929, 无显著差异;
D水平对B水平的6级极差4.5714 > 显著极差临界值3.35607, 有显著差异;
D水平对F水平的7级极差6 > 显著极差临界值3.40654, 有显著差异;
G水平对E水平的2级极差0.8571 < 显著极差临界值2.99018, 无显著差异;
G水平对A水平的3级极差1 < 显著极差临界值3.1542, 无显著差异;
G水平对C水平的4级极差3 < 显著极差临界值3.24252, 无显著差异;
G水平对B水平的5级极差4.4286 > 显著极差临界值3.29929, 有显著差异;
G水平对F水平的6级极差5.8571 > 显著极差临界值3.35607, 有显著差异;
E水平对A水平的2级极差0.1429 < 显著极差临界值2.99018, 无显著差异;
E水平对C水平的3级极差2.1429 < 显著极差临界值3.1542, 无显著差异;
E水平对B水平的4级极差3.5714 > 显著极差临界值3.24252, 有显著差异;
E水平对F水平的5级极差5 > 显著极差临界值3.29929, 有显著差异;
A水平对C水平的2级极差2 < 显著极差临界值2.99018, 无显著差异;
A水平对B水平的3级极差3.4286 > 显著极差临界值3.1542, 有显著差异;
A水平对F水平的4级极差4.8571 > 显著极差临界值3.24252, 有显著差异;
C水平对B水平的2级极差1.4286 < 显著极差临界值2.99018, 无显著差异;
C水平对F水平的3级极差2.8571 < 显著极差临界值3.1542, 无显著差异;
B水平对F水平的2级极差1.4286 < 显著极差临界值2.99018, 无显著差异;

　　上面邓肯多重比较结果与图基多重比较有些许差异, 但十分显著的两两水平差异都能找出.

例子 4.3 续例子 4.2, 如果试验中使用的 7 台机床是从众多机床中随机选定的, 试求诸处理效应的区组间估计.

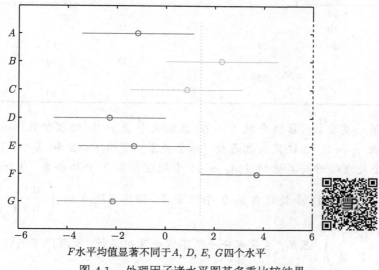

F水平均值显著不同于A, D, E, G四个水平

图 4.1 处理因子诸水平图基多重比较结果

解 运行下列代码, 整理可得诸处理效应的区组内、区组间和组合估计列表 (表 4.9), 其中区组内估计由式 (4.3) 计算, 区组间估计由式 (4.11) 计算, 组合估计由 (4.13) 计算, 它可以看作区组内估计和区组间估计的加权和, 从表 4.9 可看出, 组合估计的值更接近于区组内估计, 原因在于区组内估计的权重要大得多.

```
>> load('Example_4_2.mat')
>> table=BIB_among(Example_4_2);
```

表 4.9 诸处理效应的区组内、区组间和组合估计列表

处理效应	区组内估计	区组间估计	组合估计
τ_1	−1.1429	0.7857	−1.063
τ_2	2.2857	6.7857	2.472
τ_3	0.8571	−1.7143	0.7507
τ_4	−2.2857	0.2857	−2.1793
τ_5	−1.2857	−3.2143	−1.3656
τ_6	3.7143	3.2857	3.6965
τ_7	−2.1429	−6.2143	−2.3114

例子 4.4 为了考察 6 种汽油添加剂对汽车行程的影响, 用混有 6 种添加剂 (处理因子) 的 2kg 汽油, 6 种型号的汽车 (区组因子) 做试验. 用表 4.10 做试验, 空白地方没有做试验, 试验结果是行程. 对这组数据作统计分析 (区组内).

表 4.10　汽油添加剂对汽车行程的影响

添加剂	汽车型号					
	1	2	3	4	5	6
1	14			10		16
2	10		12	15		
3	20	24			19	
4		16		11	10	
5		13	17			12
6			9		10	8

解　第一类参数: 区组个数 $b=6$, 区组大小 $k=3$, 处理个数 $v=6$, 每个处理重复数 $r=3$, 但这里的相遇数 (结合关系) 有 $\lambda_1=2$ 和 $\lambda_2=1$; 第二类参数: 每个处理恰好与其他的 $1(n_1=1)$ 个处理有第 1 个结合类, 每个处理恰好与其他的 $4(n_2=4)$ 个处理有第 2 个结合类, 矩阵 $\left(P_{jk}^1\right)=\begin{pmatrix}0&0\\0&4\end{pmatrix}$ 和矩阵 $\left(P_{jk}^2\right)=\begin{pmatrix}0&1\\1&2\end{pmatrix}$. 显然, 这是部分平衡不完全区组设计, 可运行下列代码得其模型的参数估计和方差分析, 整理可得方差分析表 (表 4.11), 处理因子 (添加剂) 的 p 值小于 0.05, 因而添加剂的种类对汽车行程有显著影响.

```
>> clear;clc;
>> load('Example_4_4.mat')
>> table=PBIB(Example_4_4);
一般均值的估计是13.6667;
第1处理效应的估计是0.4375;
第2处理效应的估计是-0.9375;
第3处理效应的估计是7.375;
第4处理效应的估计是-1.375;
第5处理效应的估计是-0.8125;
第6处理效应的估计是-4.6875;
>> f = Anova_LaTex2(table,'方差分析表','PBIB_anova');
>> f = Anova2Excel(table,'部分平衡不完全区组设计方差分析表');
```

表 4.11　方差分析表

来源	平方和	自由度	均方和	F 值	p 值
处理 (调整)	191.125	5	38.225	4.7046	0.0334*
区组	72	5			
误差	56.875	7	8.125		
总	320	17			

例子 4.5 试验的目的是要考察 5 种照明度 (A, B, C, D, E, 处理) 对装配质量的影响. 影响装配质量的因子还有日期 (星期一到星期五, 区组) 和装配线 (4条, 列因子), 拟采用表 4.6 的尤登方设计, 其中的数据表示装配的质量.

表 4.12 装配质量

日期	装配线			
	1	2	3	4
星期一	$A=3$	$B=1$	$C=-2$	$D=0$
星期二	$B=0$	$C=0$	$D=-1$	$E=7$
星期三	$C=-1$	$D=0$	$E=5$	$A=3$
星期四	$D=-1$	$E=6$	$A=4$	$B=0$
星期五	$E=5$	$A=2$	$B=1$	$C=-1$

解 对 5 阶拉丁方删除最后一列, 而得到的尤登方设计, 相应的平衡不完全区组设计参数: 区组 (行) 个数 $b=5$, 区组大小 $k=4$, 处理 (拉丁因子) 个数 $v=5$, 每个处理重复数 $r=4$, 相遇数 $\lambda=3$, 满足平衡不完全区组设计的条件, 既定义 4.1. 运行下列代码, 并整理可得相应的方差分析表 (表 4.13), 处理因子 (照明度) 的 p 值远小于 0.01, 因而是十分显著的, 而其他因子 (日期、装配线) 是不显著的, 说明照明度对装配质量的影响是十分显著, 而日期和装配线对装配质量的影响并不显著.

```
>> clear;clc;
>> load('Example_4_5.mat')
>> load('Example_4_5_Index.mat')
>> table=You_deng(Example_4_5,Example_4_5_Index);
>> f = Anova_LaTex2(table,'方差分析表','You_deng_anova');
>> f = Anova2Excel(table,'尤登方设计方差分析表');
```

表 4.13 方差分析表

来源	平方和	自由度	均方和	F 值	p 值
处理 (调整)	120.3667	4	30.0917	36.8469	<0.001**
区组 (未调整)	6.7	4			
区组 (调整)	0.8667	4	0.2167	0.2653	0.8922
列 (未调整)	1.35	3	0.45	0.551	0.6615
误差	6.5333	8	0.8167		
总	134.95	19			

4.8 习题及解答

练习 4.1 试验要求比较等量的 5 种汽油 (具有不同添加剂成分) 的行程数 (单位: km). 考虑到汽车型号可能对试验结果有影响, 将它作为区组因子, 采用如表 4.14 所示的平衡不完全区组设计 (附试验结果, 并假设试验结果服从正态分布):

表 4.14　汽车行程数

汽油种类	汽车型号				
	1	2	3	4	5
A		17	14	13	12
B	14	14		13	10
C	12		13	12	9
D	13	11	11	12	
E	11	12	10		8

(1) 写出这个试验的数学模型;

(2) 对数据作统计 (区组内) 分析 ($\alpha = 0.05$);

(3) 对数据作区组间分析 ($\alpha = 0.05$).

解　显然, 这是平衡不完全区组设计, 区组个数 $b = 5$, 区组大小 $k = 4$, 处理个数 $v = 5$, 每个处理重复数 $r = 4$, 但这里的相遇数 (结合关系) 有 $\lambda = 3$. 在 MATLAB 命令行窗口运行以下代码, 整理可得方差分析和诸参数的估计.

```
>> clc%清除窗口;
>> clear%清除工作窗口所有变量;
>> name={'A';'B';'C';'D';'E'};%处理名;
>> load('Exercise_4_1.mat')
>> [table,stats]=BIB(Exercise_4_1,0.05,name)
%平衡不完全区组分析, 输出方差分析表和一些常用统计量的结构数组;
>> f = Anova_LaTex2(table,'平衡不完全区组设计的方差分析表',...
'exercise_BIBD_anova_4_1');
>> f = Anova2Excel(table,'平衡不完全区组设计的方差分析表')
```

(1) 其平衡不完全区组设计的数学模型如下:

$$\begin{cases} y_{ij} = \mu + \tau_i + \beta_j + \varepsilon_{ij}, \quad i = 1, \cdots, v, \quad j = 1, \cdots, b, \\ \varepsilon_{ij} \overset{\text{i.i.d.}}{\sim} N(0, \sigma^2), \\ \text{约束条件: } \sum_{i=1}^{v} \tau_i = 0, \quad \sum_{j=1}^{b} \beta_j = 0. \end{cases}$$

(2) 从平衡不完全区组设计的方差分析表 (表 4.15) 可得: 处理是十分显著的 (给定显著性水平 0.05), 而区组也是显著的 (给定显著性水平 0.05), 即合金钢类型与机床对钢管内径都有显著影响.

诸处理效应的点估计如下:

一般均值的估计是12.05;
第1处理效应的估计是2.2;

第2处理效应的估计是0.733333;
第3处理效应的估计是-0.2;
第4处理效应的估计是-0.933333;
第5处理效应的估计是-1.8;

表 4.15 平衡不完全区组设计的方差分析表

来源	平方和	自由度	均方和	F 值	p 值
处理 (调整)	35.7333	4	8.9333	9.8103	0.0012**
处理 (未调整)	31.7	4			
区组 (未调整)	31.2	4			
区组 (调整)	35.2333	4	8.8083	9.673	0.0013**
误差	10.0167	11	0.9106		
总	76.95	19			

接下来基于多重比较讨论哪些处理水平之间存在显著差异. 运行上面的代码, 整理可得处理因子的图基多重比较结果, 给定显著水平 0.05, 处理因子的 1 (A) 水平与 3 (C) 水平、4 (D) 水平、5 (E) 水平之间有十分显著差异, 2 (B) 水平与 5 (E) 水平也有显著差异, 这些结论也直观地反映在图 4.2 上.

```
================= 图基多重比较结果 =======================
1.0000    2.0000    -0.7871    1.4667    3.7204    0.2838
1.0000    3.0000     0.1462    2.4000    4.6538    0.0355
1.0000    4.0000     0.8796    3.1333    5.3871    0.0065
1.0000    5.0000     1.7462    4.0000    6.2538    0.0010
2.0000    3.0000    -1.3204    0.9333    3.1871    0.6746
2.0000    4.0000    -0.5871    1.6667    3.9204    0.1884
2.0000    5.0000     0.2796    2.5333    4.7871    0.0259
3.0000    4.0000    -1.5204    0.7333    2.9871    0.8262
3.0000    5.0000    -0.6538    1.6000    3.8538    0.2167
4.0000    5.0000    -1.3871    0.8667    3.1204    0.7280
```

邓肯多重比较的结果如下:
E水平对D水平的2级极差0.8667<显著极差临界值1.53253, 无显著差异;
E水平对C水平的3级极差1.6<显著极差临界值1.61138, 无显著差异;
E水平对B水平的4级极差2.5333>显著极差临界值1.6508, 有显著差异;
E水平对A水平的5级极差4>显著极差临界值1.67051, 有显著差异;
D水平对C水平的2级极差0.7333<显著极差临界值1.53253, 无显著差异;
D水平对B水平的3级极差1.6667>显著极差临界值1.61138, 有显著差异;
D水平对A水平的4级极差3.1333>显著极差临界值1.6508, 有显著差异;
C水平对B水平的2级极差0.9333<显著极差临界值1.53253, 无显著差异;
C水平对A水平的3级极差2.4>显著极差临界值1.61138, 有显著差异;

B水平对A水平的2级极差1.4667<显著极差临界值1.53253，无显著差异；

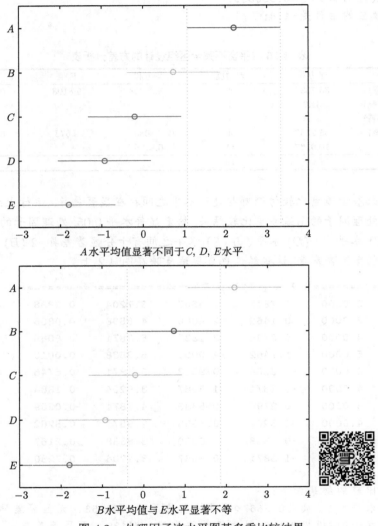

A水平均值显著不同于C, D, E水平

B水平均值与E水平显著不等

图 4.2　处理因子诸水平图基多重比较结果

　　上面邓肯多重比较结果与图基多重比较结果有些许差异，但十分显著的两两水平差异都能找出.

　　(3) 运行下列代码，整理可得诸处理效应的区组内、区组间和组合估计列表 (表 4.16)，从表 4.16 可看出，组合估计的值更接近于区组内估计，原因在于区组内估计的权重要大得多.

```
>> load('Exercise_4_1.mat')
>> table=BIB_among(Exercise_4_1)
```

表 4.16 诸处理效应的区组内、区组间和组合估计列表

处理效应	区组内估计	区组间估计	组合估计
τ_1	2.2000	−1.8000	2.1742
τ_2	0.7333	0.2000	0.7299
τ_3	−0.2000	−5.8000	−0.2362
τ_4	−0.9333	9.2000	−0.8679
τ_5	−1.8000	−1.8000	−1.8000

练习 4.2 设有 4 个处理要求比较, 每个区组中只能容纳 2 个处理进行试验, 可供安排试验区组有 6 个. 根据这些条件, 你能作出一个平衡不完全区组设计吗?

解 令处理分别为 A, B, C, D, 试验区间分别为 $1, 2, 3, 4, 5, 6$, 则 $b=6, k=2, v=4$, 则 $r=\dfrac{bk}{v}=3$, 即每个处理重复 3 次试验, 又由于 $\lambda=\dfrac{r(k-1)}{v-1}=1$, 故每组处理仅相遇一次, 于是构造如下平衡不完全区组设计表 (表 4.17).

表 4.17 平衡不完全区组设计表

处理	区组					
	1	2	3	4	5	6
A	*	*	*			
B	*			*	*	
C		*		*		*
D			*		*	*

练习 4.3 设有 8 个处理需要比较, 每个区组只能容纳 4 个处理做试验. 试构造一个区组数为 14, 相遇数为 3 的平衡不完全区组设计.

解 令处理分别为 A, B, C, D, E, F, G, H, 试验区间分别为 $1, 2, 3, 4, 5, 6, 7, 8, 9, 10, 11, 12, 13, 14$, 则 $b=14, k=4, v=8$, 则 $r=\dfrac{bk}{v}=7$, 即每个处理重复 7 次试验, 又由于 $\lambda=\dfrac{r(k-1)}{v-1}=3$, 故每组处理需要相遇三次, 于是构造如下平衡不完全区组设计表 (表 4.18).

练习 4.4 在练习 4.1 的那个试验问题中, 若要比较 6 种汽油, 并且要用 6 种型号的汽车进行试验, 就只能采用如表 4.19 所示的部分平衡不完全区组设计 (附试验结果, 并假设试验结果服从正态分布).

(1) 写出这个设计的统计模型;

(2) 对数据作区组内统计分析 ($\alpha=0.05$).

表 4.18 平衡不完全区组设计表

处理	区组 1	2	3	4	5	6	7	8	9	10	11	12	13	14
A	*		*		*		*		*		*		*	
B	*		*			*		*	*			*		*
C	*			*				*		*	*			*
D				*		*	*		*			*	*	
E		*				*		*			*			*
F		*			*			*				*	*	
G		*	*				*			*	*		*	
H	*	*		*						*		*	*	

表 4.19 汽车行程数

汽油种类	汽车型号 1	2	3	4	5	6
A	14			10		16
B	10		12	15		
C	20	24			19	
D		16		11	10	
E		13	17			12
F		19			10	8

解 第一类参数: 区组个数 $b = 6$, 区组大小 $k = 3$, 处理个数 $v = 6$, 每个处理重复数 $r = 3$, 但这里的相遇数 (结合关系) 有 $\lambda_1 = 2$ 和 $\lambda_2 = 1$; 第二类参数: 每个处理恰好与其他的 $1(n_1 = 1)$ 个处理有第 1 个结合类 (即相遇数 2), 每个处理恰好与其他的 $4(n_2 = 4)$ 个处理有第 2 个结合类 (即相遇数 1), 矩阵 $\left(P_{jk}^1\right) = \begin{pmatrix} 0 & 0 \\ 0 & 4 \end{pmatrix}$ 和矩阵 $\left(P_{jk}^2\right) = \begin{pmatrix} 0 & 1 \\ 1 & 2 \end{pmatrix}$. 显然, 这是部分平衡不完全区组设计.

(1) 具有两个结合类的部分平衡不完全区组设计的统计分析方法 (区组内), 相应的统计模型如下:

$$\begin{cases} y_{ij} = \mu + \tau_i + \beta_j + \varepsilon_{ij}, \\ \varepsilon_{ij} \overset{\text{i.i.d.}}{\sim} N(0, \sigma^2), \\ \text{约束条件:} \ \sum_{i=1}^{v} \tau_i = 0, \quad \sum_{j=1}^{b} \beta_j = 0. \end{cases}$$

(2) 运行下列代码得其模型的参数估计和方差分析, 整理可得方差分析表

(表 4.20), 处理因子 (汽车种类) 的 p 值小于 0.05, 因而添加剂的种类对汽车行程有显著影响.

```
>> clear;clc;
>> load('Exercise_4_4.mat')
>> table=PBIB(Exercise_4_4);
一般均值的估计是13.6667;
第1处理效应的估计是0.4375;
第2处理效应的估计是-0.9375;
第3处理效应的估计是7.375;
第4处理效应的估计是-1.375;
第5处理效应的估计是-0.8125;
第6处理效应的估计是-4.6875;
>> f = Anova_LaTex2(table,'方差分析表','exercise_PBIB_anova_4_4');
>> f = Anova2Excel(table,'部分平衡不完全区组设计方差分析表');
```

表 4.20　方差分析表

来源	平方和	自由度	均方和	F 值	p 值
处理 (调整)	191.125	5	38.225	4.7046	0.0334*
区组	72	5			
误差	56.875	7	8.125		
总	320	17			

练习 4.5　试验目的是要比较 7 种汽油 (它们的添加剂成分互不相同) 的辛烷值有否差异, 采用 7 台发动机做试验, 将汽油注入发动机, 启动后的 2 分钟内测量辛烷值. 考虑到不同发动机和测试时间可能影响试验结果, 决定采用如下尤登方设计, 汽油种类作为处理因子 (A, B, C, D, E, F, G), 发动机 (7 个型号) 和测试时间 (60s, 90s, 120s) 分别作为行因子和列因子. 试验结果 (假设它们服从正态分布) 如表 4.21 所示.

表 4.21　汽油的辛烷值

发动机型号	测试时间		
	60	90	120
1	$A = 43$	$B = 34$	$D = 47$
2	$B = 36$	$C = 32$	$E = 46$
3	$C = 33$	$D = 47$	$F = 43$
4	$D = 44$	$E = 40$	$G = 33$
5	$E = 41$	$F = 35$	$A = 44$
6	$F = 36$	$G = 32$	$B = 32$
7	$G = 33$	$A = 41$	$C = 27$

(1) 不同汽油的辛烷值明显不同吗 ($\alpha = 0.05$)?

(2) 发动机型号与不同测试时间对辛烷测量值有明显影响吗 ($\alpha = 0.01$)?

解　对 7 阶拉丁方删除四列, 而得到的尤登方设计, 相应的平衡不完全区组设计参数: 区组 (行) 个数 $b = 7$, 区组大小 $k = 3$, 处理 (拉丁因子) 个数 $v = 7$, 每个处理重复数 $r = 3$, 相遇数 $\lambda = 1$, 满足平衡不完全区组设计的条件. 运行下列代码, 并整理可得相应的方差分析表 (表 4.22).

```
>> clear;clc;
>> load('Exercise_4_5.mat')
>> load('Exercise_4_5_Index.mat')
>> table=You_deng(Exercise_4_5,Exercise_4_5_Index);
>> f=Anova_LaTex2(table,'方差分析表','exercise_You_deng_anova_4_5');
>> f=Anova2Excel(table,'尤登方设计方差分析表');
```

表 4.22　方差分析表

来源	平方和	自由度	均方和	F 值	p 值
处理 (调整)	493.619	6	82.2698	63.9877	<0.001**
区组 (未调整)	196.9524	6			
区组 (调整)	82.2857	6	13.7143	10.6667	0.0055**
列 (未调整)	8.6667	2	4.3333	3.3704	0.1044
误差	7.7143	6	1.2857		
总	706.9524	20			

(1) 处理因子 (汽油种类) 的 p 值远小于 0.01, 因而是十分显著的, 说明汽油种类对辛烷值的影响是十分显著.

(2) 其他因子 (汽车型号、不同测量时间) 的 p 值小于 0.05 也是显著的, 说明发动机型号和测试时间对辛烷值的影响也十分显著.

附录 A MATLAB 概述

MATLAB 应用相当广泛, 内容十分丰富, 本节只能介绍 MATLAB 的皮毛, 能带领大家通过本节的学习入门 MATLAB 就达到了目的. 学习 MATLAB 永无终点, 需要时, 借助于 MATLAB 的帮助文件学习 MATLAB 自带的函数, 并用到我们自编的代码中. 学习 MATLAB, 应相互学习, 勤学苦练, 这样才能做到事半功倍.

A.1 MATLAB 简介

MATLAB 是美国 MathWorks 公司出品的商业数学软件, 用于数据分析、无线通信、深度学习、图像处理与计算机视觉、信号处理、量化金融与风险管理、机器人、控制系统等领域. MATLAB 是 matrix 与 laboratory 两个词的组合, 意为矩阵工厂 (矩阵实验室), 软件主要面对科学计算、可视化以及交互式程序设计的高科技计算环境. 它将数值分析、矩阵计算、科学数据可视化以及非线性动态系统的建模和仿真等诸多强大功能集成在一个易于使用的视窗环境中, 为科学研究、工程设计以及必须进行有效数值计算的众多科学领域提供了一种全面的解决方案, 并在很大程度上摆脱了传统非交互式程序设计语言 (如 C, FORTRAN) 的编辑模式. MATLAB 和 Mathematica、Maple 并称为三大数学软件. MATLAB 在数学类科技应用软件中的数值计算方面首屈一指, 例如: 行矩阵运算、绘制函数和数据、实现算法、创建用户界面、连接其他编程语言的程序等. MATLAB 的基本数据单位是矩阵, 它的指令表达式与数学、工程中常用的形式十分相似, 故用 MATLAB 来解算问题要比 C, FORTRAN 等语言完成相同的事情简捷得多, 并且 MATLAB 也吸收了 Maple 等软件的优点, 使 MATLAB 成为一个强大的数学软件. 在新的版本中也加入了对 C, FORTRAN, C++, Java 的支持.[①]

MATLAB 具有以下优势特点: ① 高效的数值计算及符号计算功能, 能使用户从繁杂的数学运算分析中解脱出来; ② 具有完备的图形处理功能, 实现计算结

[①] MathWorks 官方 (2020-01-05).

果和编程的可视化; ③ 友好的用户界面及接近数学表达式的自然化语言, 使学者易于学习和掌握; ④ 功能丰富的应用工具箱 (如信号处理工具箱、通信工具箱等), 为用户提供了大量方便实用的处理工具. MATLAB 不仅功能强大, 而且有包罗万象的处理工具.

本书重点介绍试验设计及统计分析可能用到的部分内容. 打开 MATLAB 会看到一些常用窗口, 见图 A.1, 最上面是常用的工具栏, 工具栏下方是工作路径, 左边是 "当前文件夹" 窗口, 会展示当前工作目录下的数据文件, 其中 MATLAB 默认的是后缀名是.mat 的数据文件, 也可以是其他类型的数据文件, 比如常用存储数据的 Excel 文件, 但需要注意的是这些数据必须下载 (用函数 load 下载, 具体用法请看帮助文件) 后才能在当前命令行窗口 (图 A.1 中下窗口) 使用; 在命令行窗口中可以输入数据、运行代码或编写简单代码, 命令行窗口的上边是 "编辑器" 窗口, 可在此窗口编写代码, 包括脚本文件和函数文件, 后缀名都是.m; 右上部分是 "工作区" 窗口, 展示了当前可用的一些变量; 右下部分是 "命令历史记录" 窗口, 能将已验证的命令再次提取出来在命令行窗口运行.

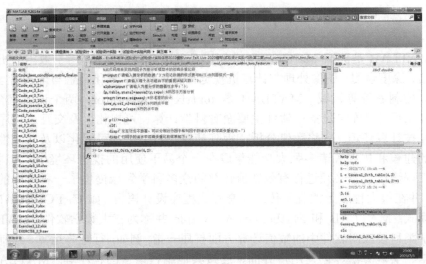

图 A.1 MATLAB 界面

在 MATLAB 中 "图形" 窗口和 "帮助" 窗口也是常用的窗口, 分别见图 A.2 和图 A.3, "图形" 窗口展示运行输出的图形, 并可在这个窗口修改图形的属性, 而 "帮助" 窗口会展示需要帮助的一些函数使用方法, 如果确切知道函数名, 可以在命令窗口中运行 "help 函数名", 在运行结果双击这个函数的参考页就会跳转到这个函数的帮助页面, 如果不知道函数的确切名, 可以在命令行窗口中运行 "lookfor 函数的关键词", 会检索到相关的一些函数, 从中双击你想要的函数到帮助页面.

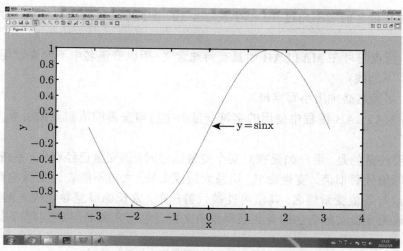

图 A.2　MATLAB "图形" 窗口

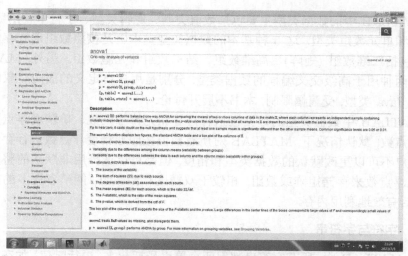

图 A.3　MATLAB "帮助" 窗口

A.2　MATLAB 的变量命名

与其他计算机语言一样, MATLAB 也有变量名规则, 其变量名规则如下.

(1) 变量名的第一个字符必须是英文字符, 其后可以是任意字母、数字或下划线.

(2) 变量名区分字母大小写, 如 A 和 a 分别代表两个不同的变量, 这在 MATLAB 编程时要加以注意.

(3) 变量名最多不超过 19 个字符, 第 19 个字符以后的字符将被 MATLAB 忽略.

(4) 标点符号在 MATLAB 中具有特殊含义, 所以变量名中不允许使用标点符号 (除了下划线).

(5) 函数名必须用小写字母.

(6) MATLAB 编程中使用的字符变量和字符串变量的值需要加引号, 如 "绘图命令".

需要注意的是, 用户如果在对某个变量赋值时, 该变量已经存在, 系统则会自动使用新值代替旧值. 变量命名, 切忌太短或太长, 太短不能表达变量的含义, 也可能导致与其他变量同名, 其值可能被代替覆盖, 太长也可能导致代码编写麻烦, 通常建议用变量实际名字的英文缩写或中文拼音缩写来命名, 以便容易识别变量.

A.3 MATLAB 的数据类型及存储

MATLAB 中的数据类型主要包括数值类型、逻辑类型、字符串、函数句柄、结构体和单元数组类型. 这 6 种基本的数据类型基本上是按照数组形式存储和操作的, 包括二维数组 (矩阵)、高维数组、结构数组和元胞数组. 另外, MATLAB 中还有两种用于高级交叉编程的数据类型, 分别是用户自定义的面向对象的用户类型和 Java 类型, 受篇幅限制, 本书不展开讨论.

MATLAB 中数值类型的数据包括有符号和无符号整数、单精度浮点数和双精度浮点数, 默认情况下, MATLAB 对所有数值按照双精度浮点数进行存储和操作. 用户不可以更改默认的数据类型和精度, 但是可以选择用非默认的整数或者单精度浮点数来存储矩阵或数组, 相较于双精度存储数组, 能节省更多的内在空间, 灵活有效地利用内存.

A.3.1 字符与字符串

在 MATLAB 中, 所有字符串都用两个单引号括起来, 进行赋值. 如在 MATLAB 命令行窗口输入以下内容, 会创建一个字符串 experimental design.

```
>> a='experimental design'

a =

experimental design
```

字符串的每个字符 (空格也算) 都是相应矩阵的一个元素, 因而上述变量 a 是 19 维行向量. 字符串也就是元素为字符的矩阵, 在一个矩阵中, 元素必须为同类型的数据, 但实际中可能会碰到既有字符又有数值出现在一个矩阵中, 这时通常用 num2str 转换数值为字符.

```
>> alpha=0.05;%显著性水平取值0.05, 当然也可取其他值, 比如0.01等;
>> A=['给定显著性水平为' num2str(alpha) '时, 不能拒绝原假设. '];
%转换数值为字符, 与其他字符串成字符串;
%命令strcat('给定显著性水平为',num2str(alpha),'时,不能拒绝原假设.'),
%也会输出相同结果;
>> disp(A)%展示字符串A;
给定显著性水平为0.05时, 不能拒绝原假设.
```

字符串的寻访或索引与矩阵的寻访或索引完全类似, 还有下面与字符串有关的函数: 比较字符串函数 strcmp、字符串查找函数 findstr、字符串替换函数 strrep、字符转数值函数 str2num、数值转字符函数 num2str 等, 有关这些函数详细的使用说明可参考这些函数的帮助文件.

A.3.2 逻辑型数据

逻辑数据在 MATLAB 编程、查找和索引中被广泛应用, 所谓逻辑数据类型, 就是仅具有 "对" 和 "错" 两个数值的一类数据, 逻辑对通常用 1 表示, 逻辑错通常用 0 表示. 在 MATLAB 中, 参与逻辑运算或者关系运算的并不一定必须是逻辑型的数据, 任何数值都可以参与逻辑运算, MATLAB 将所有的非零值作为逻辑对进行计算, 而将零值作为逻辑错来进行计算.

```
>> rng(2023);A=normrnd(0,1,3,3),B=normrnd(0,1,3,3)%设置随机种子; 产
    %生均值为0且标准差为1的正态分布随机数3行3列;

A =

 -0.6139   -0.4237   -0.9434
  1.1201   -1.4874    0.7512
  0.3265   -0.0809    0.0904


B =

  0.1652   -0.5558   -1.1905
 -0.0745   -0.4888   -0.8856
  0.0039   -0.3637   -0.3738

>> C=A>0&B>0,%如果A和B相应位置的元素都大于0, 矩阵C相应位置元素逻辑
    %值为1, 否则为0;
```

```
C =

    0     0     0
    0     0     0
    1     0     0
```

>> C=(A>0).*(B>0),%与C=A>0&B>0输出相同的结果，这里的点乘是逻辑数据与
    %逻辑数据的点乘运算，当且仅当逻辑1与逻辑1相乘时为1；

```
C =

    0     0     0
    0     0     0
    1     0     0
```

>> C=A>0.*B>0,%与C=(A>0).*(B>0)输出不同结果，体会运算优先级别，通常
    %数值运算级别优先，要改变运算的优先顺序可以用小括号；

```
C =

    0     0     0
    1     0     1
    1     0     1
```

通常的逻辑数据通过关系运算或逻辑运算得到, 关系运算符: ==(恒等)、~=(不等)、<(小于)、>(大于)、<=(小于等于)、>=(大于等于), 逻辑运算符: &(元素 "与" 操作, 两个都满足)、|(元素 "或" 操作, 至少有一个满足)、~ (逻辑 "非" 操作) 等. 特别提醒 A=B 与 A==B 是两个完全不同的命令, 前者表示将 B 的值赋给 A, 而后者是比较 A 与 B 的相应元素是否相等, 如果相等, 输出矩阵相应位置元素的逻辑值为 1, 否则为 0. 另外, 还有一些逻辑运算的一些函数: xor, any, all, is 等, 这些函数的具体操作参阅这些函数的帮助文件.

既有数值运算, 又有逻辑运算时, 数值运算优先. 在逻辑运算中, 关系运算符是同一级别的运算, 在同一级别运算中, 按照运算符在表达式中出现次序依次计算, 然后是 & 和 |, 如果要改变逻辑运算顺序, 可以用小括号. 在 MATLAB 中, 为了提高计算效率, 通常也用逻辑运算符 && 和 ||. E&&F 判断两个事件 E 和 F 都成立, 如果 E 逻辑值为 0, 不用判断 F 的逻辑值, 输出结果直接赋逻辑值为 0, 如果 E 逻辑值为 1, 输出结果由 F 的逻辑值决定. E||F 判断两个事件 E 或 F 成立, 如果 E 逻辑值为 1, 不用判断 F 的逻辑值, 输出结果直接赋逻辑值为 1, 如果 E 逻

辑值为 0, 输出结果由 F 的逻辑值决定.

A.3.3 函数句柄

函数句柄提供了一种间接访问函数的手段, 用户可以很方便地调用其他函数[6], 从而可实现基于由函数句柄自定义函数的重复计算或调用. 当创建函数句柄时, 被创建句柄必须在当前视野范围内, 所谓当前视野包括当前目录、搜索路径和当前目录包含的文件夹, 函数句柄包含的所有子函数也都应在视野内. 函数句柄的创建比较简单, 下面以计算平面上的点到原点距离的函数句柄来说明.

```
>> f=@(x,y)sqrt(x.^2+y.^2)%函数句柄中x和y是变量;
%这里调用了MATLAB自带的平方根函数, 也可调查自定义的子函数;
f =
包含以下值的 function_handle:
@(x,y)sqrt(x.^2+y.^2)
>> f(3,4)%基于上述定义的函数句柄计算点(3,4)到原点的距离;
ans =
5
```

A.3.4 矩阵

1. 创建矩阵

在 MATLAB 中, 矩阵是最基本的数据存储方法, 下面展示了在命令行窗口输入及创建矩阵, 其中最简单的矩阵就是一个数值, 也称为标量, 通常 "=" 表示将右边的数值赋值给左边的变量, %后面的语句是对相应命令的解释.

```
>> 3.14
%将数值3.14赋值给变量ans(默认的变量名), 结果默认显示四位小数,
%如果要保留其他小数位或其他格式, 可以用format来定义;
ans =
3.1400
>> Yuan_zhou_lv=3.14
%将数值3.14赋值给变量 Yuan_zhou_lv, 即圆周率取近似数3.14;
Yuan_zhou_lv =
3.1400
>> pi%在MATLAB中变量pi就表示圆周率, 类似地有变量i表示虚数单位;
ans =
3.1416
>> S=2^2*pi
%类似于计算器功能, 计算半径为2的圆的面积, 并将结果赋值给变量S;
S =
12.5664
```

上面这些标量的常用运算函数有: 绝对值函数 abs、指数函数 exp、平方根函数 sqrt、对数函数 log、正弦函数 sin、余弦函数 cos、正切函数 tan、余切函数 cot、反正弦函数 asin、反余弦函数 acos、反正切函数 atan、反余切函数 acot 等, 这些函数具体用法可以参考它们的帮助文件.

变量除了表示单个标量 (在 MATLAB 就是 1×1 矩阵), 也可表示矩阵、数组、字符等, 在 MATLAB 中输入矩阵最简单方法就是使用矩阵构建标识符, 即方括号 [ ], 也可使用函数名构建常用的矩阵, 比如: 单位矩阵、元素全为 1 的向量或矩阵, 用产生随机数方法产生矩阵. 下面展示了在命令行窗口输入矩阵.

```
>> A=[1,4,7;2,5,8;3 6 9]
%产生矩阵,  ";"起换行作用,  ","或空格分开同行数字;

A =

1     4     7
2     5     8
3     6     9

>> J_1=ones(3,1)%产生3行1列的矩阵,  即3维列向量;

J_1 =

1
1
1

>> eye(3)%三阶单位阵;

ans =

1     0     0
0     1     0
0     0     1

>> B=rand(3,3)%创建3阶均匀分布随机数矩阵,也可用函数rand(3)创建,但需
    %要注意每次运行可能产生的随机数不一样,如果要一样,要加上随机种子;

B =

0.9572      0.1419      0.7922
```

```
0.4854        0.4218        0.9595
0.8003        0.9157        0.6557
```

在大数据时代, 数组也常用来存储数据, 也称为张量, 可看成是二维 (行和列) 矩阵的推广. 下面以三维数组 (立体矩阵) 为例简单介绍数组的生成, 矩阵按一定顺序排列而得三维数组, 这三个维度为行、列和页, 意味着整个三维数组是一本书, 每一个矩阵是其中一页.

```
>> rand(3,3,2)%%创建3阶均匀分布随机数组, 输出的结果分别是2页矩阵;

ans(:,:,1) =

0.3910        0.2035        0.1841
0.0356        0.3206        0.1040
0.5649        0.3766        0.4549


ans(:,:,2) =

0.1959        0.7602        0.7916
0.3785        0.7708        0.8103
0.9305        0.5967        0.9806
```

2. 矩阵运算

下面举例说明在 MATLAB 中执行矩阵的常用运算, 包括矩阵的加法或减法运算、矩阵的乘法运算, 矩阵的点乘、矩阵的乘方、矩阵的克罗内克积、矩阵的逆. 同型矩阵才能相加、相减或点乘, 矩阵相乘要满足左边矩阵的列数等于右边矩阵的行数, 只有方阵才能进行乘方运算, 行列式不为 0 的方阵才有逆矩阵, 否则会报错或发出警告.

```
>> C=A+B%对矩阵A和矩阵B求和, 并将和赋给变量C;

C =

1.9572        4.1419        7.7922
2.4854        5.4218        8.9595
3.8003        6.9157        9.6557
```

```
>> D=A*J_1%矩阵A和矩阵J_1相乘, 由于J_1是元素全为1的列向量, 乘积等于
   %对矩阵A每行求和;
```

D =

    12
    15
    18

```
>> A.*B%矩阵A和矩阵B点乘，相同位置的元素乘积放在相应的位置；
```

ans =

    0.9572   0.5675   5.5455
    0.9708   2.1088   7.6759
    2.4008   5.4944   5.9017

```
>> kron(ones(2),A)%两个矩阵的Kronecker积（克罗内克积），后一个矩阵与前
   %一个矩阵的每个元素相乘并放在相应位置；
```

ans =

    1   4   7   1   4   7
    2   5   8   2   5   8
    3   6   9   3   6   9
    1   4   7   1   4   7
    2   5   8   2   5   8
    3   6   9   3   6   9

```
>> repmat(A,2,2)%将矩阵A先后按行维度和列维度重复2次，张成一个更大的
   %矩阵，与kron(ones(2),A)张成相同的矩阵；
```

ans =

    1   4   7   1   4   7
    2   5   8   2   5   8
    3   6   9   3   6   9
    1   4   7   1   4   7
    2   5   8   2   5   8
    3   6   9   3   6   9

```
>>  rng(2023);A=normrnd(1,1,3,3)%设置随机种子；产生均值为1且标准差为
```

%1的正态分布随机数3行3列；

A =

```
  0.3861      0.5763      0.0566
  2.1201     -0.4874      1.7512
  1.3265      0.9191      1.0904
```

>> inv(A)

ans =

```
  3.1804      0.8562     -1.5401
 -0.0166     -0.5138      0.8259
 -3.8549     -0.6085      2.0944
```

>> A/B%计算返回A除以B的结果，即A*inv(B)；

ans =

```
 -2.4963      5.3446     -1.6451
 13.1229    -26.9299     11.7066
 -0.2452     -0.0821      1.6817
```

>> A\B%计算返回inv(A)*B的结果；

ans =

```
  2.9520      0.8705     -1.4723
  0.3344      0.2556      0.4616
 -2.9523     -0.6909      1.9762
```

对于矩阵的运算还有很多是基于函数的. 上面介绍的标量函数运算, 都可以推广到矩阵的函数运算, 但大多是基于矩阵的元素运算, 具体使用要谨慎, 建议参考它们的帮助文件. 也有些函数适应于向量或矩阵, 比如, sum(A): 在矩阵运算中, 默认的是对列的运算, 这个函数表示对 $m \times n$ 矩阵 A 按列求和, 结果是 n 维行向量, 而 sum(A,2) 表示按行求和; 类似的函数有均值函数 mean、排序函数 sort、最小值函数 min、最大值函数 max、方差函数 var、标准差函数 std、协方差函数 covt 等, 关于这些函数的具体使用可参考它们的帮助文件.

3. 矩阵的索引与赋值

　　创建了矩阵后, 经常需要访问矩阵中的某一个或者某一些元素, 也可能需要对矩阵中的某些元素重新赋值或删除某一部分元素, 接下来介绍矩阵的索引与赋值.

　　矩阵的索引方式包括全下标索引法、单下标索引法和逻辑索引法. 对于 $m \times n$ 矩阵来说, 任一元素都对应有行索引和列索引, 反过来, 给定了行索引和列索引, 一定能找到对应的元素. 将 $m \times n$ 矩阵按列拉直为列向量, 这时的一个维度索引等于 $(a-1)m + b$, 其中 a 和 b 分别对应在矩阵中的行索引和列索引. 如果按满足某些条件来索引矩阵中某些元素, 就要用到逻辑索引法, 该方法在编程中应用相当广泛, 并且在速度方面具有一定的优势. 弄清了矩阵的索引, 按索引对矩阵中某些元素赋值就是很简单的事情. 矩阵的索引及赋值完全可平行推广到数组的索引及赋值. 下面通过举例来说明矩阵的索引及赋值.

```
>> rng(2023);A=normrnd(1,1,3,3)%设置随机种子; 产生均值为1且标准差为1
   %的正态分布随机数3行3列;

A =

    0.3861     0.5763     0.0566
    2.1201    -0.4874     1.7512
    1.3265     0.9191     1.0904

>> A(2,3),A(8)%按全下标索引提取矩阵A的第2行第3列元素,这个对应于单下
   %标索引的A(8);

ans =

    1.7512


ans =

    1.7512

>> index=(A>1.5&A<2),A(index)=1.5,%矩阵A中, 大于1.5而小于2的元素在相
   %应的位置赋逻辑1, 否则赋值0, 从而输出索引矩阵index, 并提取满足条
   %件(相应逻辑值为1)的元素重新赋值为1.5;

index =
```

```
0      0      0
0      0      1
0      0      0
```

```
A =

0.3861      0.5763      0.0566
2.1201     -0.4874      1.5000
1.3265      0.9191      1.0904
```

4. 矩阵的重构

MATLAB 中可以对矩阵中某些行或某些列的元素删除, 也可增加某些行或列.

```
>> B=A(1,:);C=A(:,1);
%将矩阵A的第1行和第1列分别赋值给B和C, 以分号结束, 不显示输出结果;
>> A(1,:)=[],A(:,1)=[]
%删除矩阵的第1行, 然后再删除第1列, 这里的[]表示空矩阵;

A =

2.1201     -0.4874      1.5000
1.3265      0.9191      1.0904


A =

-0.4874      1.5000
 0.9191      1.0904
```

也可将矩阵按行或列合并成更大的矩阵, 比如: 行数相同的两个矩阵可以按列维度合并, 列数相同的两个矩阵可以按行维度合并成一个更大的矩阵, 可以通过在命令行窗口运行 [A,B] 和 [A;B] 来理解, 举例说明如下.

```
A=[B(:,2:3);A],A=[C,A],%将删减了第一行和第一列的矩阵A还原;

A =

 0.5763      0.0566
-0.4874      1.7512
 0.9191      1.0904
```

```
A =

  0.3861      0.5763      0.0566
  2.1201     -0.4874      1.7512
  1.3265      0.9191      1.0904
```

也可以按一定规律将矩阵元素重新排列, 常用的函数是 reshape, 另外会用到的矩阵重构函数包括: 转置函数 transpose(通常一个矩阵 A 的转置通过执行 A' 可得到)、旋转函数 rot90、上下翻转函数 flipud、左右翻转函数 fliplr、函数 tril 和函数 triu 等, 这些函数具体使用可参考它们的帮助文件. 下面以函数 reshape 使用来说明.

```
>> reshape(A,numel(A),[])%将矩阵A的元素按列重新排列为numel(A)行，列
    %数省略，这里与reshape(A,numel(A),1)输出相同结果，numel(A)表示矩
    %阵A的元素个数;

ans =

  0.3861
  2.1201
  1.3265
  0.5763
 -0.4874
  0.9191
  0.0566
  1.7512
  1.0904
```

A.3.5　结构数组

前面所提及的 MATLAB 数组的元素通常是数值. 而实际中, 需要存储多种混合类型的数据, 包括数值、字符或逻辑数据, 本节要介绍的结构数组就是重要的混合类型数据存储方法之一. 通常地, 结构数组创建可以使用两种方法: 直接赋值法和基于函数 struct 创建. 下面举例说明直接赋值法输入数组, 而基于函数 struct 创建结构数组, 可以参考函数 struct 的帮助文件.

```
>> student.name='zhang san';%输入第一个学生的姓名，字符数据;
>> student.gender='male';%输入第一个学生的性别，字符数据;
>> student.age=20;%输入第一个学生的年龄，数值数据;
```

```
>> student.Id=12021020057;%输入第一个学生的学号，数值数据；
>> student.hobby.ball='tennis';
%用到了子域，输入第一个学生的球类爱好，字符数据；
>> student.hobby.game='card';
%用到了子域，输入第一个学生的游戏爱好，字符数据；
>> student%展示这个学生已经输入的各项数据；

student =

name: 'zhang san'
gender: 'male'
age: 20
Id: 1.2021e+10
hobby: [1x1 struct]

>> student.hobby%展示这个学生各种兴趣爱好；

ans =

ball: 'tennis'
game: 'card'

>> student(2).name='zhou mi';%输入第二个学生的姓名，字符数据；
>> student(2).gender='female';%输入第二个学生的性别，字符数据；
>> student(2).age=19;%输入第二个学生的年龄，数值数据；
>> student(2).Id=12021020060;%输入第二个学生的学号，数值数据；
>> student(2).hobby.ball='table tennis';
%用到了子域，输入第二个学生的球类爱好，字符数据；
>> student(2).hobby.game='chess';
%用到了子域，输入第二个学生的游戏爱好，字符数据；
>> student
%可以看出在添加元素后，student成为1x2的结构数组，只显示域名(属性名)；

student =

1x2 struct array with fields:

name
gender
age
```

```
Id
hobby

>> student(1,2)%显示结构数组的第(1，2)元素;

ans =

name: 'zhou mi'
gender: 'female'
age: 19
Id: 1.2021e+10
hobby: [1x1 struct]
```

对结构数组的寻访或索引, 类似于数值数组的寻访, 不同之点在于要寻访域名或子域名, 通过下面的例子能理解对结构数组的寻访或索引.

```
>> student_2_hobby=student(1,2).hobby%查看第2个学生的兴趣爱好;

student_2_hobby =

ball: 'table tennis'
game: 'chess'
```

对于有些复杂的多层 (多个子域) 结构数组, 对它们的寻访或索引, 可能要用到多层寻访或索引. 对于结构数组的扩充和收缩、增添或删除结构数组的域、数值运算操作和函数在结构数组中的应用, 可以参阅 MATLAB 的帮助文件.

A.3.6　元胞数组

元胞 (cell) 数组是 MATLAB 的一种特殊数据类型. 可以将元胞数组看作一种无所不包的通用矩阵, 或称作广义矩阵. 元胞数组中的元素 (元胞) 可以是任何类型的数据, 包括矩阵、数值数组、结构数组、字符等, 并且每个元胞可以具有不同大小并占用不同的内存空间, 每个元胞的内容也可以完全不同. 元胞数组的维数不受限制, 对它的元素 (元胞) 的索引或寻访类似于矩阵元素寻访或索引, 也有单下标或全下标方式, 但用到的括号可能不一样, 下面详细描述.

元胞数组与结构数组的功能非常相似, 也都可以存储不同类型的数据, 但二者最大的区别在于: 结构数组存储数据的容器称作 "域", 而元胞数组是通过数字下标索引来进行访问, 因而经常在循环控制流中使用.

元胞数组在表现形式上和一般矩阵一样, 必须是长方形, 两者区别在于: 矩阵中元素必须是同一类型数据, 而元胞中元素 (元胞) 可以是不同类型的数据; 矩阵创建使用中括号"[ ]", 元胞数组创建使用花括号"{ }". 下面举例说明创建元胞数组.

```
>> A={1:4,{'wang','li','zhan','liu'};[1 2; 5 6],1+i}%创建一个2x2元胞
   %数组A; 四个元素分别是行向量、包含字符的元胞数组(元胞数组也可嵌套
   %元胞数组)、2x2的矩阵和一个复数标题;

A =

[1x4 double]              {1x4 cell}
[2x2 double]       [1.0000 + 1.0000i]

>> A{1,1}%展示元胞数组的第(1,1)元胞内容;

ans =

1      2      3      4

>> A{1,2}%展示元胞数组的第(1,2)元胞内容;

ans =

'wang'      'li'      'zhan'      'liu'

>> A(1,2)%展示元胞数组的第(1,2)元胞, 不展示内容;

ans =

{1x4 cell}

>> A{2,1}%展示元胞数组的第(1,2)元胞内容;

ans =

1      2
5      6

>> A{2,1}^2%对元胞数组的第(1,2)元胞相对应的2阶方阵做平方运算;

ans =
```

```
11    14
35    46
```

```
>> A(2,1)^2
```
%对元胞数组的第(1,2)元胞做平方运算，就会报错，不能对元胞做幂运算;
%未定义与 'cell' 类型的输入参数相对应的函数 'mpower'.

　　上面展示了元胞数组的寻访或索引, 但要特别注意, 元胞和元胞中的内容是两个不同范畴的东西, 对元胞不能直接用 MATLAB 中自带的函数, 如果要用, 可以借助 cellfun 函数调用一些常用函数, 比如, 当元胞数组中元胞都是数值矩阵时, cellfun(@size,C) 就表示对元胞数组 C 的每个元胞求均值, 更多细节参阅 cellfun 函数的帮助文件. 类似于矩阵或数组, 相同行 (列) 数的元胞按列 (行) 维度合并元胞数组或删除元胞数组中的某些行或列的元胞.

A.4   MATALB 编程

　　作为一种广泛用于科学计算的优秀工具软件, MATLAB 不仅具有强大的数值计算、科学计算和绘图功能, 还具有出色的程序设计功能, 从而基于 MATLAB 有无限拓展可能. MATLAB 编写的程序都保存为 M 文件, 后缀名.m, 可以是脚本文件, 也可以是函数, 通过编写 M 文件, 可以实现各种复杂的运算. MATLAB 中自带的函数也是 M 文件, 可以调用这些函数文件, 也可以自己编写 M 文件, 生成和扩充自己的函数库.

　　MATLAB 编程与 C, FORTRAN, Python, R 等编程语言大同小异, 很多编程思想是相通的, 并且 MATLAB 编程开发效率更高, 使用更为方便. MATLAB 的基本程序结构为顺序结构, 即按从上到下顺序执行代码. 然而, 顺序结构远远不能满足程序设计的需要, 为了代码编写更加精简、功能更加强大, 需要用流程控制语句, 包括判断语句、循环语句和分支语句, MATLAB 中这些语句用法与其他编程语言大同小异, 思想完全一样.

A.4.1   if 语句

　　if 语句是常见的判断语句, 根据一定条件来进行判断, 执行不同的语句. 条件判断语句为 if...else...end, 其使用形式有以下三种.

　　1. if ...end

```
if 表达式
执行语句
end
```

这里的表达式就是一判断语句, 如果为真, 就运行里面的执行语句.

2. if...else...end

```
if 表达式
执行语句1
else
执行语句2
end
```

如果这里的表达式为真, 就运行里面的执行语句 1, 否则就运行里面的执行语句 2.

3. if...elseif...else...end

```
if 表达式1
执行语句1
elseif 表达式2
执行语句2
elseif 表达式3
执行语句3
...
else
执行语句
end
```

一层一层判断, 哪个表达式为真, 就运行相应执行语句 2, 如果所有表达式都不真, 就运行最后一个执行语句.

例子 A.1 已知正态混合分布

$$0.3N(-1.5, 0.3^2) + 0.4N(0.0, 0.3^2) + 0.3N(1.5, 0.4^2),$$

编程从这个正态混合分布中产生一个随机数.

解 这是三个正态分布 $N(-1.5, 0.3^2), N(0.0, 0.3^2), N(1.5, 0.4^2)$ 的加权混合, 权重分别为 0.3, 0.4 和 0.3, 如果要产生一个随机数, 先要以这些权重随机挑选其中一个正态分布, 然后再从选中的这个正态分布中产生一个随机数. 具体的做法为: 先从 [0.0, 1.0] 的均匀分布中产生一个随机数, 如果这个随机数落在 [0.0, 0.3] 上就从正态分布 $N(-1.5, 0.3^2)$ 中产生随机数, 而如果这个随机数落在 [0.3, 0.7] 上就从正态分布 $N(0.0, 0.3^2)$ 中产生随机数, 其他, 则从正态分布 $N(1.5, 0.4^2)$ 中产生随机数. 具体代码及运行结果如下:

```
rng(2023);%设置随机种子;
u = rand(1);%从[0.0, 1.0]的均匀分布中产生一个随机数;
if u<0.3
rand_number = normrnd(-1.5,0.3);
%产生均值为-1.5且标准差为0.3的正态分布随机数;
elseif u<0.7
rand_number = normrnd(0.0,0.3);
%产生均值为0.0且标准差为0.3的正态分布随机数;
else
rand_number = normrnd(1.5,0.4);
%产生均值为1.5且标准差为0.4的正态分布随机数;
end
disp(['混合正态分布的随机数为: ',num2str(rand_number)])
```

这个代码也可精简地写成下列形式:

```
rng(2023);u=rand(N,1);
A=(u<=0.3).*normrnd(-1.5,0.3,N,1)+...
(u>0.4).*(u<0.7).*normrnd(0,0.3,N,1)+...
(u>=0.7).*normrnd(1.5,0.4,N,1)
```

但需要指出的是, 这两个代码产生的随机数是不一样的, 请思考为什么. 当产生的随机数的个数足够多时, 由随机数样本拟合的密度函数会和真实的密度函数十分接近.

A.4.2　switch 语句

switch 语句也是常见的一种分支语句形式, 使用结构为 switch...case...end, 这种用法在 C 语言或者其他高级语言中也是常用常见的判断语句, 根据一定条件来进行判断, 执行不同的语句. 其使用形式有以下:

```
switch 开关语句
case 条件语句1
执行语句1
case 条件语句2
执行语句2
...
otherwise
执行语句
end
```

开关语句与哪个条件语句相符合, 就运行相应的执行语句, 如果都不相符, 就运行最后的执行语句.

例子 A.2 试用 switch 语句产生上例中正态混合分布的一个随机数.

解 具体代码及运行结果如下:

```
rng(2023);%设置随机种子;
u = rand(1);%从[0.0, 1.0]的均匀分布中产生一个随机数;
switch u
case u<=0.3
rand_number = normrnd(-1.5,0.3);
case u>0.7
rand_number = normrnd(1.5,0.4);
otherwise
rand_number = normrnd(0.0,0.3);
end
disp(['混合正态分布的随机数为: ',num2str(rand_number)])
```

A.4.3 for 循环语句与 while 循环语句

大多数运算是有规律地重复计算, 这时就需要使用 for 循环语句和 while 循环语句. for 循环语句使用形式如下:

```
for variable = initival:step:endval
执行的系列语句
end
```

如果这里的步长 step 为 1, 通常省略, for 后面表达式就简单表示为 variable = initival:endval, 还可以将一向量赋值 variable, 这时程序进行多次循环, 直到穷尽该向量所有值.

例子 A.3 编程计算 $1 + 2 + \cdots + 10000$.

解 具体代码及运行结果如下:

```
S=0;%赋和的初始值为0;
for i = 1:10000
S = S+i;
end
disp(['1+2+...+10000=',num2str(S)])
```

求这个和也可用代码 sum(1:10000) 来实现, 并且效率要高得多, 因而能基于矩阵运算, 要尽可能避免使用迭代语句.

while 循环的判断控制是逻辑判断语句, 因此它的循环次数不确定, 其用法如下:

```
while 表达式
执行的系列语句
```

```
end
```

这里的表达式就是一个判断, 如果表达式的值为真, 就会一直运行下去, 通常在执行的系列语句中要有使表达式值改变的语句. 特别要注意的是, 在使用 while 循环时, 一定要在执行语句中设置使表达式的值为假的情况, 以免陷入死循环.

例子 A.4   编程计算最小的 50 个质数的和.

解   具体代码及运行结果如下:

```
n=1;%质数个数的初始值为1;
i=1;%从整数1开始判断是不是质数;
S=0;%赋和的初始值为0;
while n<50
n = n+isprime(i);
S = S+i*isprime(i);
i = i+1;
end
disp(['最小的50个质数的和',num2str(S)])
```

在 MATLAB 中除了提供上述的常用控制语句, 还有 continue 命令、break 命令和 return 命令, 也可以用来改变程序执行顺序. continue 命令常与 for 循环或 while 循环一起使用, 作用是满足某些条件时结束本次循环, 即跳过循环中尚未运行的语句, 执行下一次循环. break 命令常在循环语句或条件判断语句中使用, 作用是根据循环的终止条件来跳出循环, 而不必等待循环的自然结束. return 命令是在满足某些条件时, 使得当前正在调用的函数正常退出. 除了上述的控制命令, MATLAB 还提供了人机交互命令: 输入命令 input、请求键盘输入命令 keyboard 和暂停命令 pause, 关于这些命令的用法可以看它们的帮助文件. 对于 MATLAB 编程, 个人体会: 熟能生巧, 体会思想, 能用矩阵运算, 尽量避免循环语句, 从而提高计算效率.

附录 B 方差分析中的有关分布

B.1 χ^2 分布

B.1.1 χ^2 分布的概念

设 n 维随机变量 $\boldsymbol{X} = (X_1, X_2, \cdots, X_n)'$ 服从 $N_n(\boldsymbol{\mu}, \boldsymbol{I}_n)$, 其中 $\boldsymbol{I}_n$ 是 n 阶单位方阵, $X_1, X_2, \cdots, X_n$ 相互独立、方差同为 1, $E(X_j) = \mu_j, j = 1, 2, \cdots, n$, 则称随机变量 $\boldsymbol{Y} = \boldsymbol{X}'\boldsymbol{X} = \sum_{j=1}^n X_j^2$ 的分布为自由度等于 n, 非中心参数为

$$\lambda = \boldsymbol{\mu}'\boldsymbol{\mu} = \sum_{j=1}^n \mu_j^2$$

的 χ^2 分布, 记作 $Y \sim \chi^2(n, \lambda)$. 当 $\lambda = 0$ 时 (此时, $X_1, X_2, \cdots, X_n$ 为 i.i.d.$N(0,1)$), 分布称为中心的, 记为 $Y \sim \chi^2(n)$.

B.1.2 χ^2 分布的基本性质

由 χ^2 分布的定义很容易得到下列性质 1°—3°, 我们只叙述这些性质, 而不加以证明.

1° 设随机变量 $Y_1, Y_2, \cdots, Y_m$ 相互独立, 并且 $Y_j \sim \chi^2(n_j, \lambda_j), j = 1, 2, \cdots, m$, 则

$$Y_1 + Y_2 + \cdots + Y_m \sim \chi^2(n, \lambda),$$

其中 $n = n_1 + n_2 + \cdots + n_m, \lambda = \lambda_1 + \lambda_2 + \cdots + \lambda_m$.

2° 设随机变量 $X_1, X_2, \cdots, X_n$ 相互独立, 并且 $X_j \sim N(\mu_j, \sigma^2), j = 1, 2, \cdots, n$, 则

$$Y = \frac{1}{\sigma^2}\sum_{j=1}^n X_j^2 \sim \chi^2(n, \lambda),$$

其中

$$\lambda = \frac{1}{\sigma^2} \sum_{j=1}^{n} \mu_j^2.$$

3° 设随机变量 $X_1, X_2, \cdots, X_n$ 相互独立, 同分布 $N(\mu, \sigma^2)$, 则

$$Y = \frac{1}{\sigma^2} \sum_{j=1}^{n} (X_j - \bar{X})^2 \sim \chi^2(n-1),$$

其中

$$\bar{X} = \frac{1}{n} \sum_{j=1}^{n} X_j.$$

B.2 正态变量的二次型

这节我们不加证明地给出一些正态变量二次型的分布.

定理 B.1 设 $\boldsymbol{X} = (X_1, X_2, \cdots, X_n)'$, 其中 $X_1, X_2, \cdots, X_n$ 相互独立, 并且 $X_j \sim N(\mu_j, 1), j = 1, 2, \cdots, n$, 记 $\boldsymbol{\mu} = (\mu_1, \mu_2, \cdots, \mu_n)'$, $\boldsymbol{A}$ 为 n 阶对称方阵, $Y = \boldsymbol{X}' \boldsymbol{A} \boldsymbol{X}$. 则

$$Y \sim \chi^2(r, \lambda)$$

的充分必要条件是

$$\boldsymbol{A}^2 = \boldsymbol{A}, \text{并且} r = \mathrm{rk}(\boldsymbol{A}), \lambda = \boldsymbol{\mu}' \boldsymbol{A} \boldsymbol{\mu}.$$

由这个定理很容易得到下列两个推论.

推论 B.1 在服从非中心 χ^2 分布 $\chi^2(r, \lambda)$ 的正态变量的二次型 $\boldsymbol{X}' \boldsymbol{A} \boldsymbol{X}$ 中, 将随机变量 $\boldsymbol{X}$ 换成其期望值 $\boldsymbol{\mu}$, 即得到 χ^2 分布中的非中心参数 $\lambda = \boldsymbol{\mu}' \boldsymbol{A} \boldsymbol{\mu}$.

推论 B.2 正态变量的二次型 $\boldsymbol{X}' \boldsymbol{A} \boldsymbol{X}$ 服从中心 χ^2 分布的充要条件是

$$\boldsymbol{A} \boldsymbol{\mu} = \boldsymbol{0},$$

其中

$$\boldsymbol{\mu} = E(\boldsymbol{X}).$$

定理 B.2 设随机变量 $\boldsymbol{X} \sim N_n(\boldsymbol{\mu}, \boldsymbol{I}_n)$, 它的二次型 $\boldsymbol{X}' \boldsymbol{A} \boldsymbol{X}$ 分解为两个二次型的和:

$$\boldsymbol{X}' \boldsymbol{A} \boldsymbol{X} = \boldsymbol{X}' \boldsymbol{A}_1 \boldsymbol{X} + \boldsymbol{X}' \boldsymbol{A}_2 \boldsymbol{X},$$

若 $\boldsymbol{X}' \boldsymbol{A} \boldsymbol{X} \sim \chi^2(r, \lambda), \boldsymbol{X}' \boldsymbol{A}_1 \boldsymbol{X} \sim \chi^2(s, \lambda_1)$, 其中 $\lambda = \boldsymbol{\mu}' \boldsymbol{A} \boldsymbol{\mu}, \lambda_1 = \boldsymbol{\mu}' \boldsymbol{A}_1 \boldsymbol{\mu}$, 并且 $\boldsymbol{A}_2$ 非负定, $\boldsymbol{A}_2 \geqslant \boldsymbol{0}, \boldsymbol{A}_2 \neq \boldsymbol{0}$, 则有下述三个结论:

(1) $\boldsymbol{X}'\boldsymbol{A}_2\boldsymbol{X} \sim \chi^2(r-s, \lambda_2)$, 其中 $\lambda_2 = \boldsymbol{\mu}'\boldsymbol{A}_2\boldsymbol{\mu}$;

(2) $\boldsymbol{X}'\boldsymbol{A}_1\boldsymbol{X}$ 与 $\boldsymbol{X}'\boldsymbol{A}_2\boldsymbol{X}$ 相互独立;

(3) $\boldsymbol{A}_1\boldsymbol{A}_2 = \boldsymbol{0}$.

推论 B.3 设随机变量 $\boldsymbol{X} \sim N_n(\boldsymbol{\mu}, \boldsymbol{I}_n)$, $\boldsymbol{A}_1$ 与 $\boldsymbol{A}_2$ 为对称矩阵并且二次型 $\boldsymbol{X}'\boldsymbol{A}_1\boldsymbol{X}$ 与 $\boldsymbol{X}'\boldsymbol{A}_2\boldsymbol{X}$ 都服从 χ^2 分布, 则 $\boldsymbol{X}'\boldsymbol{A}_1\boldsymbol{X}$ 与 $\boldsymbol{X}'\boldsymbol{A}_2\boldsymbol{X}$ 相互独立的充分必要条件是 $\boldsymbol{A}_1\boldsymbol{A}_2 = \boldsymbol{0}$.

下述的科克伦定理给出了判别正态变量的二次型分解后诸二次型的独立性的更为简便的方法.

定理 B.3 设随机变量 $\boldsymbol{X} \sim N_n(\boldsymbol{\mu}, \boldsymbol{I}_n)$, $\boldsymbol{X}'\boldsymbol{A}\boldsymbol{X} = \sum_{j=1}^{k} \boldsymbol{Q}_j$, 其中 $\boldsymbol{Q}_j = \boldsymbol{X}'\boldsymbol{A}_j\boldsymbol{X}, j = 1, 2, \cdots, k$, 其中诸 $\boldsymbol{A}_j$ 都是对称阵, 并且 $\mathrm{rk}(\boldsymbol{A}) = r, \mathrm{rk}(\boldsymbol{A}_j) = r_j, j = 1, 2, \cdots, k$, 则 $\boldsymbol{Q}_j \sim \chi^2(r_j, \lambda_j)$, 其中 $\lambda_j = \boldsymbol{\mu}'\boldsymbol{A}_j\boldsymbol{\mu}, j = 1, 2, \cdots, k$, 并且相互独立的充分必要条件是 $\boldsymbol{A}$ 为幂等矩阵, 并且 $r = \sum_{j=1}^{k} r_j$.

下面的定理给出了正态变量的二次型与线性型独立的条件.

定理 B.4 设随机变量 $\boldsymbol{X} \sim N_n(\boldsymbol{\mu}, \boldsymbol{I}_n)$, $\boldsymbol{B}$ 为 $m \times n$ 的矩阵, $\boldsymbol{A}$ 为 n 阶对称方阵. 若 $\boldsymbol{B}\boldsymbol{A} = \boldsymbol{0}$, 则线性型 $\boldsymbol{B}\boldsymbol{X}$ 与二次型 $\boldsymbol{X}'\boldsymbol{A}\boldsymbol{X}$ 相互独立.

参 考 文 献

[1] 茆诗松, 周纪芗, 陈颖. 试验设计 [M]. 2 版. 北京: 中国统计出版社, 2012.

[2] 王万中. 试验的设计与分析 [M]. 北京: 高等教育出版社, 2004.

[3] Duncan D B. Multiple range and multiple F tests [J]. Biometrics, 1955, 11: 1-42.

[4] Tukey J W. The problem of multiple range comparision [J]. Unpublished Noted, Princeton University, 1953.

[5] Scheffé H. A method for judging all contrasts in the analysis of variance [J]. Biometrika, 1953, 40: 87-104.

[6] 胡晓冬, 董辰辉. MATLAB 从入门到精通 [M]. 2 版. 北京: 人民邮电出版社, 2018.

全书数据与代码